JEMEN-STUDIEN

HERAUSGEGEBEN VON HORST KOPP

Band 13

Stefan Kohler

Institutionen in der Bewässerungs-Landwirtschaft im Jemen

Die Ursachen der Wasserübernutzung im Jemen und die Zukunftsperspektiven für die Bewässerungs-Landwirtschaft

1999

DR. LUDWIG REICHERT VERLAG · WIESBADEN

Institutionen in der Bewässerungs-Landwirtschaft im Jemen

Die Ursachen der Wasserübernutzung im Jemen und die Zukunftsperspektiven für die Bewässerungs-Landwirtschaft

von

Stefan Kohler

1999

DR. LUDWIG REICHERT VERLAG · WIESBADEN

Gedruckt mit Unterstützung der Frau Dorothea und Dr. Dr. Richard Zantner-Busch-Stiftung

Das Signet stammt aus: Paul et Guillemette Bonnefant: Les vitraux de Sanaa. –
Paris 1981 (Seite 33, Abbildung 1).
Der Abdruck erfolgt mit freundlicher Genehmigung der Autoren.

Die vorliegende Arbeit wurde von der Philosophischen Fakultät II der Universität
Zürich im Sommersemester 1998 aufgrund des Gutachtens von Prof. Dr. H. Haefner
als Inaugural-Dissertation angenommen.

Gedruckt auf säurefreiem Papier
(alterungsbeständig – pH 7, neutral)

Die Deutsche Bibliothek – CIP-Einheitsaufnahme

Kohler, Stephan:
Institutionen in der Bewässerungs-Landwirtschaft im Jemen : die
Ursachen der Wasserübernutzung im Jemen und die
Zukunftsperspektiven für die Bewässerungs-Landwirtschaft / Stefan
Kohler. – Wiesbaden : Reichert, 1999
(Jemen-Studien ; Bd. 13)
Zugl.: Zürich, Univ., Diss., 1998
ISBN 3-89500-100-7

Gesamtherstellung: MZ-Verlagsdruckerei GmbH, Memmingen
Printed in Germany

... die Darstellung der Wirklichkeit sei deshalb nicht möglich, weil es die Wirklichkeit gar nicht gebe. Die Wirklichkeit sei identisch mit der Gegenwart, aber die Gegenwart sei bloß ein Übergang von der Zukunft zur Vergangenheit, es gebe nur eine vergangene und eine zukünftige Wirklichkeit, aber die Wiedergabe einer vergangenen Wirklichkeit sei eine Konstruktion, die Wiedergabe einer zukünftigen Wirklichkeit eine Hypothese, sowohl die eine wie die andere seien aber nicht Wirklichkeiten, sondern Möglichkeiten.

(aus: F. Dürrenmatt, Gedankenfuge, Der Versuch)

VORWORT

Die natürlichen Ressourcen unserer Erde sind limitiert. Dieser Satz ist wahr *und* falsch. Ich gehöre zur Generation, die zu Beginn der 70er Jahre bereits in den ersten Schuljahren mit den Themen Umweltverschmutzung und Übernutzung von Ressourcen konfrontiert wurde. Ich erinnere mich an Naturkunde-Stunden, wo von der Überfischung der Meere und von der Luftverschmutzung die Sprache war. Themen, die offensichtlich von der damals neuen Erkenntnis geprägt waren, unsere natürlichen Ressourcen seien limitiert und fruchtbarer Boden, saubere Luft und trinkbares Wasser seien knappe Güter. Wie ich heute vermute, wurde meine damalige Lehrerin von der ersten globalen Umweltdiskussion von 1972 geprägt. Für sie mußten diese Erkenntnisse neu sein. Meine Generation dagegen wuchs bereits mit der Erkenntnis auf, ein sparsamer Umgang mit unseren Ressourcen sei eine Pflicht zum Überleben der Menschheit. Dies beinhaltete auch eine Kritik an der vergangenen Entwicklung. Nicht alles, was fortschrittlich sei, müsse deshalb auch gut sein. Ein eindrückliches Erlebnis dazu waren die „Autofreien Sonntage“, wo wir auf der normalerweise stark befahrenen Straße, an der ich aufwuchs, spazieren gehen konnten. Der Fortschritt der Technologie mußte für einen Tag in der Garage bleiben.

Dieser ersten „Umwelt-Sozialisation“ folgte eine zweite in den 80er Jahren. Die natürlichen Ressourcen waren nicht so stark limitiert, wie man zunächst vermutete. Die Grenzen des Wachstums konnten auch wachsen! Die düsteren Prophezeiungen über die bevorstehenden Verknappungen bewahrheiteten sich nicht. Ressourcen waren jetzt nicht mehr absolut, sondern nur noch relativ knapp, wie man es ökonomisch auszudrücken pflegte. Allerdings entstand durch den Ressourcenverbrauch eine neue Krise: Umweltprobleme wurden allmählich immer mehr zu einem Problem des Ressourcen*verbrauchs* und waren immer weniger ein Problem der Ressourcen*beschaffung*. Erster Höhepunkt dieser Diskussion war die Debatte um das Waldsterben. Heute beschäftigen wir uns mit der Gefährdung der Ozonschicht und dem Klimawandel. Allen drei Problemen ist gemeinsam, daß sie die Folge eines Ressourcenverbrauchs sind, der die Aufnahmekapazität unserer Atmosphäre übersteigt. Deshalb sind die natürlichen Ressourcen limitiert. Ihr Verbrauch wird in erster Linie aber nicht durch die physische Knappheit begrenzt, sondern durch die Folgen aus ihrem Verbrauch.

Die Beschäftigung mit dem Thema Wasser und Landwirtschaft im Kontext dieser Diskussion war für mich eine speziell reizvolle Aufgabe. Wasser nimmt innerhalb der natürlichen Ressourcen in vielerlei Hinsicht eine besondere Stellung ein. Es ist für die meisten Verwendungszwecke durch keine andere Ressource zu ersetzen – die relative Knappheit gilt damit nicht – und es ist ein absolut lebensnotwendiges Medium. Wie der Umgang mit dem Wasser in einer für mich zunächst fremden Welt geregelt ist und wie die Menschen dort mit der zunehmenden Verknappung umgehen, sind zwei Fragen, von deren Erforschung auch Erkenntnisse über unseren Umgang mit natürlichen Ressourcen zu gewinnen sind. Daß ich die mir gestellte Aufgabe mit Aufenthalten in einem faszinierenden Land mit einer freundlichen und warmherzigen Bevölkerung lösen konnte, machte die Arbeit zu einem Vergnügen.

Ermöglicht hat die Arbeit Prof. Dr. H. Haefner. Ihm möchte ich dafür speziell danken, er hat die Arbeit wesentlich gefördert und wertvolle Beiträge geleistet. Ueli Brunner danke ich für die spannenden und anregenden Diskussionen zu allen auf den Jemen bezogenen Themen. Meinen Kolleginnen und Kollegen vom Geographischen Institut der Uni Zürich, insbesondere Urs Geiser, Andreas Huber und Martin Steinmann danke ich für die vielseitige Unterstützung während des Schreibens. Dieser Dank geht auch an Tobias Haller vom Ethnologischen Seminar der Universität Zürich für die wertvollen Informationen zu theoretischen Aspekten. Jacques und Brigitta Schiltknecht danke ich für das Durchlesen des Manuskripts ganz herzlich. An Ursina geht mein allergrößter herzlicher Dank für die wertvolle Unterstützung.

Dem Staatlichen Museum für Völkerkunde (Prof. Dr. W. Raunig) und dem Deutschen Archäologischen Institut in Ṣanʿāʾ (Dr. B. Vogt) danke ich für die Unterstützung der Feldarbeiten. Ohne die beiden Stellen hätte der Aufenthalt im Jemen nicht so problemlos stattfinden können. Zwei Stiftungen haben die jeweiligen Feldaufenthalte und die Beschaffung von Hilfsmitteln finanziell unterstützt, nämlich die „Stiftung für wissenschaftliche Forschung an der Universität Zürich“ und die „Jubiläumsspende für die Universität Zürich“. Dafür sei ihnen herzlich gedankt.

INHALT

ABBILDUNGS- UND TABELLENVERZEICHNIS

Abbildungen

Tabellen

GLOSSAR

HÄUFIG VERWENDETE AUSDRÜCKE

Ġail:	perennierendes Gewässer, meist Quelle oder kleiner Fluß
Hadīṯ:	Reden und Taten des Propheten Muḥammad
Ḥaram:	arab. Wort für geschützte Zone; Mindestabstand bei Brunnen
Ḥarāṯ:	Autoritätsperson im ländlichen Raum; Funktion als Richter auf der untersten Ebene
ʿIlb:	Laubbaum: Ziziphus Spina Christi, auch Jujube, Sidr oder Lotusbaum genannt
Qāḍī:	arabisches Wort für Richter
Qanat:	meist unterirdisch fließender Kanal, der das Wasser aus einem Grundwasserkörper ableitet
Qat:	Blätter des Qat-Strauches; hinterlassen beim Kauen eine leicht anregende Wirkung; wichtigste Nutzpflanze des Jemens
res communis:	Sache von einer Gemeinschaft; Gemeinbesitz, bzw. Gemeineigentum
res nullius:	Sache von niemandem; ohne Besitz- und Eigentumsrechte
Sail:	periodisch fließende Fluten
Šarīʿah:	islamisches Recht, leitet sich vom Koran und den Hadīṯ ab
ʿUrf:	traditionelles Recht, aus den Gebräuchen hervorgehend
Wadi:	periodisch fließendes Gewässer, auch das von ihm durchquerende Tal bezeichnend

VERWENDETE ABKÜRZUNGEN

AD:	nach Christus
BC:	vor Christus
CC:	Consultative Council, seit 1997 bestehendes „Oberhaus" des Jemens
FAO:	United Nations Food and Agricultural Organisation
GDH:	General Department of Hydrogeology; Amt innerhalb des MOMR
HWC:	High Water Council; staatlicher Rat für Wasserfragen, 1982 - 1995
MAWR:	Ministry of Agriculture and Water Resources
MEW:	Ministry of Electricity and Water
MOMR:	Ministry of Oil and Mineral Resources
NGO:	Non Governmental Organisation
NWRA:	National Water Resources Authority; seit 1995 staatliches Amt für Wasserfragen
RoY:	Republic of Yemen
UNDP:	United Nations Development Programme
WRAY:	Water Resources Assessment in Yemen; Niederländisches Entwicklungsprojekt

1. EINLEITUNG

1.1 Problemstellung

In verschiedenen Regionen der Erde kann beobachtet werden, daß Menschen mit ihrer Form der Landbewirtschaftung die eigenen Lebensgrundlagen zerstören. Die Nachhaltigkeit geht dabei verloren, wenn eine ohnehin knappe oder gefährdete Ressource reduziert oder verändert wird. Welche Ressource damit gemeint und wann ein kritischer Zeitpunkt erreicht ist, hängt von den ökologischen und ökonomischen Rahmenbedingungen ab. Wenn Brennmaterial ein knapper Faktor ist, kann die zunehmende Entwaldung die betroffene Bevölkerung bedrohen. Wenn die Bodenfruchtbarkeit ein knappes Gut ist, kann die Landdegradation zu großen Problemen führen. Und wo Wasser die landwirtschaftlichen Tätigkeiten in einer Region limitiert, kann die Verknappung des Wassers zur Verödung ganzer Landstriche führen. Der Zeitpunkt, wann ein kritischer Punkt überschritten wird, hängt vom vorhandenen Vorrat und der Erneuerbarkeit der Ressource ab. In der vorliegenden Arbeit wird der Bewässerungssektor des Jemens hinsichtlich dieser Problematik untersucht.

Die Bewässerungs-Landwirtschaft hatte im Vorderen Orient bereits vor Jahrtausenden eine sehr hohe Bedeutung. Bekannt sind die antiken Hochkulturen in Mesopotamien, der Levante, Syrien und Südarabien. Die Bewässerung ermöglichte die Bildung von Stadtkulturen und verhalf den Akkadern, Sumerern und Sabäern zu Reichtum und politischer Macht. Im Zweistromland und im Königreich von Saba' war die Bewässerungs-Landwirtschaft hauptverantwortlich für eine über viele Jahrhunderte andauernde ökonomische Prosperität.

Heute hat die Bewässerungs-Landwirtschaft ihre überragende Bedeutung in der Wirtschaft zwar verloren, aber sie prägt nach wie vor weite Teile der Kulturlandschaft. Veränderungen in der Technologie der Wassernutzung haben hingegen zu einem neuen, bisher unbekannten Problem geführt, nämlich der hohen Übernutzung des Grundwassers. Zu den am meisten betroffenen Ländern gehören mehrheitlich Länder aus dem arabischen Raum. Zudem liegen – mit Ausnahme von Libyen – alle neun Staaten der Welt, die über 100 % ihrer jährlich erneuerbaren Wasserressourcen nutzen (in Tab. 1 grau markiert), in Westasien.

Die Übernutzung des Grundwassers hat verschiedene negative Auswirkungen. Erstens sinkt der Grundwasserspiegel, und das Wasser wird immer schwieriger zugänglich. Zweitens kann durch den sinkenden Grundwasserspiegel der Salzgehalt des Wassers steigen und damit der Landwirtschaft großen Schaden zufügen. Drittens besteht die Gefahr, daß das Wasser allmählich ausgehen wird. Letzteres drückt sich dadurch aus, daß die Wasserverfügbarkeit für die Bevölkerung mit schwindenden Vorräten immer mehr abnimmt. Konflikte zwischen Stadt und Land um die Nutzung der knapper werdenden Wasservorräte können die Folge davon sein.

Als Erklärung für die räumliche Konzentration auf den arabischen Raum reicht es nicht aus, auf die dort vorherrschende Aridität hinzuweisen. Erstens gibt es noch andere Regionen mit ähnlichen klimatischen Bedingungen, in denen die Wasserübernutzung nicht derart groß ist, und zweitens hat die Übernutzung von Grundwasser erst in jüngerer Zeit begonnen, die klimatischen Bedingungen haben sich aber kaum verändert.

Tab. 1: Länder mit den höchsten Wasserverbrauchsraten in Prozent des zur Verfügung stehenden Wassers

Land	Wasserverbrauchsrate in Prozent der sich jährlich erneuernden Menge
Libyen	374
Qatar	174
Ver. Arabische Emirate	140
Jemen	135
Jordanien	110
Israel	110
Saudi-Arabien	106
Kuwait	> 100
Bahrain	> 100
Ägypten	97
Malta	92
Belgien	72
Zypern	60
Tunesien	53
Afghanistan	52
Pakistan	51
Barbados	51
Iraq	43

Quelle: GLEICK 1993: 106; Bezugsjahr: späte 80er Jahre

Weshalb wird das Wasser also gerade in dieser Region derart stark übernutzt? Dieser Frage soll in der vorliegenden Arbeit nachgegangen werden, wobei hier die Situation im Jemen analysiert werden soll. Der Jemen gehört bezüglich der Übernutzung des Wassers zu den weltweit am meisten betroffenen Staaten, obwohl hier eine jahrhundertealte lebendige Bauernkultur wurzelt, vergleichsweise gute klimatische Bedingungen herrschen und internationale Organisationen sich seit Jahren um die Lösung der Probleme bemühen.

Dabei sollen vor allem die sich rasch verändernden Rahmenbedingungen, in welche die Landwirtschaft eingebettet ist, genauer betrachtet werden. Der Jemen eignet sich für eine Analyse der Wasserübernutzung in besonderem Maße, weil sich eine ganze Anzahl der Rahmenbedingungen erst in den letzten Jahrzehnten, dafür aber mit hoher Intensität zu verändern begannen. Es sind dies hauptsächlich das Bevölkerungswachstum, die Wirtschaftsentwicklung und die Rechtsstruktur.

Der Beginn des modernen Staates kann mit der Revolution von 1962 gleichgesetzt werden. Danach setzte ein gesellschaftlicher Wandel ein, der auch die Bewässerungs-Landwirtschaft erfaßte und sie in eine ungeordnete und bedrohliche Situation brachte. In einem Interview von 1964 schätzte der Scheich von ʾIbb, Amir Mata Daraj, die Lage folgendermaßen ein:

> „The waters of change are flowing in Yemen, and we are thirsty for them. What we need first are the channels." (National Geographic 3 / 1964: 432)

Heute steht fest, daß der angestrebte Wandel tatsächlich stattgefunden hat. Der Fluß dieses Wandels wurde von der Bevölkerung „durstig" aufgenommen. Die ökonomischen Rahmenbedingungen veränderten sich innerhalb weniger Jahre und beeinflußten das soziale, politische und ökologische Umfeld.

Die Bewässerungs-Landwirtschaft ist ein direkt betroffener Teil dieser Veränderungen. Die starke Übernutzung der Wasserressourcen im Lande zeigt jedoch, daß die erstellten „Kanäle" unzureichend waren, um die Entwicklung in geordneten Bahnen verlaufen zu lassen. Diese ordnenden „Kanäle" können am besten mit den institutionellen Rahmenbedingungen gleichgesetzt werden, denn die Ressourcennutzung ist zumeist in ein Regelwerk eingebettet, das den Verbrauch ordnet.

1.2 Fragestellung

Aus einer einstmals nachhaltigen Bewässerungs-Landwirtschaft ist also innerhalb weniger Jahre ein Wirtschaftszweig geworden, der seine eigene Lebensgrundlage zerstört. Die zentrale Fragestellung befaßt sich folglich mit den Gründen für diese Entwicklung:

- Welches sind die Ursachen für die hohe Wasserübernutzung im Jemen?

Dabei werden die verschiedenen gesellschaftlichen Veränderungen, die seit 1962 beobachtet werden, im Kontext zu den institutionellen Rahmenbedingungen betrachtet.

Institutionen für die Ressourcennutzung bestehen aus Organisationen und Rechten. Sie stehen immer im Zusammenhang mit einem bestimmten ökonomischen System und mit einem bestimmten Stand der Technologie. Für die Bewässerungs-Landwirtschaft wird vermutet, daß diese Institutionen in einem kausalen Zusammenhang mit der Übernutzung des Wassers stehen. Deshalb sollen die bestehenden Institutionen genau analysiert und ihr Einfluß auf die heutigen Probleme aufgezeigt werden. Folgende drei Fragen müssen hierzu analysiert und beantwortet werden:

- Welches sind die Merkmale der traditionellen und der modernen Institutionen im Wasserbereich und welches Verhältnis haben sie zueinander und zur bestehenden Technologie?
- Welche Bedeutung haben die Institutionen für die gegenwärtig ablaufenden Prozesse im Wasserbereich, speziell für die Bewässerung?
- Wie reagieren die Institutionen auf diese Probleme, und welche Möglichkeiten und praktischen Konzepte haben sie, diese Probleme zu lösen?

Aus der Beantwortung dieser Fragen kann eine Reihe von Folgerungen gezogen werden. Wenn traditionelle und moderne Institutionen gleichzeitig bestehen, ist es möglich, daß Widersprüche auftreten, daß die Bezüge zueinander fehlen oder daß konkurrierende Institutionen einander behindern. Das wiederum würde das Durchsetzen moderner Institutionen sehr behindern. Aus diesem Diskurs ergibt sich die letzte Frage, die auf die weitere Entwicklung der Bewässerungs-Landwirtschaft ausgerichtet ist:

- Gemäß welchen Szenarien könnte sich die Bewässerungs-Landwirtschaft zukünftig entwickeln, und welche Möglichkeiten bestehen, diese Entwicklung verbessern zu können?

1.3 Einordnung der Arbeit und Untersuchungsansatz

Die Arbeit setzt sich also mit den „Entwicklungsproblemen" eines islamisch-orientalischen Staates auseinander. Sie ist folglich in der „Jemenforschung" anzusiedeln. Dabei wird ein spezielles „Umweltproblem" analysiert. Der „Umweltökonomie" soll ein großes Gewicht beigemessen werden, wobei jedoch eine kritische Distanz zu den in ökonomischen Kreisen populären, stark vereinfachenden Lösungsansätzen gewahrt wird. Deren Aussagen können zur Lösung der komplexen Probleme wenig beitragen:

> „Umweltprobleme entstehen, weil auf den historisch gewachsenen Märkten die Preise nicht die richtigen Signale setzen." (STEPHAN 1992: 2)

Die These, daß für die Lösung von Umweltproblemen der Markt stärker miteinbezogen werden muß, wird hier aber unterstützt.

Zwei Theorien haben die Arbeit stark beeinflußt. Es sind dies die Diskussion um die „common-property"-Ressourcen, die auf einen Aufsatz von HARDIN (1968) über *„The Tragedy of the Commons"* zurückgeht, und das Konzept der „Nachhaltigen Entwicklung", das seit der Veröffentlichung der WCED (1987) sehr populär geworden ist. Die erste Theorie gibt Ansätze zur Erklärung der Übernutzung natürlicher Ressourcen. Das Konzept der „Nachhaltigen Entwicklung" ist eine globale Strategie, diese Übernutzung zu überwinden. Beide Theorien sind aber umstritten und stark vereinfachend. Für eine nationale Analyse reichen sie alleine nicht aus.

Die Einordnung der Arbeit in den „common-property"-Ansatz ist aufgrund der Problemstellung naheliegend. Die Nutzung von Wasserressourcen ist mit besitzrechtlichen Strukturen verknüpft, die den typischen „commons" entsprechen oder ihnen sehr ähnlich sind. Die beobachtete Übernutzung in Verbindung mit dem kurzfristigen Zeithorizont der Entwicklung kann als „tragedy" bezeichnet werden. „Common-property"-Ansätze werden heute direkt innerhalb der „Neuen institutionellen Ökonomie" diskutiert. In dieser Arbeit soll deshalb der Zusammenhang zwischen mangelhaften institutionellen Rahmenbedingungen und einer Ressourcen-Degradation überprüft werden.

Kapitel 3 stützt sich auf Ergebnisse der Jemenforschung und beschreibt den heutigen Zustand der Bewässerungs-Landwirtschaft. Dabei werden die klimatischen, sozialen und ökonomischen Rahmenbedingungen und die verschiedenen Bewässerungstechniken systematisch vorgestellt. In Kapitel 4 wird das bestehende traditionelle Wasserrecht erklärt und in die Theorie der Rechtsdoktrinen eingebettet. Das Recht wird nach den Regelungen für Oberflächenwasser und für Grundwasser unterschieden. Weil die modernen Gesetze in den vergangenen Jahren erst als Reaktion des Staates auf die in Kapitel 5 identifizierten Probleme entstanden sind, bleiben sie hingegen noch unerwähnt.

In Kapitel 5 wird die Übernutzung des Wassers für einzelne Regionen exemplarisch belegt, und landesweite Beobachtungen aus der Literatur werden zusammengefaßt. Ursachen der Übernutzung und Maßnahmen werden im Sinne der „commons"-Debatte untersucht. In Kapitel 6 wird versucht, unter Einbezug der unterschiedlichen möglichen Rahmenbedingungen die weitere Entwicklung abzuschätzen. Es werden drei Szenarien für die Zukunft der Bewässerungs-Landwirtschaft des Jemens erarbeitet. In den Schlußfolgerungen ist ein Kapitel eingefügt, das das Konzept der „Nachhaltigen Entwicklung" kritisch beleuchtet (Kap. 7.3). Damit sollen die Ergebnisse dieser Arbeit mit der zur Zeit populären Strategie zur Lösung von Umweltproblemen verglichen und hinsichtlich ihrer Umsetzung in die Praxis hinterfragt werden.

1.4 Methodisches Vorgehen

1.4.1 Quellenlage

Das Ziel dieser Arbeit ist es, eine Erklärung für die bestehende Übernutzung der Wasserressourcen im Jemen zu finden. Um dieses Ziel zu erreichen, wurden Bezüge zu Theorien, die sich mit der Übernutzung von Ressourcen beschäftigen, geschaffen und die bestehende Fachliteratur ausgewertet. Dabei habe ich die Literatur aber nicht nur als Quelle benutzt, sondern sie ist teilweise auch selbst Untersuchungsobjekt gewesen, weil sie von den untersuchten Institutionen verfaßt wurde.

Die Quellenlage zu den behandelten Themen ist sehr heterogen. Im Theorieteil wurden die wesentlichen Gedanken zu den Institutionen, institutionellem Wandel und deren Einfluß auf die Wirtschaft und die Umwelt aus der Arbeit von NORTH (1992) abgeleitet. Für die Jemenforschung liegen zu einzelnen Aspekten umfangreiche Studien vor; Arbeiten die sich mit landesweiten Aspekten der Bewässerung auseinandersetzen, sind hingegen rar. In einer europäischen Sprache liegen nur die von staatlicher Seite herausgegebenen und mit Hilfe internationaler Organisationen erstellten Studien über die landesweite Situation vor. Dazu gehören die verschiedenen Weltbank-Berichte (WORLD BANK 1996, HANDLEY 1996b), die vom jemenitischen High Water Council herausgegebenen Studien (RoY 1991a, 1992a, 1992b) und die mit niederländischer Hilfe erstellten Analysen (WRAY 1985, 1990, 1993 und 1995).

Abgesehen von einzelnen Aufsätzen (z.B. VARISCO 1983 oder BRUNNER et al. 1997), gibt es noch keine landesweiten Untersuchungen zur Bewässerung. Nur über einzelne Teilbereiche und Regionen oder über die sie beeinflussenden Faktoren sind sehr gute Arbeiten vorhanden. Die Dissertation von VARISCO (1982) über die Wasserverteilung in einer Region des jemenitischen Hochlandes gibt einen vertieften Einblick in die lokalen Verhältnisse und hat teilweise für den ganzen Jemen Gültigkeit. Ähnliches gilt für die Arbeit von GINGRICH (1994). Sie bettet den zunächst fremden Aspekt des Agrar-Kalenders einer Region sehr akribisch in die Landwirtschaft des Jemens ein und vermittelt damit viel Wissen über den Bewässerungs-Sektor. Weitere hilfreiche Beiträge aus einzelnen Gebieten sind vor allem MUNDY (1989) für die Tihāmah oder JUNGFER (1987) und BETZLER (1987) für das Hochland. Weitere oft benutzte Standardwerke über den Jemen sind die Agrargeographie von KOPP (1981), für wirtschaftliche Fragen auch WENNER (1991) und die beiden bereits zu „Klassikern" der neueren Jemenforschung gewordenen Werke SWISS TECHNICAL CO-OPERATION SERVICE (1978) und der Sammelband von DAUM (1987).

Bezüglich islamischer Wasserrechte ist die Quellenlage für einen Nicht-Juristen und Nicht-Islamwissenschafter schwerer zu überblicken. Aus dem vorhandenen Material diente als Hauptquelle die Studie von ERYANI al- et al. (1995). Hilfreich war auch die Arbeit von MAKTARI (1971); sie konnte unter anderem mit Angaben von VARISCO (1982) ergänzt werden.

Viel Literatur besteht zur aktuellen Diskussion über Umwelt- und Entwicklungsprobleme, vor allem mit Bezug auf die globale Ebene. Ein zentrales Werk ist der Bericht der WCED (1987), dank dem der

Begriff „Nachhaltige Entwicklung" große Verbreitung fand. Für weltweite Analysen zu Wasserproblemen oder Umweltdaten veröffentlichen einige Institutionen regelmäßig Zahlenmaterial, Situationsanalysen und Fallstudien, speziell das *World Resources Institute* und das *Worldwatch Institute* sowie verschiedene UNO-Organisationen. Eine gute Einführung in das Thema „Wasser als Ressource" gibt zudem GLEICK (1993).

1.4.2 Eigene Untersuchungen

Während der Untersuchungsperiode von 1992 bis 1997 fanden insgesamt drei etwa einmonatige Feldaufenthalte statt. Dabei knüpfte ich Kontakte zu jemenitischen und ausländischen Fachleuten und befragte sie zu den von ihnen bearbeiteten Bereichen. Ich führte Interviews mit Vertretern von Behörden, Ämtern, NGOs und UNO- und Weltbank-Abteilungen, konnte Einblick in die dort vorhandene Literatur nehmen und Unterlagen über ihre Projekte und Studien sammeln. Wichtige Informationen über Gesetze, Organisationen und Regelungen erhielt ich während verschiedener Diskussionen während den Qat-Runden an den Nachmittagen.

Neben diesen Experteninterviews in den Städten führte ich in ausgewählten ländlichen Regionen halbstrukturierte Interviews mit Bauern, Wasserexperten, Richtern und lokalen Autoritäten (vgl. Anhang). Während des ersten Aufenthaltes im Mai / Juni 1992 besuchte ich die Region Maʾrib – Baiḥān – ʿAtaq. Im Dezember / Januar 1994/95 führte ich in der Region Maʾrib und Ḥarīb / al-ʿAin mit lokalen Fachleuten über Bewässerungsfragen ausführliche Gespräche und Interviews durch. Beim dritten Aufenthalt im März 1997 wurden ähnliche Interviews im Wadi Tuban geführt. Die Gespräche wurden jeweils mittels eines jemenitischen Übersetzers geführt, der auch für die gegenseitigen Einführungen wertvolle Dienste leistete. Bei der Auswahl der Gesprächspartner versuchte ich, verschiedene Aspekte zu berücksichtigen. Dazu gehörten die unterschiedlichen sozialen Stellungen, die verschiedenen Funktionen, sei es als Bauer, Richter oder Politiker, und die allfälligen Unterschiede, wie stark sie von einem Problem betroffen waren, die ich möglichst umfassend berücksichtigen wollte. Natürlich war die Auswahl der Bauern auch vom Zufall mitbestimmt. Welche Bauern und Fachleute ich zusammen mit meinem Begleiter für einen Besuch auswählte, hing im wesentlichen davon ab, ob sie von den Verwandten und Bekannten meines Begleiters überhaupt empfohlen wurden, ob sie zur Zeit des Besuchs zu Hause waren und ob sie bereit waren, sich die Zeit für das Interview zu nehmen. Es hat sich aber herausgestellt, daß dank der guten sozialen Stellung und der hervorragenden Kenntnisse der Region meines Begleiters die wesentlichen Fachleute und die besonders interessanten Bauern für die Befragungen aufgesucht werden konnten.

Zwei Ziele standen bei den Untersuchungen in den ländlichen Regionen im Zentrum. Erstens wollte ich die aus der Literatur und aus den offiziellen Dokumenten bekannten Probleme der Bewässerung und die vorgeschlagenen Lösungen mit den Bauern diskutieren und deren Meinung erfahren. Zweitens sollte über die lokal gültigen Wasserrechte gesprochen werden, um damit zusätzliches Wissen zu erlangen, aber auch um Widersprüche und Übereinstimmungen zu den in der Literatur beschriebenen Regelungen herauszufinden. Wurden Bauern und Fachleute nach ihrer Einschätzung der zukünftigen Entwicklung ihrer Region gefragt, hat sich daraus meist eine äußerst spannende Diskussion ergeben. Mit dieser Frage als Aufhänger konnte ich über verschiedene rechtliche, wirtschaftliche, soziale und auch persönliche Aspekte diskutieren.

Eines der Hauptthemen dieser Arbeit ist die Zukunft der Bewässerungs-Landwirtschaft im Jemen. Dabei geht es um eine Art „Prognose“ über die weitere Entwicklung eines Wirtschaftssektors. Obwohl darauf erst am Schluß der Arbeit näher eingegangen wird, bildet sie bereits für die beiden ersten Fragestellungen das Leitmotiv und prägt damit die ganze Arbeit. Für die Erarbeitung der Szenarien wird aus den aktuellen Verhältnissen und den möglichen, zukünftigen Rahmenbedingungen die weitere Entwicklung abgeleitet. Dabei wird versucht, aus den komplexen Zusammenhängen die entscheidenden Faktoren zu ermitteln, indem die „Schaltstellen“ der zukünftigen Entwicklung identifiziert werden. Selbstverständlich läßt sich dafür keine genaue quantifizierbare Vorhersage machen, wie dies die Prognostik im engeren Sinne fordert (STIENS 1996: 16). Vielmehr wird eine „qualitative Projektions- und Explorationstechnik“, bzw. „Szenarientechnik“ benutzt. Weil die Abschätzung der zukünftigen Entwicklung dazu zwingt, die heutigen Probleme und Zusammenhänge genau zu analysieren, eignet sich dieses Vorgehen für die vorliegende Problem- und Fragestellung bestens.

> „Szenarien eignen sich nicht zur Vorausschätzung ‚wahrscheinlichster‘ Entwicklungen; dafür um so besser für die Aufgabenstellung, verschiedenartige Problemstellungen und Wirkungszusammenhänge zu konstruieren und zu simulieren, die auf die räumliche Planung in der Zukunft zukommen könnten.“ (STIENS 1996: 17)

1.4.3 Begriffe und Transkription

Einige zentrale Begriffe in dieser Arbeit können unterschiedliche Bedeutungen haben. Deshalb werden sie an dieser Stelle kurz definiert:

- *Bewässerung:* Bewässerung erfordert den Wassertransport von einer Wasserquelle in ein Gebiet, in dem das Wasser für die landwirtschaftliche Nutzung fehlt oder nicht in ausreichender Menge vorhanden ist. Sie grenzt sich damit gegenüber dem Regenfeldbau ab. Gemäß dieser Definition wird das bloße Sammeln von Regenwasser ohne Weitertransport nicht als Bewässerung verstanden. Ein Bewässerungssystem bringt Wasser von einer Quelle zur Kulturpflanze und umfaßt einerseits materielle Artefakte (z.B. Kanäle), andererseits Organisationen sowie soziale und politische Regelungen (z.B. Wassergesetze).
- *Institutionen:* Unter dem Begriff „Institutionen für die Wassernutzung“ werden nach FOX (1976: 743) die folgenden vier Bereiche verstanden (vgl. Kap. 2.2.4):
    - Staatliche und nicht-staatliche Organisationen, welche Regeln und Gesetze zur Wassernutzung aufgestellt haben
    - die Regeln und Gesetze selbst
    - die Organisationen, welche die Regeln und Gesetze beeinflussen
    - die Organisationen, die die Gesetze ausführen und die Ausführung kontrollieren
- *Tradition und Moderne:* Die Verwendung der beiden Begriffe Tradition und Moderne ist oft verwirrend. Beide assoziieren bestimmte Vorstellungen, die je nach Erfahrung und Perspektive sehr unterschiedlich sein können. Eine genaue Trennung ist schon deshalb nicht möglich, weil im Normalfall die Moderne aus dem Traditionellen hervorgeht und allmählich wieder zur Tradition werden kann. Ein Staudamm kann zur traditionellen Bewässerung gezählt werden, wenn er seit Generationen besteht und in die Sozialstruktur eingebettet ist, während er als modern gilt, wenn er nur wenige Jahre alt ist. Trotz dieser möglichen Verwirrung werden die Begriffe hier pragmatisch verwendet: Das Adjektiv „modern“ ist mit fremd, exogen und neu assoziiert und wird vor allem für die in den letzten Jahrzehnten eingeführte Technologie verstanden. „Traditionell“ steht für das

endogene, ältere und damit meist in die bestehende Kultur eingebettete oder bereits vor einigen Jahrzehnten eingeführte Element.

- *Zur Geschlechtsbezeichnung*: Es werden keine männlichen und weiblichen Formen unterschieden. Ist von Bauern oder Jemeniten die Rede, so können damit sowohl Männer als auch Frauen gemeint sein. Diese vereinfachte Schreibweise wurde gewählt, weil die jemenitische Gesellschaft nach außen sehr männerdominiert ist und ausschließlich mit Männern Gespräche geführt werden konnten.
- *Jemen; Nord- und Südjemen:* Am 22. Mai 1990 vereinigten sich die beiden jemenitischen Teilstaaten. Offiziell heißt das Land nun „Republik Jemen" (al-Ǧumhūrīia al-Īamanīia). Werden in dieser Arbeit Angaben gemacht, die für die Zeit vor der Vereinigung gelten, so wird die ehemalige „Arabische Republik Jemen" als „Nordjemen" bezeichnet, die ehemalige „Demokratische Volksrepublik Jemen" als „Südjemen". Da es viel mehr Literatur und Statistiken über den Nordjemen als über den Südjemen gibt, werden mehr Angaben aus dem Norden herbeigezogen. Wo dies ohne Bedeutungsverlust zulässig ist, gelten solche Aussagen für den ganzen Jemen.

Bei der Verwendung des arabischen Wortmaterials wurde grundsätzlich auf eine sorgfältige Transkription geachtet. Ausnahmen machte ich dort, wo sich deutsche Schreibweisen eingebürgert haben; Im Dienste einer einfacheren Leseart wird statt „al- Īaman" hier „der Jemen", statt „ʿAdan" „Aden" und statt „Wādī", „Qāt", „Šaiḫ" und „Imām" einfach nur „Wadi", „Qat", „Scheich" und „Imam" geschrieben.

2. BEWÄSSERUNGS-LANDWIRTSCHAFT ALS NUTZUNG EINER „COMMONS“-RESSOURCE

2.1 Die Bedeutung der Bewässerungs-Landwirtschaft in Trockenräumen

2.1.1 Antike Bewässerungskulturen

Die Technik der Bewässerung ist sehr alt und mit der Entwicklung der menschlichen Kultur eng verknüpft. Möglich ist, daß die Bewässerung einer der entscheidenden Faktoren für die Entwicklung der Zivilisationen gewesen ist. Auch wenn sich dieser Zusammenhang nicht beweisen läßt, gibt es doch einige Argumente dafür. Im Neolithikum hat sich die Beziehung des Menschen zu seiner Umwelt verändert. Aus nomadisierenden Jäger- und Sammlerkulturen wurden seßhafte Ackerbaukulturen. Diese Entwicklung erfolgte in verschiedenen Regionen der Erde in unterschiedlichen Zeiträumen und zum Teil unabhängig voneinander, beispielsweise in Vorderasien, China und Südamerika (SPENCER et al. 1969: 225). Da die neue Wirtschaftsweise eine stabilere Nahrungsgewinnung aus einer verbesserten Energiebilanz in der Agrarproduktion ermöglichte, konnte die Bevölkerung zunehmen. Arbeitskräfte aus der „Urproduktion“ (Landwirtschaft) wurden frei für Tätigkeiten außerhalb dieses Sektors. Dies ermöglichte die Entstehung von städtischen Kulturen, was zu technischen, wirtschaftlichen und sozio-politischen Veränderungen führte (MUMFORD 1956: 383). In Vorderasien begann diese Entwicklung in den semi-ariden und ariden Flußtalgesellschaften im 6. Jahrtausend BC (NEWSON 1992: 1). Erst viel später verbreitete sie sich von da nach Europa.

Diese „Wurzeln der Zivilisationen“ in Trockengebieten lassen einen Zusammenhang zwischen der Entwicklung von Bewässerungssystemen und der Herausbildung von technischen und politischen Systemen vermuten. Die sogenannten „hydraulischen Kulturen“ wurden in den 50er und 60er Jahren zu einem geflügelten Wort, bekannt durch die Thesen von WITTFOGEL (1962), blieben aber nicht unbestritten (vgl. weiter unten).

Von den Zivilisationen des Altertums, die sich in ariden und semi-ariden Gebieten entfaltet haben, sind verschiedene Bewässerungstechniken bekannt. Die unterschiedlichen Techniken lassen sich zum Teil auch mit den jeweiligen Standortbedingungen erklären.

- In Mesopotamien wurde das Wasser von den perennierenden Flüssen durch Dämme und Schleusen in ein Kanalsystem und von dort auf die Felder gebracht („Kanal-bewässerung“).
- Im Niltal in Ägypten wurden nach der periodischen Überflutung des Hauptflusses die abgedämmten Felder kontrolliert überschwemmt („Becken-Bewässerung“).
- In der Levante, im Industal oder auch in Südamerika wurde durch die Terrassierung des steilen Geländes die Landnutzung erst ermöglicht. Das Wasser wurde mit Hilfe der Schwerkraft von den oberen Feldern nach unten geleitet („Terrassenbewässerung“).
- Im Jemen und im Negev wurde durch Dämme im Wadibett das periodisch auftretende Wasser auf die Felder geleitet („Wadibewässerung“). Bei steilerem Gelände geht diese Form in die Terrassenbewässerung über.

Die ersten technischen Bauwerke waren Dämme und Kanäle und einfache Hebevorrichtungen. Letztere waren seit mindestens 2'500 BC in Ägypten bekannt (SMITH 1978: 16). Wissenschaften wie die Astronomie (für den Agrarkalender), die Mathematik und das Ingenieurwesen (für die Vermessung der Felder und Bauten) wurden durch Fragen der Bewässerung vorangetrieben. Nun ist der Einfluß der Bewässerung auf die *Entstehung* der ersten Hochkulturen heute zwar nicht mehr zu bestimmen, für die *Weiterentwicklung* ist ihre zentrale Bedeutung aber unbestritten.

Antike Bewässerungskulturen führten nicht nur zu technologischen und naturwissenschaftlichen Neuerungen, sondern hatten auch Einfluß auf das soziale, politische und rechtliche System bis in die Gegenwart. Für die Entwicklung der sumerischen Kultur wird beispielsweise im Zweistromland folgende Argumentation angeführt:

> „The mastering of the jungle swamp was a social, far more than a technical achievement. The human conquest of alluvium must have been planned by leaders who had the imagination, forsight and self-control to work for returns that would be lucrative ultimately but not immediately. The one indispensable new tool was a script. The leaders needed this instrument for organising people and water and soil in quantities and magnitudes that were too vast to be handled efficiently by the unrecorded memorising of oral arrangements and instructions." (TOYNBEE 1976: 51, zit. in: NEWSON 1992: 2)

In eine ähnliche Richtung gehen die Argumente von WITTFOGEL (1962). Er sieht einen engen Zusammenhang zwischen der Entwicklung der Bewässerung und der Herausbildung von autoritären und bürokratischen Zentralregierungen und prägte den Begriff der „hydraulischen Despotie" mit Vorbildcharakter bis in die heutige Zeit. Hier ist jedoch anzumerken, daß sich WITTFOGELS Bild der politischen Gegenwart vor allem auf faschistische und stalinistische Staatssysteme vor dem Zweiten Weltkrieg bezog.

> „Große Wassermengen können nur durch massenhaften Einsatz von Arbeitskräften manipuliert ... werden. Dies bedingt die Koordinierung, Disziplinierung und Führung der beteiligten Personen. Wenn daher eine Anzahl Bauern trockne Ebenen landwirtschaftlich nutzbar machen wollen, dann sind sie gezwungen, organisatorische Methoden anzuwenden, die unter den Bedingungen einer vorindustriellen Technologie allein wirksam sind: Sie müssen mit vielen anderen zusammenarbeiten und sich einer führenden Autorität unterwerfen." (WITTFOGEL 1962: 42f.)

Diese These wurde mit dem Argument zu widerlegen versucht, die technologische Entwicklung habe langsam und in kleinen Schritten begonnen, ohne die notwendige Präsenz von Gewaltherrschaften (SMITH 1978: 21). Tatsächlich zeigt der Vergleich zwischen der sabäischen und der nabatäischen Wassernutzung, daß unter ähnlichen Standortbedingungen mit verschiedenen Systemen ein ähnlicher wirtschaftlicher Erfolg erzielt werden konnte: In Ma'rib bauten die Sabäer einen zentralen großen Ablenkdamm unter einer „hydraulischen Despotie" im Sinne von Wittfogel, während im Negev ein System mit tausenden kleinen Barrieren bestand. Wenn einzelne Teile eines großen Bewässerungssystems dezentral betreut werden können, so braucht es dazu nicht zwingend eine starke Zentralmacht. Für den Betrieb und Unterhalt großer Bauwerke sind aber Gesellschaften mit einer organisatorischen Zentralmacht nötig, die immer wieder Innovationen für die Verwaltung hervorbringen. Hier führt Wittfogel das Beispiel an,

> „ ... daß unter allen seßhaften Völkern die Pioniere der hydraulischen Landwirtschaft und Staatskunst die ersten waren, die rationelle Methoden des Zählens und Schreibens entwickelten." (WITTFOGEL 1962: 80)

Wenn auch der direkte Einfluß von Wassernutzungsmethoden auf die Gründung der ersten Hochkulturen umstritten ist, so bleibt doch die Tatsache bestehen, daß erst die effiziente Wasserwirtschaft mit daraus folgenden agrarischen Überschüssen eine Entwicklung ermöglichte. Wittfogels Argumente wurden noch in den 70er Jahren herangezogen, um die Notwendigkeit von großen, zentralen Bewässerungssystemen für die ländliche Entwicklung in unserer Zeit zu belegen (RUTHENBERG 1976: 215).

Neben diesen „hydraulisch-politischen" Rahmenbedingungen, welche die Entwicklung von antiken Hochkulturen begünstigte, gibt es auch ganz andere naheliegende Erklärungsansätze dafür, daß es in Westasien zur Bildung der ersten Hochkulturen kam. Die Domestikation von Pflanzen und Tieren wurde dort begünstigt, weil das größte Angebot von geeigneten Arten vorhanden war. Diese „biogeographischen" Gründe für die natürliche Bevorteilung des Nahen Ostens sind heute nachgewiesen: 32 der weltweit 56 größtsamigen Arten von ursprünglich wilden Gräsern stammen aus dieser Region. Zudem verfügte Südwestasien über das reichste Angebot an domestizierbaren Großsäugetieren. Die vier ersten und heute noch bedeutendsten Nutztiere, nämlich Ziege, Schaf, Schwein und Rind, haben ihr Ursprungsgebiet im Nahen Osten (DIAMOND 1998: 161 - 164). Deshalb gab es dort die günstigsten Startbedingungen für die Entwicklung von Ackerbaukulturen, und damit waren auch die Bedingungen für die weitere Entwicklung bis hin zu den erwähnten Hochkulturen günstig.

2.1.2 Zur aktuellen Bedeutung der Bewässerungs-Landwirtschaft

Die Bewässerungs-Landwirtschaft war in der Vergangenheit verantwortlich für Fortschritt und Entwicklung in verschiedenen Bereichen unserer Zivilisation. Umgekehrt war die Bewässerungs-Landwirtschaft aber selber auch von Fortschritt und Entwicklung betroffen. Deshalb hat sich der Charakter dieses Sektors immer wieder gewandelt, und es ist anzunehmen, daß es auch in Zukunft immer wieder Veränderungen geben wird.

Von den rund 41'000 km^3 Wasser, welche der Erde jährlich als erneuerbare Ressource zur Verfügung stehen, werden rund 3'240 km^3 genutzt (WRI 1994: 345f.).[1] Üblicherweise wird die Wassernutzung in die drei Sektoren Haushalte, Industrie und Landwirtschaft aufgeteilt. 69 % des weltweiten Wasserverbrauches sind für die Landwirtschaft bestimmt, 23 % für die Industrie und 8 % für die Haushalte (Abb. 1). Der Verbrauch an Süßwasser hat in den vergangenen Jahrzehnten um das 35fache zugenommen, mit Raten von 4 % bis 8 % pro Jahr. Ein Teil des Wassers wird als Abwasser wieder an die Flüsse und Küstengewässer zurückgegeben. In der Landwirtschaft ist dieser Anteil etwa ein Viertel, bei den Haushalten 60 % und in der Industrie 86 %. Dieses Wasser ist häufig zu stark verschmutzt, um nochmals verwendet zu werden.

Die Landwirtschaft ist die bei weitem bedeutendste Wasserverbraucherin in Afrika (88 %), in Asien (86 %) und in Südamerika (59 %). Neben der geringen Industrialisierung sind die großen Landwirtschaftsgebiete in ariden und semi-ariden Regionen für diesen hohen Anteil verantwortlich. Dort wird Wasser den allochthonen Flüssen entnommen, die für die Landwirtschaft geeignete und bereits dicht besiedelte Flächen durchfließen.

---

1 Die Zahlen beziehen sich auf das Jahr 1992.

Wasser für die menschliche Nutzung stammt aus Quellen, Flüssen und Seen oder wird dem Grund entnommen. Auf natürliche Weise wird dieser Vorrat durch Niederschlag angereichert, verkleinert wird er durch Abfluß und Verdunstung. Der Mensch kann den Vorrat zusätzlich vergrößern oder verkleinern durch weitere Zu- und Ableitungen und durch Speicherung. Die Anreicherung von Salzen und giftigen Stoffen aus Landwirtschaft, Industrie und Haushalten bedeutet eine zusätzliche Belastung und letztendlich eine Degradation und Zerstörung der Vorräte.

Abb. 1: Prozentualer Anteil der jeweiligen Wassernutzung am Gesamtwasserverbrauch in ausgewählten Regionen

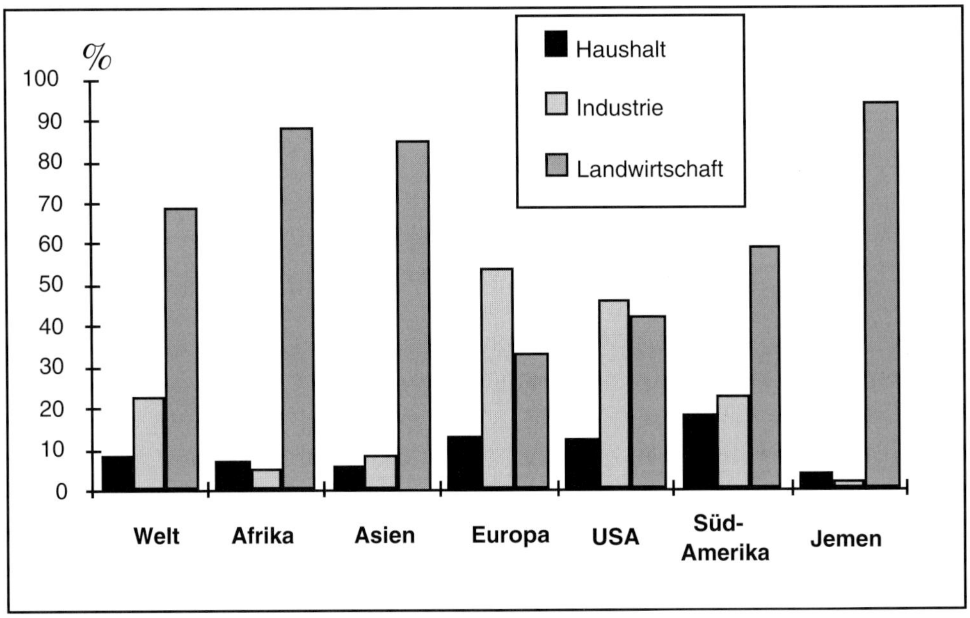

Daten aus: WRI 1992: 328f.

Wasserangebot und Wassernachfrage können sowohl weltweit als auch regional verglichen werden, um so zu Prognosen über mögliche Entwicklungen und Engpässe zu kommen. Eine Schwierigkeit dabei ist aber, daß bei verschiedenen Qualitäten und Erscheinungsformen des Wassers eine hohe Substituierbarkeit möglich ist. Der Süßwasservorrat könnte durch Entsalzung von Meerwasser beinahe unendlich erweitert werden. Diese Form der Substitution ist aber nur mit einem großen Energieaufwand möglich.

Die Nutzung von Grundwasser hat in den vergangenen Jahren ständig zugenommen. In Teilen Europas und Nordamerikas sind in der Vergangenheit jedoch bereits die Grenzen der Grundwassernutzung erreicht worden, so daß ein zusätzlicher Bedarf mit fließendem Oberflächenwasser gedeckt werden muß. In vielen Ländern der Dritten Welt übersteigen die Wasserentnahmen aus dem Untergrund seit den 60er Jahren ebenfalls die natürliche Erneuerung. Nur bleibt dort aufgrund der mangelnden Alternativen keine andere Möglichkeit als die weitere Nutzung des Grundwassers. Neben dem allmählichen Versiegen birgt die Übernutzung dieser Ressource noch weitere Bedrohungen:

- In Küstengebieten kann Salzwasser in die Grundwasserspeicher eindringen und diese damit unbrauchbar machen.
- In vielen Gebieten, besonders in Großstädten, kann die Landoberfläche absinken und unter anderem die städtische Infrastruktur bedrohen.
- In Gebieten mit hoher Evaporation und ungenügender Entwässerung führt der zunehmende Salzgehalt des Grundwassers zur Versalzung der Böden.

In einigen Gebieten der Welt, und dazu zählt auch der Jemen, hat man erst in neuester Zeit begonnen, bedeutende Grundwasserreserven zu nutzen. Flächenmäßig hat die weltweite Bewässerungs-Landwirtschaft in den letzten Jahrzehnten stark zugenommen. Während im Jahr 1900 diese Flächen etwa 40 Mio. ha betrugen, wuchsen sie bis 1950 auf etwa 94 Mio. ha und zu Beginn der 90er Jahre auf etwa 250 Mio. ha an. Diese 250 Mio. ha entsprechen 17 % der weltweiten landwirtschaftlichen Nutzfläche. Auf diesem Sechstel der Fläche werden jedoch 36 % der Nahrungsmittel-Kalorien produziert. In bezug auf die Wertschöpfung ist der Anteil der bewässerten Fläche noch höher und liegt bei fast 50 % (WOLFF 1995: 55). Diese Zahlen zeigen eines sehr deutlich: Die Flächen der Bewässerungs-Landwirtschaft haben in der Vergangenheit stark zugenommen. Ihre Bedeutung für die Ernährungssicherheit der Menschheit und für die Wirtschaft des ländlichen Raumes ist aber weitaus größer als ihr flächenmäßiger Anteil.

Die Bewässerungsfläche pro Kopf der Bevölkerung ist bis 1979 kontinuierlich gestiegen, seither aber wieder zurückgegangen und lag 1989 bei etwa 45 ha pro 1000 Menschen, gegenuber 47.5 ha pro 1000 Menschen 1979 (POSTEL 1993a: 37). Die Bewässerungs-Landwirtschaft ist an vielen Orten allmählich an ihre Grenzen gestoßen, was sich auch an der Kreditvergabe von internationalen Geldgeberorganisationen für die Entwicklungsländer ablesen läßt. Nach zwei Spitzenjahren 1977 und 1980 bewegte sich die Summe der vergebenen Kredite in den vier Jahren zwischen 1984 und 1987 auf etwa der Hälfte der höchsten Werte. (Neuere Zahlen liegen keine vor.) Auf den früheren Boom anspielend, spricht man dabei auch vom „Ende einer Ära“ (BARTH et al. 1990: XI):

> „Es hat den Anschein, als ob der nahezu unbegrenzte Optimismus vorausgegangener Jahrzehnte in die Potentiale des Bewässerungsanbaus als Sicherung zukünftigen Nahrungsmittelbedarfs vor allem in den semi-ariden und ariden Regionen der Dritten Welt seiner Grundlagen beraubt würde.“ (BARTH et al. 1990: IXf.)

Auf der globalen Ebene ist das große quantitative Wachstum der Bewässerungs-Landwirtschaft in den letzten Jahrzehnten also zurückgegangen. Nach wie vor trägt sie aber einen wichtigen Teil zur Ernährung der Menschheit bei. Angesichts des großen Bevölkerungswachstums muß der Bewässerungssektor auch in Zukunft weiterhin wachsen, der Flächenanstieg wird allerdings nur etwa 1 % pro Jahr betragen und damit hinter dem Bevölkerungswachstum liegen. Demgegenüber kommt dem qualitativen Wachstum eine größere Bedeutung zu. Das heißt, nicht die genutzte Wassermenge oder die Bewässerungsfläche sollen wachsen, sondern mit den bestehenden Ressourcen müssen höhere Erträge erzielt werden können. Dies bedingt eine höhere Effizienz, basierend auf einer noch besseren Technologie.

Wird die globale Ebene verlassen und auf der regionalen Ebene die Lage der Bewässerungs-Landwirtschaft betrachtet, ergeben sich große Unterschiede: In einzelnen Regionen mußte die Bewässerung aufgegeben werden bzw. wird sie in Zukunft aufgegeben werden müssen. Erschöpfte Grundwasserspeicher oder versalzte Böden führten dort zur Degradation des Landes. Weltweit gehen schätzungsweise jedes Jahr 1 bis 1.5 Mio. ha bewässertes Ackerland durch Versalzung aus der Produktion (WOLFF 1995: 57), wobei Indien und China in besonderem Maße davon betroffen sind. Versiegende Grundwasserspeicher bedrohen die Landwirtschaft auch im mittleren Westen der USA und werden dort in vielen Regionen zur Einstellung des Bewässerungsfeldbaus in den nächsten Jahrzehnten führen (WINDHORST et al. 1996: 260 - 264).

Es gibt jedoch auch neue Gebiete, deren landwirtschaftliche Erschließung erst begonnen hat. In Libyen ist dank der Realisierung des „Großen künstlichen Flusses“ Grundwasser aus der Wüste nun an der Küste verfügbar und ermöglicht Getreideanbau in einem Trockengebiet (SCHLIEPHAKE 1993). Allerdings ist auch hier diese Kultivierung nur temporär, weil das Wasser aus fossilen Vorräten stammt. In Bahrain gab es eine ähnliche Entwicklung. Die landwirtschaftliche Fläche betrug in diesem sehr ariden Land in den 60er Jahren noch 38 km^2, das Wasser für die Bewässerung stammte auch da vorwiegend aus fossilen Vorräten. Bis 1979 schrumpfte die Agrarfläche infolge Versalzung und Erschöpfung des Grundwassers auf 17.5 km^2 (ZUBARI et al. 1993: 270). Mit staatlich unterstützten Programmen wurde dann die Landwirtschaft modernisiert, so daß bis 1991 ohne wesentlichen Mehrverbrauch von Wasser die Fläche wieder auf 30 km^2 ansteigen konnte. Diese Entwicklung ist hauptsächlich der Verbesserung der Wassereffizienz zu verdanken.

Im Jemen lassen sich alle hier aufgeführten Entwicklungen beobachten. Noch immer gibt es Regionen mit einer wachsenden Bewässerungsfläche, in anderen Regionen mußte die Bewässerung aufgegeben werden. Die qualitative Verbesserung von Bewässerungsanlagen hat in weiteren Regionen schließlich zur verbesserten Effizienz der Wassernutzung geführt (vgl. dazu Kap. 5.1).

Die heutige Bedeutung der Bewässerungs-Landwirtschaft wurde in diesem Kapitel vor allem aus ökonomischer Sicht beschrieben. Daneben erfüllt sie aber noch weitere Funktionen im sozialen und kulturellen Bereich. Zudem ist der Bewässerungssektor für die Umwelt und das Landschaftsbild ein zentrales Element – das Niltal sähe ohne Bewässerung beispielsweise ganz anders aus.

Die Wechselwirkung zwischen der Bewässerungs-Landwirtschaft und dem institutionellen Sektor ist kompliziert und zunächst wenig deutlich. Der Einfluß von Institutionen auf den Umgang mit Wasser ist das zentrale Thema dieser Arbeit. Umgekehrt kann auch der Einfluß des Wassers auf die Institutionen betrachtet werden. Es gibt Studien, die den Einfluß vom Wassermanagement auf das Rechtssystem und die Behördenstruktur im heutigen Spanien aufzeigen (KRESS 1968). Weitere Beispiele für den Zusammenhang ließen sich auch auf der internationalen Ebene finden, man denke nur an die verschiedenen Bemühungen um Wasserabkommen im Gebiet von Palästina, Israel, Syrien und Jordanien. Im Jemen wurden als Folge des Wasserproblems eine ganze Reihe von neuen Institutionen und internationalen Programmen geschaffen, mit Wirkungen über den Wassersektor hinaus.

Für den Menschen ist die Umwelt sowohl ein „Input“- als auch ein „Output“-Faktor. Wasser hat dabei als natürliche Ressource eine besondere Funktion. Während andere Ressourcen für die Nutzung des Menschen klare Rollen haben, hat Wasser eine heterogene Funktion. Ähnlich wie fossile Energieträger wird es als „Input"-Faktor der natürlichen Umwelt entnommen und für wirtschaftliche Tätigkeiten genutzt, zum Beispiel zur Bewässerung von Baumwollfeldern. Ähnlich wie die Atmosphäre wird es aber auch als „Output"-Faktor genutzt, durch die Zuleitung von Schmutz ins Wasser. Beispiel dafür sind salzhaltiges Drainage-Wasser oder giftige Abfälle, welche in die Gewässer gelangen können. Beide „Outputs" belasten die Umwelt.

Während bis in die 70er Jahre innerhalb der Diskussion über natürliche Ressourcen noch vorwiegend der „Input"-Faktor in der Mensch-Umwelt-Beziehung diskutiert wurde, stehen seit den 80er Jahren die „Output"-Faktoren im Vordergrund (vgl. dazu GOODLAND 1992: 15 – 17). Dazu zwei Beispiele: Während vor 25 Jahren noch die Begrenztheit der Rohstoffe den Wohlstand einzuschränken schien, wird diese Grenze heute als Folge des Ge- und Verbrauchs der Rohstoffe wahrgenommen. Dagegen ist die Aufnahmefähigkeit der Erde für Abfälle begrenzt und wird überschritten werden, bevor die Rohstoffvorräte zu Ende gehen. Aktionen wie die autofreien Sonntage in der Schweiz waren im Kontext der sogenannten „Energiekrise" geschaffen worden, damit der „Input"-Faktor Erdöl geschont werden konnte. Heute werden sie zur Steigerung der Lebensqualität diskutiert, im Sinne von weniger Schadstoffen oder weniger Lärm, also um den „Output"-Faktor zu verringern.

Diese Veränderungen haben auch die Diskussion über die Bewässerungs-Landwirtschaft beeinflußt. Wie oben geschildert, hat die Bedeutung des Wassers als „Input"-Faktor für die Ernährung der Menschheit stark zugenommen. Gleichzeitig sind Folgen dieser Entwicklung zu einer Bedrohung lokaler und nationaler Wirtschaftssysteme geworden, weil die „Output"-Faktoren entweder die Landwirtschaft selber oder andere Bereiche der Mensch-Umwelt-Beziehung bedrohen, zum Beispiel durch die Versalzung der Böden und die Verschmutzung der Gewässer.

Trotzdem ist Wasser eine Ressource geblieben, bei der die „Input"-Faktoren die Nutzung vergleichsweise stark limitieren. Wasser ist nicht substituierbar, wie dies beispielsweise bei Erdöl der Fall ist. Für die wichtigsten Lebensvorgänge des Menschen, wie Essen, Trinken und Körperpflege, ist Wasser die elementare Ressource. Deshalb muß die physische Knappheit von Wasser stets ein zentrales Thema von wissenschaftlichen Untersuchungen in der Mensch-Umwelt-Beziehung bleiben.

2.2. „Commons"-Ressourcen und Institutionen

2.2.1 Definition und Klassifikation der „commons"

Der Begriff „commons" bezieht sich hier auf die besitz- und eigentumsrechtlichen Merkmale einer Ressource. Die Begriffe im Zusammenhang mit Ressourcen in Gemeinschaftsbesitz werden in der Literatur nicht immer eindeutig verwendet. Die juristische Unterscheidung zwischen „Eigentum" und „Besitz" zieht eine Grenze zwischen dem, was einem gehört („Eigentum") und dem, worüber man ein Nutzungsrecht hat („Besitz"). Sowohl in der „commons"- als auch in der Entwicklungsdiskussion wird diese Unterscheidung aber nur selten berücksichtigt, Besitz und Eigentum werden hier meist als Synonyme verwendet. Ein „Großgrundbesitzer" müßte in den meisten Fällen als „Großgrundeigentümer" bezeichnet werden.

Zusätzlich gibt es Unklarheiten, wegen der vom Englischen ins Deutsche übertragenen Fachausdrücke, die ebenfalls unterschiedlich interpretiert werden können. Eindeutig ist es bei „ownership" für „Eigentum" und bei „possession" für „Besitz". Für den zentralen Begriff „property" gibt es aber keine eindeutige Übersetzung, es kann sowohl „Eigentum" als auch „Besitz" bedeuten. Trotzdem wurde versucht, innerhalb der Arbeit die Unterscheidung zwischen Besitz und Eigentum durch den richtigen Begriff auszudrücken.

Die Eigentumsrechte für Ressourcen sind legale Ansprüche auf deren Verwendung. Wie sie geregelt sind, hängt unter anderem von der Art der Ressource (es gibt Ressourcen, die eignen sich für Privateigentum besser als andere) und vom Wirtschaftssystem (in sozialistischen Ländern wurde Staatseigentum gegenüber Privateigentum gefördert) ab. Im folgenden werden die zentralen und später wiederkehrenden Begriffe für die weitere Verwendung definiert.

<u>„Common-property"-Ressourcen</u>

„Common-property"-Ressourcen unterscheiden sich von Ressourcen im Privateigentum, im Staatseigentum und von Ressourcen, die niemandem gehören. In der deutschsprachigen Literatur wird „common-property" mit Gemeineigentum übersetzt (WACHTER 1995: 31). Dies kann sowohl vom Menschen geschaffene (z.B. Autostraßen) als auch natürliche Ressourcen beinhalten. Da in dieser Arbeit nur von natürlichen Ressourcen die Rede ist, bedeutet „common-property"-Ressourcen hier natürliche Ressourcen, die in gemeinsamem Besitz oder Eigentum sind und gemeinsam genutzt werden. Ein derartiges Recht schützt die Nutzung der Gemeinschaft gegenüber fremden Nutzern, innerhalb der Gemeinschaft steht es jedoch jedem frei, die Ressource zu nutzen (SINGH 1994: 3).

Regelungen über die gemeinsame Nutzung können durchaus vorhanden sein. Nur wenn andere Gruppen von der Nutzung der Ressource ausgeschlossen sind, sprechen wir von echten „common-property"-Ressourcen.

> „... common property (res communes), ... refers to a distribution of property rights in a resource where a well-defined set of users has a set of well-defined (not necessarily equal) rights to use the resource, while all potential users not belonging to the group are excluded." (SINGH 1994: 4)

„Common-pool"-Ressourcen werden manchmal von „common-properties" abgegrenzt (SINGH 1994: 5). Der Unterschied liegt darin, daß für „common-pool"-Ressourcen keine weiteren Regelungen für die gemeinsam genutzten Ressourcen bestehen, für die „common-properties" hingegen schon. „Common-pool"-Ressourcen stehen eigentumsrechtlich gesehen zwischen den „common-properties" und den im folgenden Abschnitt definierten „open-access"-Ressourcen.

<u>„Open-access"-Ressourcen</u>

Werden keine potentiellen Gruppen für die Nutzung einer Ressource ausgeschlossen, spricht man von „open-access"-Ressourcen. Alle Nutzer haben also die gleichen undefinierten Rechte. Bei den typischen „open-access"-Ressourcen ist die Nicht-Ausschließbarkeit bereits durch die Art der Ressource vorgegeben; Fische in den Weltmeeren, die Atmosphäre, der Weltraum oder Grundwasser sind Beispiele dafür. Bezeichnend für die *weltweit* gemeinschaftliche Nutzung ist dabei auch der Ausdruck „global commons" (VOGLER 1995).

„Commons"

Ein großer Teil der Literatur zum Thema „commons" bezieht sich in erster Linie auf die erwähnten „open-access"-Ressourcen, beinhaltet meist aber auch die „common-properties". Die Assoziation mit „commons" geht sogar so weit, daß der Ausdruck als eine Art Überbegriff für gemeinschaftliche, unklare und offene Eigentums- oder Besitzverhältnisse steht. Wenn dann von „commons" die Rede ist, bezeichnet man damit alle Arten von Ressourcen mit diesen Verhältnissen. Der Begriff kann dann am ehesten negativ formuliert werden. „Commons" sind Ressourcen, die weder in privatem noch staatlichem Eigentum sind und umfassen eine sehr heterogene Gruppe von Ressourcen.

Diese weite Definition von „commons" wird in der vorliegenden Arbeit benutzt. Wie in Kapitel 2.2.5 aufgezeigt wird, muß für die Ressource Wasser eine derart offene Definition gewählt werden, weil Wasser sowohl „common-property"- als auch „open-access"- Charakterzüge aufweisen kann.

2.2.2 „The tragedy of the commons" bei HARDIN

Die grundsätzliche „commons"-Diskussion wurde vom Biologen Garrett HARDIN geprägt, und eine Betrachtung über den Einfluß von Besitz- und Eigentumsverhältnissen auf die Ressourcen-Degradation beginnt üblicherweise mit seinem Bild.

> „Picture a pasture open to all. It is to be expected that each herdsman will try to keep as many cattle as possible on the commons. ... As a rational being, each herdsman seeks to maximize his gain. Explicitly or implicitly, more or less consciously, he asks: ‚What is the utility to me of adding one more animal to my herd?' This utility has [one positive and one negative] component. ... Adding together the component partial utilities, the rational herdsman concludes that the only sensible course for him to pursue is to add another animal to his herd. And another; and another ... But this is the conclusion reached by each and every rational herdsman sharing a commons. Therein is the tragedy. Each man is *locked in* to a system that compels him to increase his herd without limit – in a world that is limited. Ruin is the destination toward which all men rush, each pursuing his own best interest in a society that believes in the freedom of the commons. Freedom in a commons brings ruin to all." (HARDIN 1968: 1244)

Der Einfluß dieses Gedankens auf die Ressourcen-Diskussion ist derart bedeutend, daß allein schon der von ihm eingeführte Begriff „the tragedy of the commons" heute als etablierte Metapher für die Übernutzung gemeinschaftlich genutzter Ressourcen gilt (vgl. dazu FEENY et al. 1990).

Im Zentrum des Artikels stand eigentlich nicht die Erklärung für die Übernutzung von „commons". Dieses Bild diente lediglich als Beispiel für die durch Überbevölkerung bedrohte Erde. Die wiederholten Warnungen vor der drohenden Welthungersnot durch Überbevölkerung nehmen dabei direkten Bezug auf Malthus (S. 1243). Andere Ressourcen werden in der Argumentation von HARDIN mit denselben Verhaltensmustern ausgebeutet wie die Weide mit gemeinschaftlichen Besitzverhältnissen. Das Bild der offenen Weide wird stark verallgemeinert und endet in Aussagen wie

> „... the inherent logic of the commons remorselessly generates tragedy. ... Freedom in a commons brings ruin to all." (HARDIN 1968: 1244)

Trotz der Vereinfachung haben diese Thesen die Umwelt- und Ressourcen-Diskussion bis heute entscheidend geprägt und trotz der vielen unbelegten und apodiktischen Aussagen eine hohe und andauernde Wirkung hinterlassen. Einige der Aussagen waren in den Kontext des Erscheinungsjahrs 1968 eingebettet, heute sind sie dagegen eher unverständlich, zum Beispiel die Anspielung auf *„technische Lösungen zum Problem des Wettrüstens"* (S. 1243). Andere Aussagen wie:

> „... it is clear that we will greatly increase human misery if we do not ... assume that the world available to the terrestrial human population is finite." (HARDIN 1968: 1243)

werden heute eher in einem anderen Kontext gesehen. Während er noch auf die drohende Hungersnot anspielte, limitiert heute nicht mehr die Nahrung, sondern die Aufnahmefähigkeit für Abfälle die Tragfähigkeit der Erde. In bezug auf den Energieverbrauch nimmt dies HARDIN selbst vorweg:

> „The problem of the acquisition of energy is replaced by the problem of its dissipation ... ." (HARDIN 1968: 1244)

Viele seiner Argumente zeugen aber von Naivität und fachlicher Inkompetenz, fachlich im Sinne der ressourcen-ökonomischen Dialektik. Seine Lösungsvorschläge zur Rettung der Welt bestehen in sozial-darwinistischen Rezepten wie

> „... natural selection commensurates the incommensurates. ... Man must imitate this process." (HARDIN 1968: 1244)

Die zentralen Aussagen von HARDIN in bezug auf die Ressourcenübernutzung sind nicht stichhaltig und wurden seither vielfach widerlegt. Einen Überblick über diese Diskussion gibt FEENY et al. (1990). Wie die hypothetische Geschichte mit der gemeinsamen Nutzung der Allmende auch weitergehen könnte, ohne in einer Tragödie zu enden, wird dort beschrieben (S. 12), weitere reale Beispiele über erfolgreiche Ressourcennutzung mit „commons"- Charakter werden bei McCAY et al. (1987) sowie bei BERKES et al. (1989) beschrieben.

Ein weiterer wesentlicher Mangel in HARDINs Argumentation liegt in der Gleichsetzung von „common-property" bzw. „commons" mit „open-access" und damit die starke Verallgemeinerung der „commons". Es ist nicht so, daß „common-properties" zu einer Übernutzung führen müssen, da sie einerseits nicht „offen für alle" sind und andererseits Beschränkungen zu deren Nutzung für die Nutzenden selber gelten können und tatsächlich meist auch bestehen. Bei den klassischen „open-access"-Ressourcen gelten seine Beobachtungen durchaus. Die Überfischung der Weltmeere, die Luftverschmutzung oder die Übernutzung von Grundwasser lassen sich, mit „HARDINscher Brille" betrachtet, gut verstehen. Seine Lösungvorschläge werden hier aber auf größere Schwierigkeiten stoßen als bei der Privatisierung einer Allmende, denn wie sollen etwa die Eigentumsstrukturen des Thunfisch-Bestandes im Atlantik geregelt werden? Hardin selbst sah die Lösung nur in der Privatisierung oder in der Verstaatlichung und Regulierung, um aus dem Dilemma der „commons" auszubrechen (z.B. S. 1245). Er hat damit die Forderung nach „institutionellen Reformen" vorweggenommen und zum Teil auch beeinflußt (vgl. Kap. 2.2.4).

2.2.3 Weitere Diskussionsbeiträge und die aktuelle „commons"-Debatte

Zwei weitere Beispiele zur Illustration der latent vorhandenen Gefahr der Übernutzung von gemeinsam genutzten Ressourcen sind das „Gefangenen-Dilemma" und das „Dilemma der Trittbrettfahrer". Sie leiten sich aus der Spieltheorie ab und haben die Diskussion um die Nutzung der „commons" stark beeinflußt.

Zwei Gefangene werden angeklagt, gemeinsam einen Gesetzesverstoß begangen zu haben. (zit. nach: MAGRATH 1989: 21f., vereinfacht). Für die Straftat liegen etwas unklare Beweise vor. Streiten nun beide Gefangene die Tat ab (die beiden Gefangenen können untereinander nicht kommunizieren, die Spielregeln sind ihnen aber bekannt), werden sie mit je einem Jahr Gefängnis bestraft werden. Gibt einer der beiden Gefangenen zu, die Tat zusammen mit dem anderen begangen zu haben, so erhält er als Belohnung für die Zusammenarbeit die Freiheit, der andere wird zu lebenslänglicher Haft verurteilt, weil der Beweis jetzt erhärtet ist. Im Falle, daß beide die Tat zugeben, werden sie zu je 15 Jahren Haft verurteilt. Beide Gefangenen wissen nicht, wie sich der andere verhält. Könnten sie sich absprechen und würden einander trauen, so hätte dies gemäß den Regeln der Spieltheorie zur Folge, daß beide die Tat abstreiten, weil sie zusammen damit am besten wegkämen.

Ohne Absprache besteht für beide Gefangenen die Gefahr, daß der jeweils andere die Tat zugibt, während man sie selbst abstreitet. Damit fährt man aber am ungünstigten und entschließt sich deshalb, die Tat zuzugeben. Es ist zu erwarten, daß beide den für sie zusammen ungünstigsten Fall wählen und die Tat zugeben. Diese Situation ist mit der gemeinsamen Nutzung von „commons“-Ressourcen vergleichbar. Ohne Absprache mit anderen Nutzern wird keiner freiwillig seinen Verbrauch reduzieren, um die Ressource zu schützen, weil er riskiert, daß gleichzeitig andere seinen Minderverbrauch mit Mehrentnahmen kompensieren. In der realen Welt sind Beispiele von Systemen der Ressourcennutzung mit nur zwei Parteien und nur einmaligen Ereignissen allerdings selten. Meist sind es wesentlich mehr als zwei Parteien, und die Nutzeransprüche dehnen sich auf eine längere Zeitperiode aus. Trotzdem illustriert die Geschichte, ähnlich wie HARDIN (1968), eine mögliche Erklärung für die Übernutzung natürlicher Ressourcen.

Das dritte bekannte Gedankenexperiment geht auf die Arbeit von OLSON (1965) zurück, der für die „Logik des kollektiven Handelns“ das „Dilemma der Trittbrettfahrer“ geprägt hat. Sein Argument lautet zusammengefaßt, daß bei einer großen Anzahl von nicht-organisierten Akteuren die Nutzung eines Kollektivgutes von den Individualinteressen der Akteure geleitet wird (OLSON 1965: 2). Jeder versucht, seine Individualinteressen zu maximieren, auch wenn die Gesamtheit damit einen Schaden erleidet. Entscheiden sich einzelne Akteure im Interesse aller, die Nutzung des Kollektivgutes zu verbessern, profitieren auch jene von den verbesserten Rahmenbedingungen, die nichts für die Verbesserung tun. Wenn also Bauern angesichts eines sinkenden Grundwasserspiegels Geld für die Verbesserung ihrer Bewässerungsanlagen ausgeben, um diese effizienter zu machen, haben sie zwar die Mehrkosten, vom kleiner werdenden Druck auf das gemeinsam genutzte Wasser profitieren aber alle. Die Profiteure sind dann die „Trittbrettfahrer“ („free-riders“). Die Angst vor Trittbrettfahrern verhindert Verbesserungen, weil diese Zusammenhänge das kollektive Handeln beeinflussen. Deshalb werden natürliche Ressourcen übernutzt.

Bei beiden Gedankenexperimenten aus der Spieltheorie tritt also eine Verschlechterung der Situation ein, weil eine Kooperation der Akteure nicht stattfindet:

> „Eine Kooperation ist schwer aufrechtzuerhalten, wenn das Spiel nicht wiederholt wird (bzw. es ein Endspiel gibt), wenn Informationen über die anderen Spieler fehlen und wenn die Zahl der Spieler groß ist. ... Für gewöhnlich können wir kooperatives Verhalten dann beobachten, wenn Personen wiederholt in Beziehung zueinander treten, wenn sie eine Fülle von Informationen übereinander haben und wenn die Gruppe typischerweise kleinzahlig ist. Im anderen Extremfall aber ist die Nutzung der möglichen Tauschvorteile in einer durch unpersönliche

> Tauschvorgänge gekennzeichneten Hochtechnologiewelt weitestgehender Spezialisierung und Arbeitsteilung äußerst selten, denn man tritt weder unbedingt wiederholt in Beziehung, noch kennt man den Tauschpartner, noch hat man es mit einer kleinen Zahl anderer Personen zu tun. Vielmehr ist der unpersönliche Tausch seinem Wesen nach das genaue Gegenteil der Voraussetzungen einer spieltheoretischen Kooperation." (NORTH 1992: 14f.)

Die besondere Bedeutung innerhalb gemeinschaftlich genutzter Ressourcen liegt damit in der Frage nach der fehlenden Verantwortlichkeit des Einzelnen gegenüber der Gemeinschaft. Fehlende Informationen über das Verhalten der anderen, das Gefühl, nur einer von sehr vielen zu sein, und das Wissen um die Einmaligkeit des Ereignisses fördern eine fatalistische Haltung gegenüber einer sich abzeichnenden Übernutzung.

Der Anreiz zum „Trittbrettfahren" ist bei der gemeinschaftlichen Nutzung natürlicher Ressourcen groß. Akteure werden für das fehlende Mitmachen belohnt, indem sie von den Verbesserungen profitieren. Deshalb haben im Normalfall die Gesellschaften Regelungen und Pflichten geschaffen, welche die Nutzung ordnen.

Werden die Interessen der Gemeinschaft aber nicht durch gesellschaftliche Verpflichtungen gewahrt, müssen andere Instrumente vorhanden sein. Dies können erstens die Privatisierung der Kollektiv-Ressourcen sein, das heißt die Übertragung der Verantwortung auf einen neu definierten Besitzer, zweitens die Einführung von Institutionen, die die kollektive Nutzung überwachen, und drittens die Errichtung von finanziellen Anreizen als Ersatz für die fehlenden gesellschaftlichen Verpflichtungen. Der dritte Punkt steht meist im Zusammenhang mit den beiden erstgenannten.

Die drei erwähnten Erklärungsansätze von HARDIN (1968) und OLSON (1965) und das Gefangenen-Dilemma haben auf die bisherige Diskussion über Ressourcennutzung einen großen Einfluß ausgeübt. Dies kann damit erkärt werden, daß im abendländischen Kulturkreis der Wettbewerb und der Individualbesitz als die zentraleren Eigenschaften einer Nutzung betrachtet werden als Kooperation oder Zusammenschluß von Interessen (BERKES et al. 1989: 2). Deshalb führt die gegenseitige Konkurrenz zu einem Wettlauf um die gemeinsam genutzten Ressourcen.

In der Realität sind für die Kontrolle der „common-property"-Ressourcen soziale und politische Instrumente aber die Regel und nicht die Ausnahme (FEENY et al. 1990: 7). Die klassischen „open-access"-Ressourcen haben wegen ihrer großen Ausdehnung lange Zeit keine Übernutzung erfahren. Bestehende Probleme können also nicht alleine mit den beschriebenen Modellen erklärt werden. Deshalb wird die Sichtweise von HARDIN nur mit Einschränkungen akzeptiert, in der aktuellen Diskussion haben differenziertere Theorien einen größeren Stellenwert eingenommen.

Tatsächlich bestehen für die „commons" in den meisten Fällen Regelungen, welche die Konkurrenz einschränken. Derartige Regelungen können formale Gesetze, eingespielte Interaktionen und stillschweigende Abmachungen sein, oder es können Organisationen zur Überwachung der Abmachungen bestehen. All diese Institutionen regeln dann die Verantwortlichkeit, um eine langandauernde und wenn möglich nachhaltige Ressourcennutzung zu gewährleisten.

Wenn trotz dieser Institutionen eine Ressourcendegradation stattfindet, so muß die Ursache dafür in inadäquaten Institutionen liegen, weil sich entweder die Rahmenbedingungen von den Institutionen oder die Institutionen von den Rahmenbedingungen allmählich entfernt haben.

GOODLAND et al. (1989: 149) zählen als Ursache für die Übernutzung oder falsche Nutzung von natürlichen Ressourcen in Entwicklungsländern drei Faktoren auf:

> „Using a broad definition of common property, ... three circumstances ... may lead to environmental mismanagement of common property resources in developing countries:
> 1 the misuse or breakdown of traditional common property management systems;
> 2 economically unjustified development projects or policies; and
> 3 economically justified development projects or policies.“

Im Punkt 1 werden traditionelle „common-property“-Systeme mißbraucht oder verdrängt, im Punkt 2 und 3 sind veränderte ökonomische Rahmenbedingungen für Umweltprobleme verantwortlich. Allen drei Punkten ist gemeinsam, daß zwei verschiedene Entwicklungen ungleichzeitig ablaufen. Mangelhafter Gebrauch („misuse“) eines traditionellen „common-property“-Systems kann nur stattfinden, wenn sich die Rahmenbedingungen zur Nutzung verändert haben. Wenn also gleichzeitig traditionelle Rechte und Organisationen bestehen, die Ressourcen, auf die sie sich beziehen, in der Zwischenzeit technologisch und wirtschaftlich aber anders genutzt werden, kann von einem institutionellen Mangel gesprochen werden. Diese „Gleichzeitigkeit von Ungleichzeitigkeiten“ ist in dieser Arbeit das Hauptargument für die Erklärung von Ressourcen-Degradation. Gemeint ist das gleichzeitige Auftreten von drei Faktoren, die eigentlich zeitlich verschoben, also „ungleichzeitig“, auftreten müßten. Ursprünglich haben sich die Faktoren aufeinander bezogen. Dieser Bezug ist für das Gleichgewicht zwischen Ressourcennutzung und –regeneration wichtig gewesen. Mit dem Wandel der technologischen und ökonomischen Rahmenbedingungen ohne gleichzeitigem Wandel der institutionellen Rahmenbedingungen hat aber gezwungenermaßen ein Problem entstehen müssen. Weshalb diese Institutionen aber derart träge sind, wird im nächsten Kapitel diskutiert.

2.2.4 Institutionen und institutioneller Wandel

In der Ressourcennutzung definiert das institutionelle Umfeld, wer über die Ressource verfügt und welche Technologie zur Anwendung kommt. Unter dem Begriff „Institutionen“ werden hier die Bereiche „Recht“, „Regelungen“ und „Organisationen“ verstanden (nach FOX 1976: 743). Diese Definition liegt etwa in der Mitte zwischen einer sehr weiten und einer sehr engen Auffassung vom Begriff „Institu-tionen“. Die weite Definition umfaßt „die Spielregeln einer Gesellschaft oder, förmlicher ausgedrückt, die von Menschen erdachten Beschränkungen menschlicher Interaktion“ (NORTH 1992: 3) und schließt Regeln, zum Beispiel wie man Leute auf der Straße grüßt, mit ein. Die engere Auffassung beinhaltet gemäß umgangssprachlichem Verständnis nur öffentliche Einrichtungen (LANG et al. 1992: 283), kommt also dem hier als „Organisationen“ bezeichneten Begriff sehr nahe. Ebenso eng wäre die von KREUTZMANN (1996: 137) vorgeschlagene Definition, die besagt: „Der Begriff Bewässerungs-Institution beinhaltet Verhaltensweisen, Normen und Gewohnheiten“, nicht aber die Organisationen dazu. Sie scheint für die hier vorliegende Fragestellung ungeeignet. Die dieser Arbeit zugrunde liegende Definition umfaßt mit Institutionen im Wassersektor die folgenden vier Bereiche (FOX 1976: 743):

- staatliche und nicht-staatliche Organisationen, welche Regeln und Gesetze zur Wassernutzung aufgestellt haben,
- die Regeln und Gesetze selbst,
- die Organisationen, welche die Regeln und Gesetze beeinflussen und
- die Organisationen, die die Gesetze ausführen und die Ausführung kontrollieren.

Die Institutionen bilden einen Rahmen für die Ressourcennutzung. Beim Fehlen von Regeln können Mißstände auftreten, wie obengenannte Beispiele gezeigt haben. Die gemeinschaftliche Nutzung von natürlichen Ressourcen birgt die Gefahr für deren Übernutzung. Für die Vermeidung bzw. die Verminderung dieser Gefahr müssen institutionelle Rahmenbedingungen aufgestellt werden, die besitzrechtlichen Aspekte sind nur ein Beispiel dafür. Die Institutionen müssen also an die zur Anwendung kommenden Technologien angepaßt sein, damit sie ihre Wirkung erzielen können. Beispielsweise nützt es nichts, auf einer Weide die Herde auf eine bestimmte Viehzahl zu limitieren, wenn die Weide gleichzeitig auch noch gemäht wird.

Tatsächlich wandeln sich Institutionen träge, verglichen mit dem Wandel im technologischen und wirtschaftlichen Bereich. Verschiedene Untersuchungen bestätigen dies unter dem Begriff des „political impasse" (vgl. dazu REDCLIFT 1987: 9).

> „Social and political institutions change too slowly, and are unable to accomodate themselves to the realities of new resource pressures." (REDCLIFT 1987: 10)

Erst unter den Voraussetzungen, daß die Wandlungsgeschwindigkeiten von Institutionen und die Nutzung von Ressourcen unterschiedlich sind, können die „tragedy of the commons", das „Gefangenen-Dilemma" oder das „Dilemma der Trittbrettfahrer" zur Übernutzung von natürlichen Ressourcen führen.

> „Pressure on the resource because of human population growth, technological change, or economic change, including new market opportunities, may contribute to the breakdown of communal-property mechanisms for exclusion." (FEENY et al. 1990: 7)

Auf die Gründe, weshalb Institutionen sich nicht oder nur langsam wandeln, gehen verschiedene Autoren ein, welche meist aus der Schule der „New Institutional Economics" hervorgegangen sind (vgl. NORTH 1992). Institutionen reagieren erst auf wirtschaftlichen Druck, sie sind abhängig von ökonomischen Signalen.

> „Institutionen wandeln sich, und grundlegende Veränderungen der relativen Preise sind die wichtigste Ursache solchen Wandels. ... Die Veränderung der relativen Preise ändern die Anreize für den einzelnen im zwischenmenschlichen Verkehr." (NORTH 1992: 99)

Die wichtigsten Änderungen erfolgen dabei in den Verhältnissen der Faktorpreise (NORTH 1992: 99). Solange die bestehenden Institutionen für die Wirtschaft günstig sind, werden sie kaum verändert, unabhängig von anderen Faktoren, insbesondere dem technologischen Fortschritt und den ökologischen Veränderungen. Weil die Institutionen den Zweck haben, eine stabile Ordnung für eine bestimmte menschliche Interaktion zu schaffen, kann durch die Veränderung der menschlichen Interaktion bei Beibehaltung der Institution ein Ungleichgewicht entstehen. In der Umweltdebatte muß diesem Gedanken im Zusammenhang mit ökologischen Problemen und der Diskussion über „Nachhaltige Entwicklung" in Zukunft vermehrt Beachtung geschenkt werden. In der vorliegenden Arbeit ist er ein zentrales Element.

Die zunehmend wichtigere Rolle der Institutionen kommt mit der allmählich stärker hörbaren Forderung nach institutionellen Reformen zum Ausdruck. Beispielsweise widmet der Brundtland-Bericht 40 Seiten den „proposals for institutional and legal change" (WCED 1987: 308 - 347) mit dem Verweis auf die fehlende Übereinstimmung von ökonomischen Rahmenbedingungen und Institutionen:

„The integrated and interdependent nature of the new challenges and issues contrasts sharply with the nature of the institutions that exists today. These institutions tend to be independent, fragmented, and working to relatively narrow mandates with closed decision processes. Those responsible for managing natural resources and protecting the environment are institutionally separated from those responsible for managing the economy. The real world of interlocked economic and ecological systems will not change; the policies and institutions concerned must." (WCED 1987: 310)

Institutionen sind träge und den ökonomischen und ökologischen Entwicklungen oft nicht mehr angepaßt. Im Vorbericht zur Agenda 21, dem Vertragswerk der Umweltkonferenz von „Rio ‚92", werden institutionelle Ursachen für eine fehlende Nachhaltigkeit im sozialen und wirtschaftlichen Bereich verantwortlich gemacht (LANG et al. 1992: 284). Das Versagen der Institutionen wird hier in drei Bereiche gegliedert: Politisches und administratives Versagen („policy failure") und Marktversagen.

„The term ‚policy failure' refers to the range of regulatory instruments, fiscal, exchange rate, monetary, price, income and other policies which distort the private cost of environmental resource use to make it privately rational to damage the social heritage. ... one may speak of policy failures when national or international policy is unable or unwilling to develop adequate institutional checks on market failures." (LANG et al. 1992: 284)

Das Marktversagen wird in der vorliegenden Arbeit nicht zum Bereich der institutionellen Mängel gezählt, weil Märkte hier nicht als Teil der Institutionen definiert sind. Trotzdem wird Marktversagen als Teil der Ursachen für die gegenwärtigen Probleme der Bewässerungs-Landwirtschaft erwähnt (Kap. 5.2.3). Ansonsten widerspiegelt das Zitat inhaltlich die Erklärungsstrategie dieser Arbeit. Die wichtigste Ursache für ökonomische, soziale und ökologische Probleme im Zusammenhang mit der Ressourcennutzung sind mangelhafte Institutionen bzw. deren mangelhafte Anpassungsfähigkeit, und dementsprechend müssen zur zukünftigen Vermeidung derartiger Probleme die institutionellen Rahmenbedingungen rascher verändert werden.

2.2.5 Wasser in der „commons"-Diskussion

Mangelhafte Institutionen können zu Ressourcen-Degradation führen, wenn die Besitzverhältnisse ungeregelt sind. Von den erwähnten Eigenschaften der „commons"-Ressourcen treffen viele auf die Wasserressourcen zu. Grundwasser kann zu den klassischen „open-access"-Ressourcen gezählt werden, auch wenn die Nutzung des Wassers meist mit Bodenbesitz verbunden ist. Die Ausschließbarkeit der Nutzung ist beim Grundwasser schwierig, weil die Kontrolle der nicht direkt sichtbaren und in ihrer Menge nicht definierbaren Ressource unmöglich ist. Oberflächenwasser hat oft ebenfalls den Charakter einer „open-access"-Ressource. Wenn die Nutzung einer bestimmten Gruppe vorbehalten ist, stellt es „common-property" dar. Nur in seltenen Fällen ist Wasser Privatbesitz, meist handelt es sich um kleine Mengen, die in gefaßter Form angeeignet worden sind. Wasser als Staatsbesitz ist zwar eine häufige Form, in vielen Ländern betrachtet sich der Staat sowohl beim Grund- als auch beim Oberflächenwasser als Besitzer. De facto sind diese Besitzverhältnisse aber meist einem „open-access" gleichzusetzen, weil eine Kontrolle durch den Staat kaum möglich ist.

Die bestehende Literatur, die sich mit dem institutionellen Ansatz der Ressourcen-Degradation beschäftigt, wählt einen bedeutenden Teil ihrer Beispiele aus dem Bereich der Bewässerung (vgl. z.B. OSTROM 1990). Andererseits gibt es Literatur, die sich mit der Wasserübernutzung beschäftigt und ebenfalls institutionelle Mängel als Ursache für die bestehenden Probleme identifiziert, jedoch ohne explizite Erwähnung dieses Zusammenhangs. Dazu zwei Beispiele:

POSTEL (1993a) schlägt als Ausweg aus der globalen Wasserkrise die Nutzung der „letzten Oase" vor und meint damit Effizienzverbesserungen und Sparmaßnahmen. Die institutionellen Rahmenbedingungen für solche Veränderungen seien allerdings ungenügend:

> „Die zahlreichen ... Möglichkeiten der Einsparung, des Recyclings von Wasser und der Wiederverwendung bilden in ihrer Gesamtheit die Voraussetzungen für eine ‚Effizienz-Revolution'. Landwirtschaft, Industrie und Städte könnten mit heute verfügbaren Mitteln und Techniken enorme Einsparungen erzielen. Trotzdem kommen wir nicht weiter, so nahe wir auch vor dem Wandel stehen, weil Politik und Gesetze der Verschwendung und dem Mißbrauch von Wasser Vorschub leisten, statt seine effiziente Nutzung, Erhaltung und Einsparung zu fördern." (POSTEL 1993a: 139)

Das zweite Beispiel stammt aus den Great Plains in den USA. Die Landwirtschaft lebt in den Staaten der südlichen und zentralen Great Plains zu einem wesentlichen Teil von Grundwasser aus dem „Ogallala-Aquifer". Dieser hat eine große Ausdehnung und wird von acht Bundesstaaten mit unterschiedlicher Gesetzesstruktur gemeinsam genutzt. Das Wasser wird übernutzt, so daß der Grundwasserspiegel an verschiedenen Orten stark sinkt. Die am meisten betroffenen Regionen liegen in Nordtexas sowie im Westen von Oklahoma und in Kansas. Über die Ursachen und das Ausmaß zur Übernutzung gibt es sehr umfangreiche Literatur, die naheliegende direkte Einbettung in die „common-property"-Diskussion fehlt hier aber noch weitgehend, obwohl der Bezug geradezu modellhaften Charakter hätte. Eine Übernutzung des Grundwassers steht dort mit institutionellen Mängeln im Zusammenhang, und die Maßnahmen dagegen werden wegen des „commons"-Charakters des Wassers erschwert.

In einem größeren Forschungsprojekt von WINDHORST et al. (1996) wurde unter anderem den folgenden beiden Fragestellungen nachgegangen:

> „Wie wirken sich die unterschiedlichen Wasserrechte auf die bedarfsgerechte Verteilung der vorhandenen Wasservorräte bzw. die Durchsetzung wasserkonservierender Maßnahmen aus?
>
> Durch welche gesetzlichen Regelungen versucht der Gesetzgeber in den südlichen und mittleren Plainstaaten, die Übernutzung des Ogallala Aquifers auszuschließen?" (WINDHORST et al. 1996: 253)

Dem Wortlaut der Ergebnisse folgend wird ein typisches „common-property"-Problem sichtbar, auch wenn dies nicht im ursprünglichen Sinne der Autoren gewesen war:

> „Mit der Erschließung der Wasservorräte des Ogallala Aquifers ... breitete sich seit den fünfziger Jahren flächenhaft die Bewässerungslandwirtschaft aus. Voraussetzung hierfür waren leistungsfähige Pumpen, die in der Lage waren, Wasser aus großen Tiefen zu fördern, die Verfügbarkeit über billige Energie ... und neue Verteilungssysteme. ... Die schnelle Ausweitung des Bewässerungsfeldbaus und die damit verbundene Einrichtung immer neuer Tiefbrunnen führte in wenigen Jahrzehnten zu einer deutlichen Absenkung des Grundwasserspiegels und in einigen Gebieten ... sogar zu einer Erschöpfung der Vorräte. ... Gegenmaßnahmen waren angezeigt, die jedoch wegen der unterschiedlichen Wasserrechte in Texas, Oklahoma und Kansas nicht einfach durchzusetzen waren.
>
> In Texas ist der Gesetzgeber nicht in der Lage gewesen, eine Reduzierung der Wasserentnahme durchzusetzen, dort ist es deshalb in einigen Teilen ... bereits zu einer Aufgabe der Bewässerungs-landwirtschaft gekommen. In Oklahoma ist zwar eine Genehmigung der Wasserentnahme durch den *Water Resources Board* notwendig, doch wird die tatsächliche Wasserentnahme nicht über Wasserzähler kontrolliert, so daß von einer fortlaufenden

> Übernutzung ausgegangen wird. In Kansas wird demgegenüber eine gezielte Bewirtschaftung der Grundwasservorkommen durchgeführt, nachdem im Verlaufe der siebziger Jahre *Groundwater Management Districts* installiert wurden. Hier ist es möglich, das Niederbringen weiterer Brunnen zu untersagen. ... Die Bereitschaft der Farmer [in Kansas], die Innovationen aufzunehmen ist groß, weil sie erkannt haben, daß ein weiteres Absinken des Grundwasserspiegels zu einer schnellen Erhöhung der Pumpkosten führt und damit bestimmte Anbaufrüchte ... nicht mehr kultiviert werden können." (WINDHORST 1996: 257 - 259)

Etwas weiter unten heißt es zu den Maßnahmen in den drei am meisten betroffenen Staaten:

> „In den Great Plains läuft der Anpassungsprozeß an die sich langfristig abzeichnende Erschöpfung des Ogallala Aquifers regional unterschiedlich ab. ... [In Texas und Oklahoma konnte seit Ende des 19. Jh.] mit der Erschließung der Grundwasservorräte die Abhängigkeit von den Witterungsverläufen in hohem Maße verringert werden, eine deutliche Stabilisierung war die Folge. Aus diesem Grunde wurde und wird allen Versuchen seitens des Staates, die freie Verfügbarkeit der Farmer über diesen für sie existentiellen Produktionsfaktor einzuschränken, mit großem Widerstand begegnet. Demgegenüber wurden in Kansas Gesetze verabschiedet, die eine Wasserbewirtschaftung zulassen. Auf dieser Grundlage ist es den *Groundwater Management Districts* gelungen, die Verbreitung wassersparender Bewässerungsformen zu forcieren.
>
> Die Begrenztheit der Ressource Wasser und die um sich greifende Einsicht, daß die Bewässerungs-landwirtschaft auf der Grundlage von fossilen Wasservorräten ein *one-time-experiment* ist, hat bei einer Reihe von Großfarmen zu einer gegenläufigen Anpassungsstrategie geführt." (WINDHORST 1996: 260)

Wesentliche Punkte der „commons"-Diskussion finden sich hier ohne explizite Erwähnung wieder. Eine gemeinsam genutzte Ressource wird übernutzt, weil keine Regelungen zur Einschränkung ihrer Nutzung bestehen. Das Bohren von Brunnen ist in Texas nicht reglementiert, in Oklahoma fehlen Bestimmungen für die Wasserentnahme. Das Bewußtsein über die Begrenztheit der Ressource führt hier zu einem Wettlauf um die verbleibenden Vorräte. Man kann entweder die Bauern als Akteure für die Übernutzung betrachten, dann stimmt die Aussage in Texas und Oklahoma. Oder man kann die Gliedstaaten als Akteure betrachten, dann gibt es eine Konkurrenz von staatlichen Regelungen bei gleichzeitigem Fehlen einer nationalen Strategie.

Derartige Schlüsse können für die Wasserressourcen verallgemeinert werden. Beispiele aus Industrieländern zeigen, daß auch etablierte staatliche Strukturen die Übernutzung nicht verhindern können, in Entwicklungsländern sind es meist alte Regelungen, die einer modernen Nutzung nicht mehr entsprechen. In umfangreichen Studien zum Einfluß der Institutionen auf die Ressourcennutzung werden diese Zusammenhänge ausführlich thematisiert (OSTROM 1990).

Die folgenden sechs Besonderheiten der Wasserressourcen begünstigen die Übernutzung oder erschweren Maßnahmen dagegen:

1. Wasser hält sich nicht an klar umrissene Grenzen. Vor allem beim Grundwasser lassen sich die Ausdehnung und das hydrologische Verhalten nur schwer abschätzen.

Eine Übernutzung von Grundwasser findet im Boden statt, ist also nicht direkt sichtbar. Diese Tatsache kommt den „Trittbrettfahrern" entgegen. Wenn an einem Ort des Aquifers Schutzmaßnahmen gegen die Übernutzung ergriffen werden, können alle davon profitieren. Einzelne Nutzer können zudem die Schutzmaßnahmen wieder zunichte machen, indem sie ihren Verbrauch erhöhen, ohne daß dies direkte Auswirkungen für sie hat. Es ist zudem kaum möglich, die Folgekosten der Übernutzer zu internalisieren, weil nur sehr schwer festgestellt werden kann, wo und in welchem Ausmaß die Übernutzung stattfindet.

2. Die drei Elemente, die gemäß der Spieltheorie eine Kooperation erschweren, treten bei der Wassernutzung in der Regel auf.

Erstens haben die gemeinsamen Wassernutzer nur schlechte Informationen über die Vorhaben der anderen Nutzer, weil ein Austausch von Informationen weder notwendig noch erwünscht ist, trotz Gemeinsamkeiten in den wirtschaftlichen Aktivitäten. Zweitens ist die Anzahl der Wassernutzer im Normalfall sehr groß. Drittens wird die Übernutzung des Wassers von der betroffenen Generation als langfristiger Prozeß und als einmaliges Ereignis empfunden. Alle drei Faktoren begünstigen die Übernutzung einer gemeinsamen Ressource, was eine nötige Kooperation zu ihrem Schutz wesentlich erschwert.

3. Die Übernutzung von Wasserressourcen ist ein schleichender Prozeß.

Wasserressourcen können lange Zeit übernutzt werden, ohne daß die Beteiligten darauf reagieren müssen. Bei der Überfischung sind beispielsweise bereits früh wirtschaftliche Auswirkungen auf die Nutzenden spürbar, Grundwasser kann dagegen während Jahrzehnten übernutzt werden, ohne daß wesentliche Einschränkungen erfolgen müssen. Es braucht einzig gelegentliche technische Anpassungen. Diese Langfristigkeit macht Maßnahmen zum Schutz der Ressource schwierig, weil die Betroffenen von den Einschränkungen verhältnismäßig wenig profitieren können.

4. Die wirtschaftliche Bedeutung von Wasser ist groß, es kann in den meisten Fällen nicht durch eine andere Ressource ersetzt werden.

Die fehlenden Möglichkeiten der Substitution können dazu führen, daß Wasser übernutzt wird, um eine wirtschaftliche Entwicklung im ländlichen Raum zu erreichen. Um sich aus einer bestehenden Unterentwicklung zu lösen, muß unter Umständen das Grundwasser übernutzt werden, weil Alternativen in anderen Wirtschaftssektoren fehlen (vgl. dazu KOHLER 1995a: 135).

5. Durch die große Ausdehnung von Wasserkörpern können verschiedene politische Ebenen von der Nutzung betroffen sein und sich um Kompetenzen streiten.

Unterschiedliche politische Ebenen (z.B. Provinzen, der Nationalstaat oder zwischenstaatliche Verträge) können für die Nutzung, für die Gesetzgebung und die Wasserpolitik eines Wasserkörpers zuständig sein. Damit ist ein erhöhtes Maß von institutioneller Organisation nötig, um zwischen den einzelnen Ebenen zu koordinieren. Werden Gewaltentrennung oder Subsidiarität gefordert, können trotz überregionaler Ausdehnung des Problems regionale Lösungswege im Zentrum stehen. Noch deutlicher kommt dies zum Ausdruck, wenn sich konkurrierende politische Einheiten um die Nutzung des Wassers steiten, wie dies bei internationalen Flüssen oft der Fall ist (z.B. Euphrat und Tigris, Colorado River oder bei Maßnahmen zur Eindämmung der Krise am Aralsee).

6. Wasserrechte sind oft mit Landrechten verbunden, Maßnahmen in einem Bereich erfordern auch Maßnahmen im anderen.

Wenn Wasser- und Landrechte miteinander verbunden sind, erhöht das die Trägheit von Veränderungsprozessen. In den meisten Rechtsdoktrinen ist ein Landbesitzer privilegiert, Oberflächenwasser, das auf seinem Land liegt oder daran anstößt, zu nutzen. Das unterliegende Wasser kann zudem nach seinem Ermessen genutzt werden. Sollen nun Maßnahmen gegen eine Übernutzung eingeführt werden, ist dies erstens ein starker Eingriff in das verankerte Rechtsempfinden und zweitens mit einer neuen Werteinschätzung des Landbesitzes verbunden. Deshalb stoßen diese Maßnahmen auf wesentlich mehr Widerstände.

Alle sechs erwähnten Eigenschaften zeigen, daß Probleme im Zusammenhang mit Wasserressourcen sehr gut mit der Theorie der „commons“ erklärt werden können. Der in der vorliegenden Arbeit gewählte Ansatz geht von dieser Erkenntnis aus und untersucht die Übernutzung der Wasserressourcen im Jemen. Für das Verstehen dieser Übernutzung ist es jedoch notwendig, zunächst die Rahmenbedingungen der hauptsächlichen Wasserverbraucherin, der Landwirtschaft, kennenzulernen, bevor auf den Zusammenhang zwischen den Institutionen und der Übernutzung des Wassers eingegangen werden kann.

3. DIE BEWÄSSERUNGS-LANDWIRTSCHAFT IM ÜBERBLICK

3.1 Ökologische, soziale und politische Rahmenbedingungen

3.1.1 Der Naturraum: Relief, Klima und Vegetation

Das Relief des Jemens ist geprägt durch den zentralen Gebirgszug, der im Westen des Landes parallel zum Roten Meer von Nord nach Süd verläuft, im Süden und Osten parallel zum Golf von Aden von West nach Ost. Dieser Gebirgszug erreicht etwa 25 km westlich von Ṣanʿāʾ eine maximale Höhe von 3'660 m. Das zentrale Hochland liegt fast überall über 2'000 m Höhe. Darin eingebettet liegt die Hauptstadt Ṣanʿāʾ auf einer Höhe von etwa 2'200 m. Im Osten des Landes sinkt der Gebirgszug allmählich ab. In Mahra, in der östlichsten Provinz des Landes, sind die höchsten Erhebungen bereits unter 1'000 m (Abb. 2).

Über die klimatischen Verhältnisse liegen nur wenige zuverlässige Daten vor. Das systematische Messen von klimabestimmenden Faktoren wurde spät begonnen und häufig wieder lange unterbrochen. Die Angaben sind zudem oft widersprüchlich. Beispielsweise wird die jährliche Niederschlagsmenge von Ṣanʿāʾ bei JUNGFER (1987: 33) mit 267 mm, bei REMMELE (1989: 30) hingegen mit 186 mm angegeben. Unterschiede sind auf unterschiedliche Meßmethoden, Meßstandorte und Bezugsjahre zurückzuführen.

Angaben über das regionale Klima dürfen nicht darüber hinwegtäuschen, daß für die meisten Stationen nur kurze Zeitreihen bestehen. Es kann nur eine grobe Charakterisierung des Klimas dargestellt werden, denn die einzelnen Abweichungen vom Mittel beeinflussen das Bild zu stark. Aus diesem Grunde wird in Abb. 3 die Meßperiode angegeben.

Nur wenige Arbeiten über die Verteilung der Niederschläge bzw. das Klima haben einen landesweiten Bezug. Eine Zusammenstellung aus jüngerer Zeit geben REMMELE (1989) und WRAY (1995). Zusätzliche punktuelle Untersuchungen bestätigen die bisher angenommene Einbettung des Klimageschehens von Südwest-Arabien in das globale atmosphärische Zirkulationsmodell. Aufgrund der geographischen Breite gehört der Jemen zunächst zu den wechselfeuchten Tropen. Die Trockenzeit in den Monaten Oktober bis Februar ist durch den Einfluß des NE-Passates verursacht. In den Monaten Juli bis August wird die Region von der Innertropischen Konvergenzzone (ITC) beeinflußt und erhält relativ feuchte Luft aus Südwesten.

Dieses charakteristische Monsunklima wird von zwei für diese Zone atypischen Niederschlags-Ereignissen im Frühjahr und gelegentlich im Winter ergänzt. Frühjahrs-Niederschläge treten im ganzen Land mit großer Regelmäßigkeit auf. Ihre Bedeutung ist im Osten und in der Tihāmah größer als im Hochland, weil ihr Anteil an den Jahresniederschlägen höher liegt. Entlang des Rotmeergrabens gibt es gelegentliche Winterregen, die möglicherweise auf ein lokales tagesperiodisches Windsystem zurückzuführen sind (REMMELE 1989: 34). In seltenen Fällen treten auch im Landesinneren Winterregen auf. Diese sind aber eher mit nach Süden abgedrifteten Ausläufern von Zyklonen des Mittelmeers zu erklären (RoY 1992b: 5).

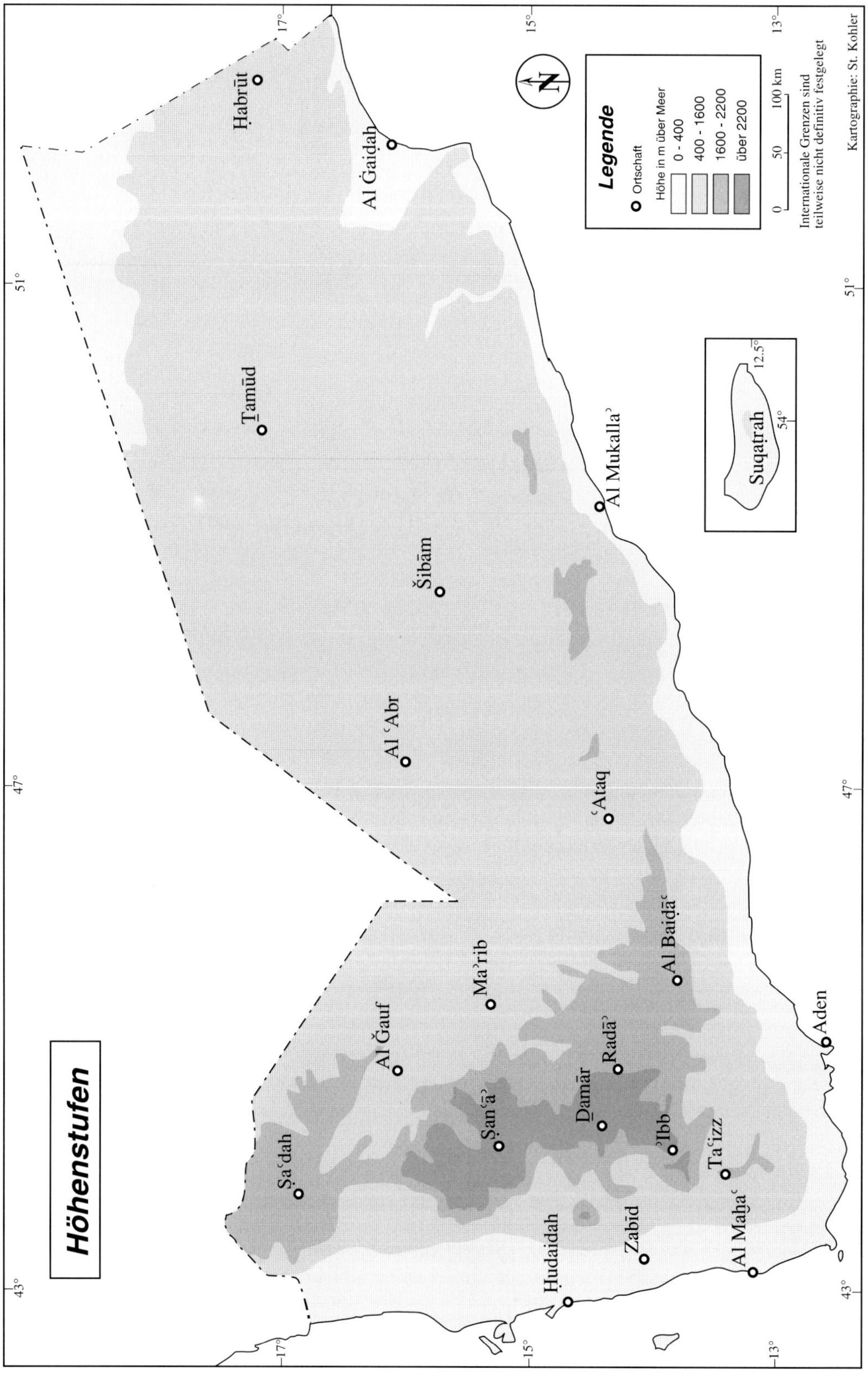
Höhenstufen
Legende
Ortschaft
Höhe in m über Meer
0 - 400
400 - 1600
1600 - 2200
über 2200
0 50 100 km
Internationale Grenzen sind teilweise nicht definitiv festgelegt
Kartographie: St. Kohler
Ḥabrūt
Al Ġaiḍah
Tamūd
Al Mukalla᾽
Suquṭrah
Šibām
Al ʿAbr
ʿAtaq
Al Baiḍāʾ
Maʾrib
Al Ǧauf
Aden
Radāʾ
Ḏamār
Ṣanʿāʾ
Ṣaʿdah
ʾIbb
Taʿizz
Zabīd
Al Mahaʿ
Ḥudaidah

Neben den großräumigen Verhältnissen beeinflußt die Topographie des Landes das Klima wesentlich. Durch die SW-Strömung im Sommerhalbjahr und wegen des Verlaufs des zentralen Gebirgszuges erhält der südwestliche Rand des Hochlandes um ʾIbb die höchsten Jahresniederschläge. Entlang dem Gebirgszug nimmt gegen Norden und gegen Osten die jährliche Regenmenge ab. Jährliche Niederschlagsmengen von unter 100 mm treten teilweise in der Tihāmah, an der Küste des Golf von Aden und im Inneren des Hochlandes auf (vgl. Abb. 3).

Die hohe Variabilität der jährlichen Niederschlagsmenge ist für die Landwirtschaft ein Problem, weil der Bauer nicht weiß, mit welcher Regenmenge er rechnen kann. Für Ṣanʿāʾ, mit einem angenommenen Durchschnitt von 267 mm im Jahr, variiert die Regenmenge zwischen 100 und 500 mm (JUNGFER 1987: 33). Generell gilt, daß bei kleinerer Jahresmenge die Schwankungen größer sind (REMMELE 1989: 30).

Die klimatischen Verhältnisse schränken den Regenfeldbau auf wenige Regionen in den west- und südwest-exponierten Lagen des Hochlandes ein. In Gebieten mit mäßigen Niederschlägen, wie das zentrale Hochland, wird der Regenfeldbau bei Bedarf mit Bewässerung unterstützt. Die Grenzen des Regenfeldbaus werden jedoch nicht nur durch die langjährigen Jahresmittel bestimmt, sondern auch von den jeweiligen Extremwerten, besonders in Anbetracht der hohen Evapotranspiration.

Angaben über die Temperatur sind im Jemen noch lückenhafter als diejenigen über die Niederschlagsmengen. Abgesehen vom Frost spielt die Temperatur für die Landwirtschaft allerdings eine untergeordnete Rolle:

> „Plant life is possible under all temperatures occuring in this area as well as on all soils. If plants are absent or very sporadic as in some desert places, this is only due to moisture deficiency." (Hubaishi al- 1984: 25)

Nur bis zu einer Höhe von etwa 2‘000 bis 2‘200 m ist Frostfreiheit gewährleistet (KOPP 1981: 38), im Landesinnern liegt diese Grenze tiefer. Verschiedene Nutzpflanzen wie zum Beispiel Kaffee, Bananen oder Sesam reagieren empfindlich auf Fröste und können deshalb trotz Bewässerung nur in tieferen Lagen angebaut werden. Aus diesen klimatischen Verhältnissen heraus konnte sich im Hochland ein savannenähnlicher Trockenwald entwickeln, der jedoch heute weitgehend abgeholzt ist. In den Trockengebieten ist die natürliche Vegetation spärlich, außer entlang der Wadiläufe (vgl. dazu HUBAISHI al- et al. 1984).

Abb. 2: Höhenstufen
Quelle: WRAY 1995: 28, modifiziert.

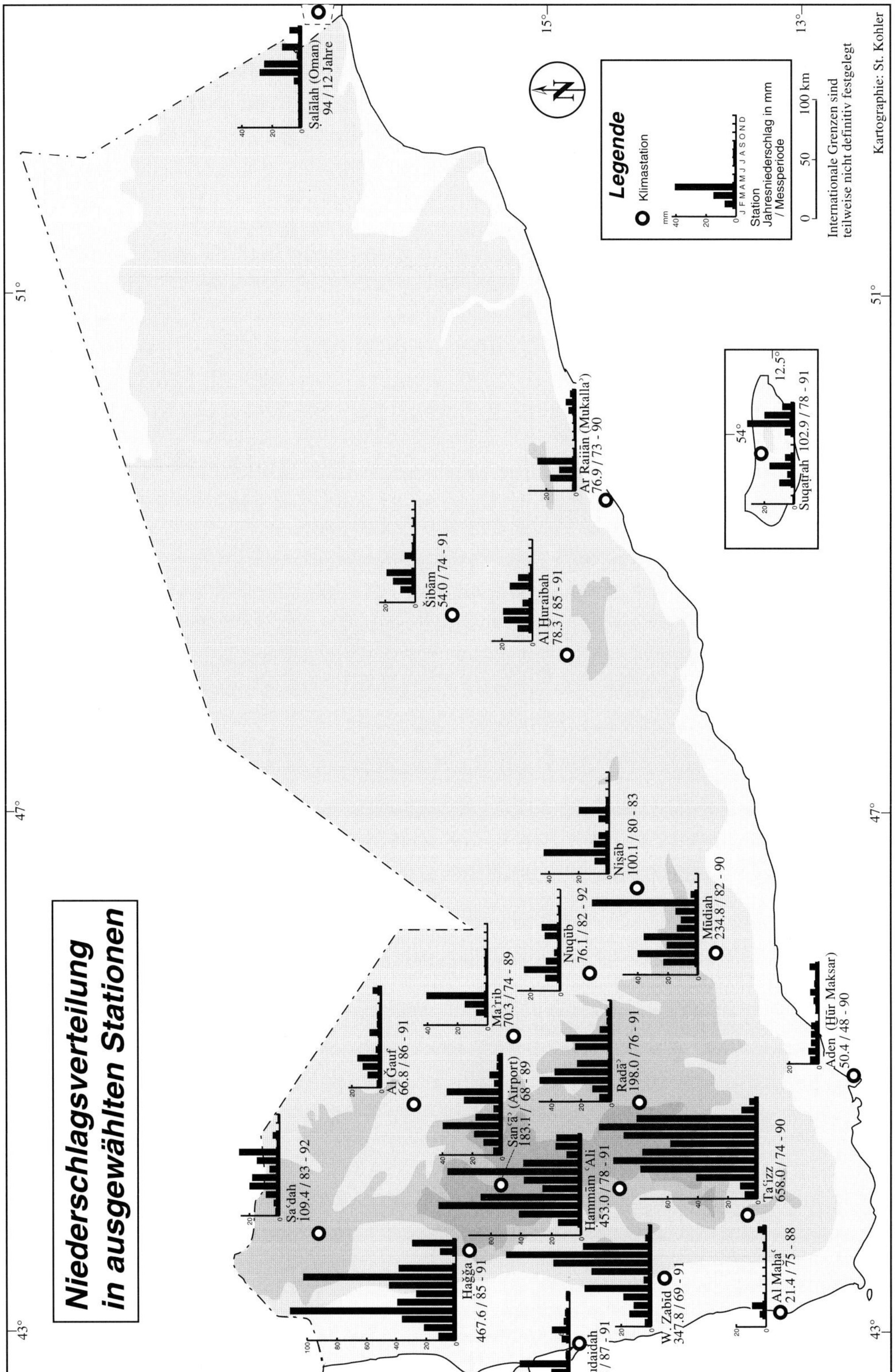
Niederschlagsverteilung in ausgewählten Stationen
Legende
Klimastation
Station
Jahresniederschlag in mm
/ Messperiode
0 50 100 km
Internationale Grenzen sind teilweise nicht definitiv festgelegt
Kartographie: St. Kohler
Ṣalālah (Oman) 94 / 12 Jahre
Ar Raiiān (Mukallaʾ) 76.9 / 73 - 90
Šibām 54.0 / 74 - 91
Al Ḥuraibah 78.3 / 85 - 91
Suquṭrah 102.9 / 78 - 91
Niṣāb 100.1 / 80 - 83
Nuqūb 76.1 / 82 - 92
Mūdiah 234.8 / 82 - 90
Maʾrib 70.3 / 74 - 89
Al Ǧauf 66.8 / 86 - 91
Ṣaʿdah 109.4 / 83 - 92
Ṣanʿāʾ (Airport) 183.1 / 68 - 89
Radāʿ 198.0 / 76 - 91
Aden (Ḫūr Maksar) 50.4 / 48 - 90
Ḥammām ʿAli 453.0 / 78 - 91
Taʿizz 658.0 / 74 - 90
Ḥaǧǧa 467.6 / 85 - 91
Al Ḥudaidah 108.3 / 87 - 91
W. Zabid 347.8 / 69 - 91
Al Mahaʿ 21.4 / 75 - 88

3.1.2 Agrarökologische Einteilung

Im ehemaligen Nordjemen verlief die klassische agrargeographische Gliederung parallel zum Gebirgszug, also in Streifen von Nord nach Süd (z.B. in: SWISS TECHNICAL CO-OPERATION SERVICE 1978: 3f., HUBAISHI al- et al. 1984: 30, WENNER 1991: 5). Dies führte zu Regionen, die sich in der Topographie und im Klima unterschieden. Von West nach Ost sind dies die Tihāmah, der westliche Gebirgsabfall, das zentrale Hochland, der östliche Gebirgsabfall sowie der aride Osten.

Seit der Vereinigung der beiden Jemen ist diese Einteilung zu ergänzen, weil nur ein Teil des Landes abgedeckt wird. Deshalb entspricht die Terminologie nicht mehr den heutigen Verhältnissen. Beispielsweise ist der bisherige „aride Osten" nur ein Teil der zusammenhängenden Region, die vom Gebirgshang beim Wadi al-Ǧauf bis an die Grenze zum Oman führt. Zudem ist die Bezeichnung „Osten" nur für einen Betrachter aus dem Gebiet zwischen Ṣaʿdah und Taʿizz gültig, für einen Betrachter in Aden liegt die Region im Nordosten und für denjenigen in Mukallaʾ eher im Nordwesten.

Die physische Einteilung, die in den neueren statistischen Jahrbüchern des Jemens zur Anwendung kommt, hat für das ganze Land Gültigkeit (RoY 1991a: IV - VI). Dort werden folgende fünf Regionen unterschieden: „Mountainous Regions", „Plateau Regions", „Coastal Regions", „Al-Rub Al-Khali" und „The Group of Yemeni Islands". Diese Einteilung hat den Vorteil, daß die Regionen nicht mehr nach Himmelsrichtungen benannt werden. Für diese Arbeit wird eine ähnliche, den agrarökologischen Verhältnissen angepaßte Terminologie gewählt. Es lassen sich dann fünf Regionen vom Meer zum Landesinneren unterscheiden: die Küstenebene, das äußere Vorland, das Hochland, das innere Vorland und die innere Wüste. Diese fünf Zonen werden von einem sechsten Regionstyp ergänzt, der in allen fünf Zonen auftritt: die Bewässerungsebenen (Abb. 4).

Die Insel Suqaṭrah wird gesamthaft zur Küstenebene gezählt, auch wenn teilweise Erhebungen von über 400 m auftreten. Da die Inselgruppen im Roten Meer für die Bewässerungs-Landwirtschaft zu wenig relevant sind, werden sie hier nicht speziell behandelt. Dagegen wird das Gebirge in drei Regionen aufgeteilt, abhängig von der Hauptexposition, da sich diese entscheidend auf die Niederschläge auswirkt.

Die für den Wasserhaushalt und die Landwirtschaft wichtigsten Eigenschaften dieser sechs Zonen sind in Tab. 2 zusammengefaßt.

Abb. 3: Niederschlagsverteilung in ausgewählten Stationen
Quelle: WRAY 1995: App. 3.2, modifiziert.
Zum Vergleich die Jahresniederschläge zweier europäischer Städte: Zürich 1136 mm; London 593 mm

---

Abb. 4: Agrarökologische Regionen
Quellen: WRAY 1995: 28; KOPP 1983: Beilagen; GEBHARDT et al. 1992: 97; VILLWOCK 1991: Anlage 4.

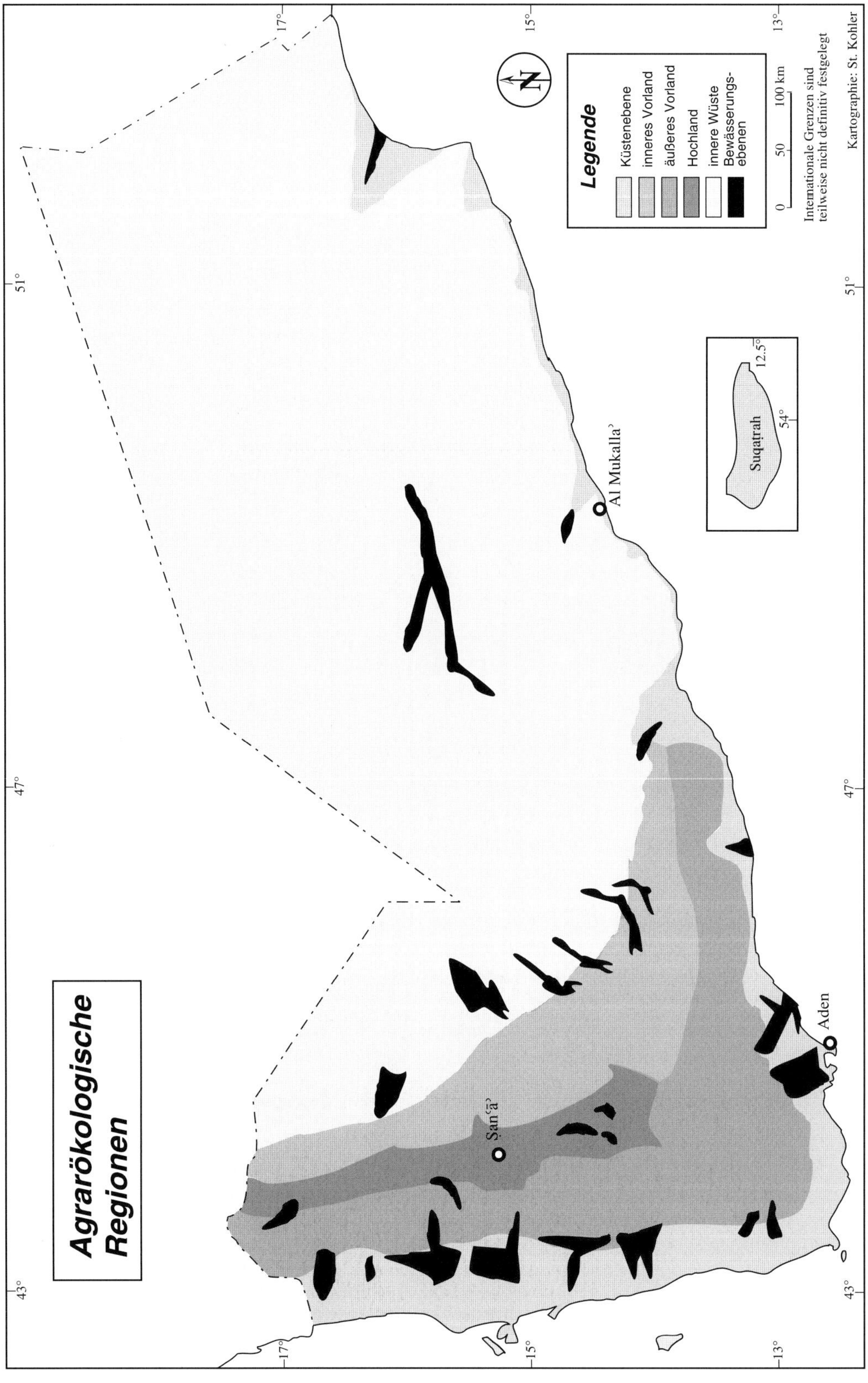
Agrarökologische Regionen
Legende
Küstenebene
inneres Vorland
äußeres Vorland
Hochland
innere Wüste
Bewässerungs-ebenen
0 50 100 km
Internationale Grenzen sind teilweise nicht definitiv festgelegt
Kartographie: St. Kohler
Al Mukalla'
Aden
Ṣanʿaʾ
Suqaṭrah
12.5°
54°
43°
47°
51°
13°
15°
17°

Tab. 2: Charakteristische Merkmale der sechs agrarökologischen Klimaregionen

Küstenebene

Lage und Topographie

Als beinahe durchgehender Streifen von der omanischen Grenze entlang dem Indischen Ozean, dem Golf von Aden und dem Roten Meer bis zur Grenze zu Saudi-Arabien. Der Küstenstreifen ist bis 60 km breit und ohne wesentliche Erhebungen.

Klima und Wasserhaushalt

- wenig Niederschläge, eher in den Winter- und Frühlingsmonaten auftretend
- hohe Luftfeuchtigkeit und heiß mit Durchschnittstemperaturen von über 30°C
- Niederschläge gering und unzuverlässig, zum Teil reiche, von den Hauptwadis angereicherte Grundwasservorkommen
- von Wadisystemen durchzogen, deren Schuttfächer als Bewässerungsebenen genutzt werden

Äußeres Vorland

Lage und Topographie

Von Meereshöhe bis auf über 3'000 m ansteigend; sehr starkes Relief, von einzelnen tiefen Tälern durchquert

Klima und Wasserhaushalt

- heiß bis mild, hohe Luftfeuchtigkeit, zum Teil Nebel
- durch Steigungsregen bedingte hohe Niederschläge bis 1'000 mm / Jahr, im Frühling und Sommer
- Wasserquellen häufig

Hochland

Lage und Topographie

Einzelne großflächige Ebenen und Becken, sonst gebirgig mit starkem Relief

Klima und Wasserhaushalt

- zwei ausgeprägte Regenzeiten
- Auftreten von Frost

Inneres Vorland

Lage und Topographie

Gebirgsabfall in die Wüste. Steil, von einzelnen Tälern durchquert. Zwischen 1000 und 2000 m.

Klima und Wasserhaushalt

- wenig Niederschläge, niedrige Luftfeuchtigkeit
- teilweises Auftreten von Frösten in den Wintermonaten

Innere Wüste

Lage und Topographie

Im Regenschatten der relativ feuchten Süd- und Westwindströmungen gelegen. Im Osten gibt es fließende Übergänge zur Küstenebene.

Klima und Wasserhaushalt

- sehr trocken
- große Temperaturunterschiede Tag / Nacht. Nächtlicher Frost im Winter möglich
- reichhaltige fossile Grundwasserreserven

Bewässerungsebenen

Lage und Topographie

Einzelne Ebenen und Täler sowohl in den Küstenregionen, in der inneren Wüste als auch im Gebirge von wichtigen Wadis durchzogen; flach, vom Gebirge, der Sandwüste oder der Küste begrenzt; Untergrund hauptsächlich Schotter, gute Grundwasserkörper

Klima und Wasserhaushalt

- wenig bis keine Niederschläge, je nach Lage
- im Landesinneren Frost im Winter
- periodisch auftretende Fluten im Wadibett

Quellen: Hubaishi al- et al. 1984: 30, YAR 1991: IV - VI.

Für die Landwirtschaft finden sich in allen sechs Regionen interessante Gebiete. Während in den drei Regionen des Gebirges die Niederschläge reicher sind und damit vor allem Oberflächenwasser für die Nutzung zur Verfügung steht, ist in der Küstenebene und teilweise auch in der Wüste Grundwasser die bedeutendere Wasserquelle. Die wichtigste Region für die Bewässerung sind aber die Ebenen und Täler, die als „Bewässerungsebenen" eine Einheit darstellen.

3.1.3 Das natürliche Wasserangebot

Das Wasserangebot des Jemens setzt sich aus erneuerbaren und nicht erneuerbaren Ressourcen zusammen. Erneuerbares Wasser kann aus Niederschlägen, Flüssen, Wadis und dem Untergrund stammen. Dieses Wasser wird durch die jährlichen Niederschläge angereichert. Ständig fließendes Oberflächenwasser wird im Jemen „Ġail" genannt, ganz gleich, ob damit das Wasser einer Quelle gemeint ist, ob es in einem Bachbett oder in einem künstlichen Kanal fließt. Als „Sail" hingegen bezeichnet man nur periodisch fließendes Wasser, welches nach den Starkregen im Gebirge als Flutwelle in den Wadis abfließt.

Nicht erneuerbar ist das fossile Grundwasser, das in früherer Zeit angereichert wurde. Es wird ergänzt durch sich nur langsam regenerierendes Grundwasser. Die Unterscheidung zwischen erneuerbarem und nicht erneuerbarem Grundwasser ist nicht immer einfach. Im Jemen können fossile Aquifere unter den sich jährlich erneuernden Wasservorkommen liegen. Ob das an dieser Stelle geförderte Wasser nun erneuerbar oder nicht erneuerbar ist, hängt dann nur von der Tiefe des Brunnens ab. Das Angebot an Oberflächenwasser setzt sich aus perennierenden und periodischen Quellen zusammen. Dazu gehören gesammeltes Regenwasser, Quellen und Wasser aus Wadis, Bächen und Seen.

Das Grundwasser wird im Jemen in „Oberflächen-Grundwasser" (die Brunnen dazu werden dann *„Biʾr saṯḥi"* genannt) und „tiefem Grundwasser" (mit den Brunnen *„Biʾr ārṭuwāẓi"*) unterschieden (Abb. 5). (vgl. dazu auch Kap. 3.4.6.)

Die Unterscheidung dieser beiden Grundwassereinheiten macht Sinn, weil sie sich auf die unterschiedliche Charakteristik der Entstehung und Nachfüllung und auf die Anforderungen des Wassers bezieht. Oberflächen-Grundwasser reagiert kurzfristig auf Einflüsse an der Oberfläche. In trockenen Jahren kann der Grundwasserspiegel schnell sinken, in feuchten Jahren steigt er dann aber ebenso rasch wieder an. Die Dynamik des Oberflächen-Grundwassers ist deshalb eng mit dem Oberflächenwasser verknüpft. Seine Entnahme geschieht in offenen Brunnen mit Tiefen bis 30 m, manchmal auch bis 60 m. Tiefes Grundwasser reagiert auf kurz- und mittelfristige Änderungen des Wasserhaushaltes langsam. Es beginnt ab Tiefen von ca. 60 m und kann bis zu einigen Kilometern tief reichen. Die Wasserentnahme geschieht in geschlossenen Brunnen, von denen an der Oberfläche nur noch die Pumpenanlage und das Ende des Wasserrohres zu sehen sind.

Die Grenze zwischen den beiden Grundwassereinheiten liegt unterschiedlich tief, je nach den geologischen Bedingungen und den Gewohnheiten der Wassernutzer. In Maʾrib liegt die Grenze in einer Tiefe von 50 - 70 m. Das darüberliegende Wasser steht in direkter Wechselwirkung mit dem Zufluß und den Entnahmen von der Oberfläche, während das tiefe Grundwasser zum ausgedehnten Mukallaʾ-Komplex gehört (vgl. unten und Kap. 5.1.1) und nur sehr langsam auf äußere Einflüsse reagiert. In Ḥarīb liegt die Grenze wesentlich tiefer. Brunnen mit Tiefen von 60 - 70 m werden im unteren Teil des Tales noch als „*Biʾr saṯ̣hi*" bezeichnet. Ebenso gibt es in Ḥarīb Brunnen, die als „*Biʾr saṯ̣hi*" gebaut wurden und wegen des sinkenden Grundwasserspiegels allmählich bis in große Tiefen ausgedehnt werden mußten. Das aus diesen Brunnen geförderte Wasser wird immer noch als „oberflächennahes Wasser" betrachtet.

Abb. 5: Darstellung der beiden Typen von Grundwasser

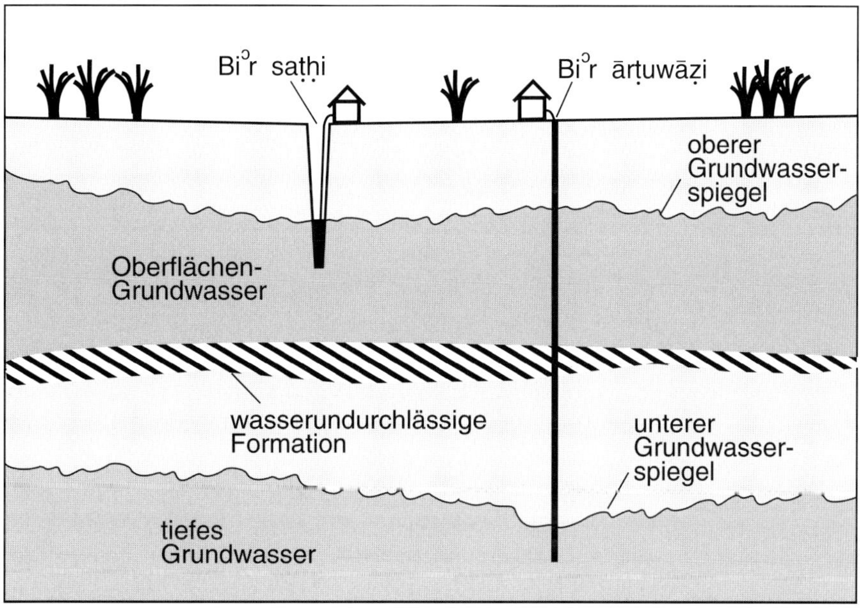

Die im Jemen auftretenden regionalen Ungleichgewichte in der Verfügbarkeit von Wasser können nicht durch ein Transportsystem ausgeglichen werden, weil die Transportkosten dafür zu hoch wären. Relativ kleine Mengen werden über kürzere Distanzen mit Zisternenwagen vermarktet. Dieses lokale Handelssystem funktioniert aber nur, wenn das Wasser an seinem Bestimmungsort einen hohen Wert hat, sei es für die Deckung von Basisbedürfnissen oder zum Verbrauch mit einer hohen Wertschöpfung, wie bei der Bewässerung von Qatplantagen.

Im Jemen gibt es keine nennenswerten grenzüberschreitenden Gewässer, mit Ausnahme der Grundwasserkörper. In Zukunft dürfte dabei der riesige Grundwasserkörper „Extended Mukalla Aquifer Complex" unter der Ramlat as-Sabaʿtain und der anschließenden Rubʿ al-Ḫālī eine zunehmende Bedeutung einnehmen. Dort ist meist fossiles Grundwasser vorhanden, die Vorräte für den jemenitischen Teil werden alleine auf etwa 10 Billionen m^3 geschätzt (WRAY 1995: 80 u. 88) und übersteigen die jährlichen Entnahmemengen etwa um den Faktor 3000! Das Wasser ist aber schlecht erschließbar wegen der großen Tiefe und der Abgeschiedenheit der Region.

3.1.4 Geschichte, Bevölkerung und Sozialstruktur

Die Geschichte des Jemens ist stark von der Geschichte der Bewässerung geprägt worden, weil einzelne historische Epochen eng mit ihrer besonderen Art der Wassernutzung verknüpft waren. Ein Streifzug durch die früheren Bewässerungskulturen wird in Kapitel 3.4.2 gemacht, während wichtige Ereignisse der Wirtschaftsgeschichte in Kapitel 3.2 bzw. 5.2.1 betrachtet werden. Deshalb wird in diesem Kapitel das Hauptgewicht auf die Ereignisse der letzten Jahrzehnte gelegt.

Der Beginn der Wasserwirtschaft in Ma'rib wird heute auf etwa 3000 BC datiert. Zwischen 800 BC und 200 AD dominierten die Sabäer den heutigen Jemen, sie wurden von den Himyariten als Zentralmacht abgelöst. Ende des 6. Jhs. zerfiel die Bewässerungskultur der Sabäer. Das Land wurde bereits im Jahre 628 islamisiert. Zweimal besetzten die Osmanen den Nordjemen, von 1538/39 bis 1630 und von 1849 bis 1918. Die zweimalige Kolonisation hat wenig Spuren hinterlassen. Anders als die westeuropäischen Kolonialmächte haben die Osmanen keine stabilen Institutionen aufgebaut und eine schlecht organisierte Verwaltung hinterlassen (HÖHFELD 1978, zit. in KOPP 1981: 60), zudem kontrollierten sie nur Teile des Landes, das Zentrum und der Osten blieben weitgehend unberührt.

Im Süden blieben die Engländer bis 1967 als Kolonialmacht etabliert. Ihr Einfluß beschränkte sich dort weitgehend auf die Hafenstadt Aden. Bis heute gilt der Süden in Bezug auf soziale und rechtliche Aspekte als weltoffener und moderner als der Norden. Hier dürften neben der 128 Jahre andauernden Präsenz der Engländer auch die Internationalität des Hafens, autochthone kulturelle Unterschiede und nicht zuletzt die säkularisierte Staatsideologie während der marxistischen Regierung von 1967 bis 1990 eine Rolle gespielt haben.

Ein wichtiges Datum ist das Jahr 1962 mit dem Ausbruch des Bürgerkrieges. Bis zu diesem Zeitpunkt war der Nordjemen durch seine royalistisch autokratische Regierungsform geprägt, der Imam als Herrscher galt gleichzeitig als Bewahrer konservativer Ideen. Das Land hatte mittelalterlich anmutende Strukturen im Rechtssystem und in der Volkswirtschaft. Ein explizites Ziel des von 1918 bis 1948 regierenden Imāms Yaḥyā war die Erreichung der wirtschaftlichen Autarkie des Landes (WENNER 1987: 328).

Äußerer Anlaß für die Revolution, die später als „September-Revolution" bezeichnet wurde, war der Tod des seit 1948 regierenden Imāms Aḥmad am 18. September 1962. Sein Sohn sollte die Nachfolge antreten, wurde jedoch von Reformkräften von Beginn an bekämpft. Innert einer Woche war ein Bürgerkrieg ausgebrochen, der acht Jahre dauern sollte. Dieser weitete sich zeitweise zu einem internationalen Stellvertreterkrieg zwischen progressiven und konservativen Kräften aus der arabischen Welt aus. Unter anderem unterstützte das progressive Ägypten die Republikaner, während Saudi-Arabien die konservativen Kräfte des Imāms mit Waffen belieferte. Neben einzelnen Regionen des Hochlandes galten auch die Ebenen im Zentrum des Landes als Hochburgen der Royalisten.

Der Krieg endete 1970 mit der Etablierung der Republik. Ein zentrales Element der jemenitischen Gesellschaft, das Stammeswesen, blieb beim Wechsel vom Imamat zur Republik jedoch unberührt und konnte seine Identität bis heute bewahren. Einzelne Stämme hatten sich am Bürgerkrieg zwar auf beiden Seiten beteiligt, ihre Distanz zum Zentralstaat wurde nach der Modernisierung der Regierung aber nicht kleiner. Deshalb hat die Revolution von 1962 eigentlich nur wirtschaftliche Auswirkungen gehabt, die alte politische Ordnung wurde dagegen nicht überwunden (SCHULZE 1994: 228).

Diese Ereignisse haben die Rückständigkeit des Landes in institutionellen Bereichen bis heute beeinflußt. Nach dem mehrere Jahre andauernden Bürgerkrieg wurde der theokratische Staat durch einen vom Militär dominierten Staat ersetzt. Während ersterer wenigstens noch in religiösen Belangen eine Autorität darstellte, so ist die Zentralmacht bei beiden Staatsformen des Nordjemens außerhalb ihres Kerns ohne größeren Einfluß geblieben. Ihre Gesetze haben wenig Wirkung, besonders wenn sie den Interessen der Betroffenen entgegengesetzt sind.

Im Südjemen blieb die staatliche Autorität ebenfalls auf einzelne Zentren beschränkt. Hier spielte zudem der Umstand eine Rolle, daß sowohl vor als auch nach 1967 die Machtverhältnisse vom Ausland gelenkt wurden, da die britische Herrschaft durch eine von der Sowjetunion unterstützte Regierung abgelöst wurde. Der Staat hat die räumlichen Strukturen auf dem Land insofern beeinflußt, als er Infrastrukturprojekte unterstützte und planwirtschaftliche Vorgaben für den Anbau festlegte. Beispielsweise wurde dem ehemaligen südjemenitischen Teil von Ḥarīb / al-ʿAin bis zur Vereinigung ein festes Produktions- und Abnahmekontingent von Zwiebeln, Kartoffeln und Knoblauch zugeteilt, das staatlich gefördert wurde mit der Abgabe von Saatgut sowie garantierten Abnahmemengen und –preisen.

Die Vereinigung der beiden Jemen am 22. Mai 1990 hätte einen Schlußstrich unter die Streitigkeiten der beiden Staaten ziehen sollen und damit bessere Bedingungen für die Etablierung von dringend benötigten politischen Reformen auf beiden Seiten geschaffen. Die Vereinigung hat diese Ziele bisher aber nicht erfüllen können. Bis 1994 blieben die jeweiligen Verwaltungen eigenständig erhalten. Die Innenpolitik war von einer andauernden Feindseligkeit zwischen „Nordisten“ und „Südisten“ geprägt. Beide Seiten waren sich nach Jahrzehnten gegenseitiger Anschuldigungen zu fremd geworden, als daß sie innert kurzer Zeit friedlich hätten zusammenarbeiten können. Der Bürgerkrieg von 1994 hat aus dieser Perspektive heraus die Situation deutlich entspannt. Die sozialistische Führung des Südens wurde aus der Regierung gedrängt und vor allem mit Vertretern der islamistischen Partei aus dem Norden ersetzt. Es entstand eine Regierungskoalition, die von der Kongreßpartei angeführt wurde, mit den Islamisten als Juniorpartner. Ein friedliches Zusammenarbeiten von Nord und Süd war erst nach dem Bürgerkrieg von 1994 möglich. Erst ab dann war die Vereinigung der beiden Jemen wirklich vollzogen.

<u>Bevölkerung und Sozialstruktur</u>

Für den gesamten Jemen ergab der aktuellste Zensus vom Dezember 1994 eine Bevölkerungszahl von 15.9 Mio. Einwohnern (JEMEN-REPORT 2/1995: 27). Nicht nur die Bevölkerung in absoluten Zahlen, auch das Bevölkerungswachstum ist in der Vergangenheit immer mehr angestiegen. Für die Periode von 1985 bis 1993 wird eine durchschnittliche jährliche Wachstumsrate von 4.4 % angegeben, für das Jahr 1993 alleine noch 3.4 %. (FISCHER 1995: 370). Die hohe Zahl von 4.4 % ist nicht nur auf das natürliche Wachstum als Folge der Geburten- und Sterberate zurückzuführen, sondern auch auf die Rückwanderung der Arbeitsemigranten aus Saudi-Arabien. Eine eingehendere Diskussion über die damit verbundenen Probleme findet in Kapitel 5.2.1. statt.

Nach wie vor lebt die große Mehrheit der Bevölkerung in ländlichen Gebieten. Die Urbanisationsrate hat aber von 1980 bis 1993 von 10 % auf über 30 % zugenommen (NOHLEN et al. 1983: 333 /

FISCHER 1995: 370). Im Zusammmenhang mit der Verstädterung erfährt auch die traditionelle Sozialstruktur Veränderungen. Trotzdem ist das Stammeswesen nach wie vor ein wichtiger Bestandteil des jemenitischen Alltags. Die soziale Ordnung, das Brauchtum und das Recht werden von den Stämmen geprägt. Der Stamm bildet eine gebietsbezogene politische Einheit (KOPP 1981: 72f.). Selbst Provinzgrenzen sind entlang von Stammesgrenzen gezogen worden. Die Vernetzung von Stammeswesen und Landespolitik führt unter anderem bei den Parlamentswahlen immer wieder zu Diskussionen.

Die Republik Jemen ist formell in 17 Provinzen gegliedert (11 im ehemaligen Nordjemen, 6 im ehemaligen Südjemen), welche ihrerseits in Distrikte, Subdistrikte und Gemeinden aufgeteilt sind. Der Übergang von der modernen Organisationsstruktur zur tribalen Sozialstruktur ist fließend. Während die Provinzebene meist noch eine amtliche Struktur hat und sich deren Vertreter auch als „von Ṣanʿāʾ delegiert" verstehen, sind auf der Ebene der Distrikte und Subdistrikte die Ämter normalerweise von traditionellen Stammesführern besetzt.

3.1.5 Zur Rolle des Staates im Jemen

In Tageszeitungen wird der Jemen manchmal als „einzige Demokratie" im arabischen Raum beschrieben. Werden die regelmäßig stattfindenden Parlamentswahlen mit offenem Wahlkampf, echtem Parteiensystem und freier Presse betrachtet, so trifft diese Beschreibung zu. Mit der westlichen Form von Demokratie sind die jemenitischen Verhältnisse nicht vergleichbar, trotzdem haben einzelne politische Elemente eine sehr fortschrittliche Form. Die Regierung und das Parlament können sich auf den Volkswillen berufen, weil sie tatsächlich daraus hervorgegangen sind. Gleichzeitig ist im Jemen der Staat sehr schwach geblieben. Die Rolle des Präsidenten, der Parteien und des Parlaments ist in vielen Bereichen auf die Repräsentation beschränkt. Obwohl der Staat über ein aufgeblähtes Beamtenheer verfügt, sind deren Kompetenzen eingeschränkt und die Motivation der Beamten tief, unter anderem wegen deren schlechter Bezahlung. Weitere Bereiche wie Wirtschaftspolitik, Bildung oder Infrastrukturprojekte (inkl. Wasser) werden vom Staat verwaltet und als staatliche Institutionen bezeichnet, meist handelt es sich dabei aber um Projekte, die auf internationale oder private Initiativen zurückgehen.

Gründe für diese schwache Machtbasis des Staates liegen im verankerten Denken in Stammesstrukturen. Die folgende Geschichte, erzählt von Dr. Abdallah al-Ġaiṯi, Dekan des „College of Education" in Arḥab, mag dies illustrieren:

> Das neue Universitätsgebäude der Fakultät für Bildung der Universität Ṣanʿāʾ wurde 1996 etwa 20 km nördlich von Ṣanʿāʾ gebaut. Das neue Gelände wurde auf Stammesgebiet errichtet. Der Stamm, dem das Land gehört, hat als Kompensation für das nun überbaute Land das Recht, die Mehrheit der Angestellten stellen zu können. Stammesangehörige sind meist sehr schlecht qualifiziert, viele unqualifizierte Arbeiten sind für sie aber aus sozialen Gründen nicht annehmbar. Benötigt die Fakultät nun einen Elektriker, Reinigungspersonal oder einen Lehrer, so findet sich kein geeigneter Stammesangehöriger, und die Arbeit wird von einem Auswärtigen gemacht. Um die Stammesangehörigen trotzdem angemessen vertreten zu lassen, muß die Schule zusätzliche Stellen schaffen. Wegen fehlender Alternativen kommt für sie nur eine Anstellung als Wächter in Frage. So hat die Schule viel zu viele Wächter, die eigentlich nicht benötigt werden, aber trotzdem bezahlt werden müssen. Dabei würde die Schule das Geld für wichtigere Bereiche benötigen.

Es geht hier nicht darum, über solche lokalen Händel mit gegenseitigen „Kompensationen“ (Land gegen Arbeitsplätze) zu urteilen. Es soll lediglich die Art und Weise gezeigt werden, wie sich die Stämme wirtschaftliche Privilegien erhalten können und wie stark der Staat selbst in unmittelbarer Nähe der Hauptstadt auf die lokalen Stämme Rücksicht nehmen muß, das heißt wie er mit Entgegenkommen seine legitimen Funktionen von den Stämmen erkaufen muß. Dafür braucht es Verhandlungen, und dies kann ein Projekt zeitlich stark verzögern. Auch im Wassersektor sind solche Begebenheiten üblich. Ist ein Wasserprojekt geplant, geht je nach Stärke des Stammes ein bestimmter Teil des Budgets für Kompensationen an die Stämme, deren Land betroffen ist. Im besten Fall werden damit Schulen gebaut oder die Infrastruktur verbessert.

Ein Vorteil der begrenzten Macht des Staates liegt in der zusätzlichen Kontrolle durch die Stämme, die Sozialverträglichkeit von Projekten wäre damit eher gewährleistet. Wie am Beispiel des Staudamms von Ma'rib aber aufgezeigt wird (Kap. 3.4.7), können trotzdem gegen den Willen der Stämme große Projekte geplant und durchgeführt werden. Ihr Erfolg bleibt dann aber mit großer Wahrscheinlichkeit aus, weil die Einbettung in die sozialen Rahmenbedingungen fehlt. Der neue Damm von Ma'rib konnte nur gebaut werden, weil ein ausländischer Geldgeber (der Scheich von Abu Dhabi) dies ermöglicht hatte. Eine kritische Prüfung der Zweckdienlichkeit des Projektes durch eine jemenitische Behörde erfolgte nicht, weil für den Staat viel Macht und Prestige auf dem Spiel stand, nachdem die Finanzierung und die Projektierung des Dammes einmal gesichert war.

3.2 Wirtschaftliche Rahmenbedingungen

3.2.1 Wirtschaftsgeschichte im Überblick

Einzelne Aspekte der Wirtschaftsgeschichte werden in verschiedenen Kapiteln dieser Arbeit eingehend diskutiert. Deshalb wird hier nur ein kurzer Überblick über die wichtigsten Fakten gegeben (Tab. 3).

Bis zur Revolution von 1962 war der Nordjemen einer der am wenigsten entwickelten Staaten der Erde. Nach der Revolution verhinderte der Bürgerkrieg vorerst eine Entwicklung. Der Südjemen war, abgesehen von der Region um die Handelsstadt Aden und dem traditionellen Auswanderungsgebiet Ḥaḍramaut, wirtschaftlich eher noch schwächer als der Nordjemen.

Die Wirtschaftsgeschichte des Jemens ist durch die sehr späte Integration in die Weltwirtschaft geprägt. Erst um 1970 erfolgte im Nordjemen die endgültige Abkehr von der selbstauferlegten Rückständigkeit. Bis dahin war das Land von der Subsistenzwirtschaft geprägt, mit einem hohen Anteil an ländlicher Bevölkerung. Ab 1970 erfolgte die Integration in die globalen Märkte sehr rasch. Obwohl noch zu Beginn der 80er Jahre Nord- und Südjemen gemäß Einteilung der UNO sowohl zu den „Least Developed Countries“ (LLDC) als auch zu den „Most Seriously Affected Countries“ (MSAC) gehörten, erlebte die Wirtschaft beider Jemen seit Ende des Krieges im Jahre 1970 hohe Wachstumsraten, allerdings von einem niedrigen Entwicklungsniveau ausgehend.

Das Wirtschaftswachstum zwischen 1970 und 1990 wurde jedoch nicht durch ein Wachstum der Binnenwirtschaft ausgelöst, sondern durch externe Faktoren:

> „In den produktiven Sektoren Landwirtschaft und Industrie hat sich die Situation des Jemen allerdings längst nicht so günstig entwickelt, und hier wird das Dilemma des jemenitischen Entwicklungsprozesses offenbar: die Mittel für die Finanzierung der explosionsartigen Verbesserung der Versorgung der jemenitischen Bevölkerung mit Konsumgütern und Dienstleistungen wurden im Ausland erwirtschaftet. Die Produktion im Innern dagegen wurde bis zum Beginn der achtziger Jahre in der Landwirtschaft immer geringer und kam in der Industrie nur sehr mühsam voran." (WEITER 1987: 435)

Tab. 3: Wichtige Ereignisse in der Wirtschaftsgeschichte

Zeitraum	Ereignis	Kap.
1000 BC bis 500 AD	Handel mit Duftstoffen und Gewürzen über die Weihrauchstraße mit Kontrolle der südlichen Gebiete durch die jemenitischen Königreiche	3.4.1
1538/39 bis 1630	Erste osmanische Besetzung des Jemens	3.1.4
17. und 18. Jh.	Anbaumonopol für Kaffee und kurze wirtschaftliche Blüte, jedoch ohne langfristige Auswirkungen	3.3.2
1839	Beginn der britischen Herrschaft in Aden. Aden wird zu einer weltweit bedeutenden Hafenstadt, das Hinterland ist davon aber wenig betroffen.	-
1871 bis 1918	Zweite osmanische Besetzung. Die beiden „türkischen Episoden" bleiben ohne große Folgen, abgesehen von einigen administrativen Reformen.	-
1962	Revolution und Gründung der Republik Nordjemen, bis 1970 Bürgerkrieg, erst ab dann allmähliche Öffnung des Landes	3.1.4
ab 1973	Massive Erhöhung des Ölpreises mit neuen Arbeitsmöglichkeiten in den Golfstaaten. In der Folge emigrieren Hunderttausende von Jemeniten zumeist temporär ins Ausland	3.2.2
ab 1986	Ölexporte des Jemens im Umfang von ca. 750 Mio. $ pro Jahr (1995)	3.2.3
1990	Als Folge des Golfkrieges müssen die jemenitischen Gastarbeiter Saudi-Arabien verlassen.	3.2.2
1990 bis heute	Vereinigung der beiden Jemen, ohne daß die damit verbundenen Erwartungen auf ein wirtschaftliches Wachstum bis heute erfüllt sind	5.3.1

Quellen: Jemen-Report 2/96: 29, Kopp 1990, Wenner 1987, Wenner 1991.

Die wichtigsten Faktoren, die dieses Wachstum beeinflußt haben, sind die Geldüberweisungen aus Saudi-Arabien (bis 1500 Mio. US-$ pro Jahr), die innerarabische Entwicklungshilfe (bis 500 Mio. US-$ pro Jahr), projektgebundene Entwicklungshilfe (bis 300 Mio. US-$ pro Jahr), eine interessante geopolitische Lage, innere Stabilität durch eine stabile Regierung und schließlich ein „ausgeprägter Nationalismus", der jemenitische Produkte gegenüber ausländischen höher schätzen ließ (WEITER 1987: 435f.).

Ab 1990 hat sich die Situation in zweierlei Hinsicht verändert. Der Golfkrieg von 1991 hat der Arbeitsemigration einen Riegel vorgeschoben. Als Folge des veränderten weltweiten Ost-West-

Verhältnisses ist die geopolitische Lage nicht mehr so bedeutend. Die Vereinigung von Nord- und Südjemen hätte ab 1990 wesentliche wirtschaftliche Impulse auslösen sollen. Sie hat aber zwei Staaten zusammengebracht, die bis anhin mit sehr verschiedenen ökonomischen Konzepten gearbeitet hatten: Im Norden bestand eine relativ freie Marktwirtschaft, allerdings spielte der Staat bei großen Handels- und Industriebetrieben eine wichtige Rolle (HAMED 1996: 229). Im Süden war die Wirtschaft zentralstaatlich gelenkt. Dies beinhaltete sowohl den staatlichen Besitz der wichtigsten Produktionsgüter als auch die Lenkung der Produktion und der Preise. Die unterschiedlichen Wirtschaftssysteme erschwerten das von der Vereinigung erhoffte wirtschaftliche Wachstum. Gegenseitige Schuldzuweisungen der beiden Parteien für die wirtschaftliche Misere waren mit ein Grund dafür, daß es 1994 zum Bürgerkrieg kam.

3.2.2 Die jemenitischen Gastarbeiter in den Golfstaaten

Motor des hohen Wirtschaftswachstums seit den 70er Jahren war die temporäre Arbeitsemigration Hunderttausender Jemeniten in die Erdölförderländer des Nahen Ostens mit den damit verbundenen Transferzahlungen. Arbeitskräftemangel und große verfügbare Kapitalmengen in privater Hand sind die entscheidenden Determinanten für die moderne ökonomische Entwicklung einschließlich der Landwirtschaft.

Die Arbeitsemigration hat nicht erst mit dem Erdölboom in den Golfstaaten und Saudi-Arabien Ende 1973 begonnen. Jemenitische Auswanderer in die USA, nach Frankreich oder England gab es bereits seit der Industrialisierung in diesen Ländern. Diese blieben aber oft auf Dauer, seit 1970 ist die Zahl dieser langfristigen Fremdarbeiter rückläufig, während sich die Anzahl von temporären Emigranten in den 70er Jahren nahezu vervierfacht hat: von 150'000 (1970) auf 540'000 Personen (1980) (STEFFEN 1981: 75).

In der zweiten Hälfte der 70er Jahre machten die privaten Transferzahlungen bis zu 77 % des Bruttoinlandproduktes aus. In dieser Phase war die Volkswirtschaft von einer Umstrukturierung geprägt. Importe und Exporte standen zwischen 1977 und 1980 in einem Verhältnis von 125 : 1 bis 500 : 1 (STEFFEN 1981: 80). Der Geldzufluß aus dem Ausland ermöglichte es dem Jemen, die steigenden Importe lange Zeit ohne Verschuldung zu finanzieren. Das stark steigende Handelsbilanzdefizit wurde durch die Geldüberweisungen der Gastarbeiter ausgeglichen. Die Zahlungsbilanz blieb damit im Gleichgewicht. Wie stark die Gastarbeiterüberweisungen und damit die jemenitische Wirtschaft vom Wert der saudi-arabischen Ölförderung abhängig geworden waren, zeigte sich in den 80er Jahren. Parallel mit dem sinkenden Ölpreis bis 1986 fielen in der Folge die Transferzahlungen von 1'250 Mio. US $ (1980) auf etwa 500 Mio. US $ (1987). Die Importe sanken allerdings weniger stark (Abb. 6).

Der schnelle Anstieg der Kaufkraft löste einen hohen Anstieg der Nachfrage nach Lebensmitteln und Konsumgütern aus. Im Inland waren weder die Landwirtschaft noch das Gewerbe in der Lage, diesen Veränderungen nachzukommen, so daß die Importe ständig zunahmen. Die Rekorddefizite in der Zahlungsbilanz veranlaßten die Regierung bereits 1983 zu Maßnahmen zur Senkung des Imports (MEYER 1988: 89f.):

- Kürzung des Imports für den öffentlichen Sektor
- Einführung von Importlizenzen
- Importverbot für gewisse Agrarprodukte
- Abwertung des jemenitischen Rials um mehr als 50 %

Abb. 6: Importe und private Transferzahlungen in den Nordjemen (YAR), verglichen mit den Ölexporten Saudi-Arabiens

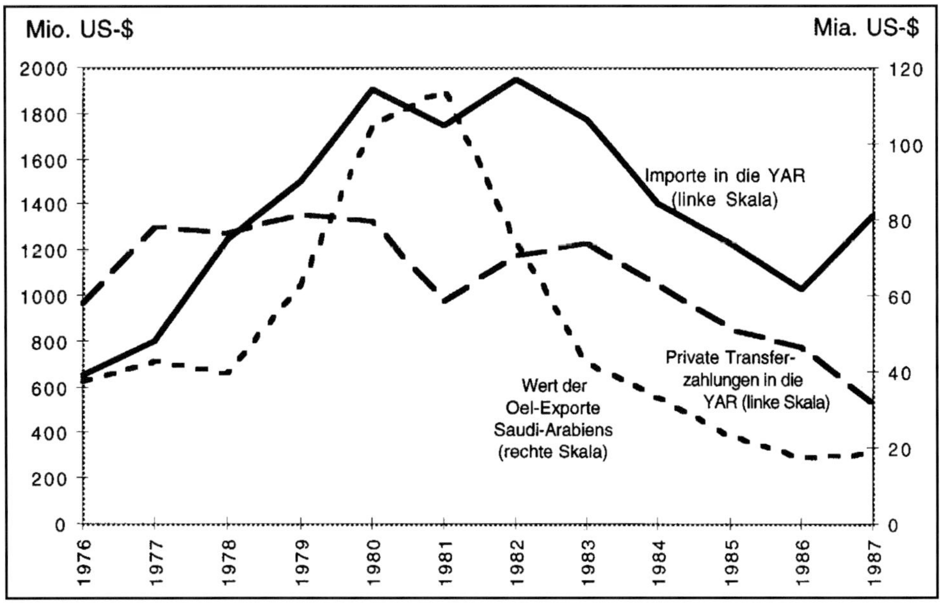

Quelle: MEYER 1988: 89 für Importe und Transferzahlungen; van der LINDE 1991: 157 für Oel-Exporte. Die Maßeinheit ist im Original bei van der LINDE um den Faktor 1000 zu klein.

Die resultierende Warenverknappung führte zu einer ansteigenden Inflation, während die Löhne stagnierten. Die Überweisungen aus Saudi-Arabien fielen gleichzeitig bescheidener aus. Ein Einkommensverlust für den größten Teil der Bevölkerung war die Folge. Andererseits führten die genannten Maßnahmen zu einer wesentlichen Verbesserung im Agrarsektor. Eine Entspannung auf dem Arbeitsmarkt, verbesserte Exportmöglichkeiten und die Importverbote hatten eine Ausweitung der einheimischen Produktion zur Folge (MEYER 1988: 92).

Die Landwirtschaft war von der Arbeitsemigration besonders betroffen. Zeitweise waren bis zu einem Drittel aller Männer als Gastarbeiter im Ausland und fehlten der arbeitsintensiven Landwirtschaft im Inland. Während der Handel und das Baugewerbe von den steigenden Transferzahlungen profitierten, wurde die Landwirtschaft durch den Entzug von Arbeitskräften vernachlässigt. Die wichtigsten Veränderungen in der Landwirtschaft, die durch die Arbeitsemigration erklärt werden können, waren:

- Rückgang der landwirtschaftlich genutzten Fläche besonders im Getreidebau: Nachdem die Fläche des Getreideanbaus bereits in den 70er Jahren um etwa ein Viertel zurückgegangen war (STEFFEN 1981: 80), sank die Fläche des Regenfeldbaus bis 1990 auf weniger als die Hälfte ihres Wertes von 1970 (RoY 1992a: 1).
- Stärkere Mitarbeit von Frauen und Kindern in der Landwirtschaft.
- Rationalisierung und Mechanisierung der Landwirtschaft: Das Fehlen von Arbeitskräften und der plötzliche Kapitalzufluß machte das Anschaffen von mechanischen Arbeitsgeräten (inkl. Bewässerungsanlagen) lohnend.
- Erhöhter Import und damit geringerer Selbstversorgungsgrad: Der Selbstversorgungsgrad mit Grundnahrungsmitteln ist von weitgehend 100 % während der 60er Jahre auf etwa 70 % im Jahre 1980 gesunken. Heute liegt er nochmals wesentlich tiefer.
- Massive Preis- und Lohnsteigerungen: Warenverknappung, leichterer Zugang zu Geld und Verknappung der Arbeitskräfte führten zu Inflation und Lohnsteigerungen.
- Günstigere Pachtbedingungen: Das Angebot von Land war im Verhältnis zu den Arbeitskräften groß, damit waren die Pachtpreise tief.

Mit dem Arbeitskräftemangel war ein allgemeiner Lohnanstieg im Lande verbunden. Die arbeitsintensive einheimische Landwirtschaft wurde deshalb teurer und war nicht mehr konkurrenzfähig gegenüber den Agrarimporten. Der Lohnindex für Landarbeiter hat sich von 1970 bis 1980 verzwölffacht, während der Index für Agrarprodukte nur um das 4.5fache zunahm. Die Anbaufläche ging um ein Viertel zurück (STEFFEN 1981: 80). Dort, wo von diesem Rückgang die arbeitsintensiven Terrassenflächen betroffen waren, konnten irreversible Schäden entstehen. Die fehlende Bewirtschaftung führte auf diesen Flächen zu Erosion, zum Abtrag des Bodens und zum Zerfall der Terrassen und Kanale.

In diesem Zusammenhang ist auch die in den 80er Jahren bestehende Preisrelation von einheimischem und importiertem Brotgetreide zu verstehen. Importierter Weizen kostete auf dem Markt 2 bis 3 Rial pro kg, während der jemenitische Bauer für sein Sorghum 5 bis 9 Rial hätte erhalten müssen, um seinen Aufwand zu decken (NZZ vom 20.3.86: 4). Tatsächlich deckte der für Sorghum erzielte Marktpreis aber nur 60 % des Aufwandes. Erklären läßt sich diese Diskrepanz mit der internen Subventionierung der Landwirtschaft dank den hohen Erträgen aus der Arbeitsemigration und des Qatanbaus (vgl. Kap. 5.2.2).

Für die Zeit von 1980 bis 1990 liegen noch keine Studien vor. Schätzungen über die Anzahl der Arbeitsemigranten widersprechen sich. Werden der sich verschlechternde Arbeitsmarkt in Saudi-Arabien oder die sinkenden Transferzahlungen nach dem Jemen als Indikatoren genommen, so muß zunächst auf eine abnehmende Zahl der Gastarbeiter geschlossen werden. Dem stehen aber ein zunehmender Reiseverkehr zwischen Saudi-Arabien und dem Jemen und eine große Nachfrage nach Visa gegenüber (MEYER 1986: 65f.). Deshalb wird angenommen, daß sich die tatsächliche Anzahl der Gastarbeiter nicht verringert, daß sich aber deren Löhne und damit die Beträge der Überweisungen verringert haben dürften. Tatsächlich hat sich der Devisenzustrom von 1983 bis 1986 auf weniger als die Hälfte reduziert, was zu großen wirtschaftlichen Problemen geführt hat.

Seit dem irakischen Überfall auf Kuwait von 1990 hat sich die Situation dramatisch verschlechtert. Die differenzierte Stellungnahme der Regierung zur amerikanischen und saudi-arabischen Politik gegenüber dem Irak wurde als pro-irakische Haltung taxiert und führte im September 1990 zur Aufhebung der bisherigen Privilegien, welche die jemenitischen Gastarbeiter in Saudi-Arabien genossen hatten (JEMEN-REPORT 1/1991: 33). Die abwartende Haltung des Jemens im UN-Sicherheitsrat zu den Resolutionen gegen den Irak bedeutete auch das Ende der Wirtschaftshilfe von Saudi-Arabien sowie die Kürzung der amerikanischen Hilfe um fast 90 % (FISCHER 1991: 89). Im November 1990 wurden die Arbeitsgenehmigungen dann ganz gestrichen, was eine Massenrückwanderung von etwa 850'000 Menschen bewirkte. Die Saudis erklärten, in Zukunft nur noch Arbeitskräfte aus solchen Ländern anzuwerben, welche den Krieg gegen den Irak unterstützt hatten. Insgesamt wurde der volkswirtschaftliche Verlust, den der Jemen durch den Golfkrieg erlitten hat, für 1991 auf 1.8 Milliarden US$ geschätzt (MEYER 1991: 95). Damit wurde das Land in seiner jüngsten Entwicklung wieder um einiges zurückgeworfen. Eine gewisse Kompensation für den seither fehlenden Devisenzustrom aus dem Ausland bilden die Erdölexporte seit Mitte der 80er Jahre.

3.2.3 Die Erdölförderung seit 1986

Im Juli 1984 begann eine neue Phase der Wirtschaftsentwicklung im Jemen. Zu diesem Zeitpunkt wurde in der Nähe von Ma'rib Erdöl in großer Menge und guter Qualität gefunden. Die Erwartungen und Hoffnungen, die mit diesen Funden in Verbindung gebracht wurden, waren zunächst groß. Ähnlich wie die Nachbarn im Norden und Osten glaubte nun auch der Jemen, zu einem wichtigen ölexportierenden Staat aufzusteigen. Im September 1986 wurde mit dem Bau einer Exportpipeline begonnen. Nach 13 Monaten floß bereits jemenitisches Rohöl von Ma'rib durch die 440 km lange Pipeline nach Ḥudaidah (JEMEN-REPORT 1/1989: 17). 1990 betrug die Erdölförderung 189'000 Barrel pro Tag, wobei 94 % exportiert wurden (JEMEN-REPORT 2/1991: 24). Die geschätzten Einnahmen von etwa einer Milliarde US-$ reichten gerade aus, um den Rückgang bei den Gastarbeiter-Überweisungen ausgleichen zu können. Seit den ersten Förderungen in Ma'rib ist man auch in anderen Gebieten fündig geworden. Bekannt sind die Gebiete im Ḥaḍramaut, wo das Öl an die Küste des Golfs von Aden transportiert wird.

Den erhofften wirtschaftlichen Aufschwung brachten die Erdölexporte aber nicht. Im Vergleich zu den „Modellen" in den Nachbarstaaten ist die Bevölkerungzahl bzw. die Bevölkerungsdichte relativ hoch und die Ölförderung klein. Unter diesen Bedingungen läßt sich kein rascher Reichtum verwirklichen. Zudem haben die wirtschaftlichen Probleme, die seit den 90er Jahren bestehen, die anfängliche Euphorie wieder gedämpft. Die seit 1990 entgangenen Überweisungen aus den Golfstaaten, der Bürgerkrieg von 1994 und fehlende internationale Finanzhilfe wurden für die schwierige wirtschaftliche Lage Mitte der 90er Jahre verantwortlich gemacht (JEMEN-REPORT 1/1997: 41).

Für das Jahr 1996 wurden die Einnahmen aus dem Erdölexport auf 958.4 Mio. US-$ geschätzt, mit steigender Tendenz für die nächsten Jahre (JEMEN-REPORT 2/1997: 46). Dieser Betrag ist im Verhältnis zu anderen Wirtschaftsdaten zu sehen: 1993 betrug das Defizit in der Leistungsbilanz 1'247 Mio. US-$, dasjenige in der Handelsbilanz 920 Mio. US-$. Der Erdölexport ist damit zwar zu einer wichtigen Stütze im wirtschaftlichen Haushalt des Jemens geworden, die Einnahmen kommen aber hauptsächlich der Staatskasse zugute. Sie sind neben den internationalen Finanzhilfen die nahezu einzigen Einnahmequellen des Zentralstaates. In fast umgekehrtem Verhältnis zur finanziellen Bedeutung steht der Beitrag des Ölsektors zur Beschäftigungssituation. Nach Abschluß des Baus der Förderanlagen und der Pipelines benötigt das Erdölgeschäft nur noch relativ wenig Arbeitskräfte.

Gleichwohl setzt die Bevölkerung immer noch große Hoffnungen auf den Ölsektor. Werden Bauern auf ihre Zukunftsvorstellung angesichts der vielfältigen Probleme in der Landwirtschaft angesprochen, wird gerne auf das Thema Erdöl verwiesen. Man rechnet, daß in ihrer Nähe Öl gefunden wird und daß sich damit eine neue lukrative Einkommensmöglichkeit in der Region ergibt. In der Region Maʾrib sind tatsächlich einige lokale Bauern von den Erdölfirmen angestellt worden, Auswirkungen auf die Wirtschaft sind zudem auch dank dem „Multiplikatoreffekt“ spürbar: Maʾrib ist unter anderem dank seiner Nähe zu den Ölfeldern von Ṣāfir zu einem regionalen Zentrum geworden mit einer zusätzlichen Ansiedlung von Dienstleistungsbetrieben.

Auswirkungen auf die Bewässerungs-Landwirtschaft lassen sich auf regionaler und nationaler Ebene identifizieren:

- Auf nationaler Ebene bedeutet die Entlastung des Staatshaushaltes aus den Exporteinnahmen die Möglichkeit, mehr Geld für die Nahrungsmittelversorgung zur Verfügung zu stellen. Dies kann sowohl die Subventionierung von Importgütern bedeuten, was die Landwirtschaft schädigt, als auch die Subventionierung der eigenen Produkte bzw. der Produktionsfaktoren, was der Landwirtschaft zugute kommt.
- Auf regionaler Ebene profitiert die Bewässerungs-Landwirtschaft von den zusätzlichen wirtschaftlichen Aktivitäten in ihrer Region. Durch zusätzliche Arbeitsmöglichkeiten entstehen Einkommen, die für die Landwirtschaft genutzt werden können, indem in effizientere Bewässerung investiert wird. Auch können neue lokale Absatz-märkte entstehen.
- Der Erdölsektor benötigt für die Förderung und Raffinierie viel Wasser, das der Bewässerungs-Landwirtschaft fehlen kann. Auch die Verschmutzung von Grundwasser stellt eine Bedrohung dar. Demgegenüber können dank der Ölförderung als „Nebeneffekt“ der Ölprospektion zusätzliche Wasserquellen erschlossen werden.

Der Erdölsektor wird in Zukunft eine nach wie vor bedeutende Rolle in der jemenitischen Wirtschaft und damit auch der Landwirtschaft einnehmen. Zu einem wirtschaftlichen Aufschwung kann er alleine aber nicht verhelfen. In den reichen Nachbarstaaten hat die Landwirtschaft vom vielen Geld aus dem Erdölsektor profitieren können, weil sie sehr stark subventioniert wurde (vgl. Kap. 5.2.3). Während und nach dem zweiten „Ölboom“ anfang der 80er Jahre hat sich der Wasserverbrauch der Landwirtschaft Saudi-Arabiens in der Periode 1980 bis 1985 vervierfacht, in ähnlichem Ausmaß ist die Produktion von Nahrungsmitteln gestiegen (IBRAHIM al- 1991: 34).

3.3 Der Agrarsektor

3.3.1 Die jemenitische Landwirtschaft im Wandel

1976/77 wurden im damaligen Nordjemen von 1‘515‘000 ha Nutzfläche etwa 16 % bewässert (SWISS TECHNICAL CO-OPERATION SERVICE 1978: I/23). In der Ausdehnung dieser Bewässerungsflächen sah man damals ein großes Entwicklungspotential. Im ersten Fünfjahresplan (1976 - 1981) des Nordjemens wurden im Bereich der Bewässerung die folgenden Ziele formuliert:

„Long run objectives:

1. Floods irrigation:
- Constructing small diversion dams or barrages ...
- Constructing canals of suitable design to distribute water equally, where the fields could be irrigated twice at least.
- Expanding the irrigation network to cultivable areas relying at present on rain, ...

2. Permanent irrigation:
- Constructing underground dykes in suitable positions of the valley, ...
- Improving the irrigation canals by using cement with pebbles, ...
- Training the people on constructing underground dykes, and using new irrigation techniques.

3. Wells irrigation:
- Carrying out exploration drilling to limit the depth of strata containing water, ...
- Digging Artesian wells in areas irrigated by floods in order to provide water in drought seasons so that intensive farming becomes possible in these areas.
- Studying the possibility of irrigation by drizzle.
- Guiding farmers when digging their own wells.
- Recovering the cost of wells dug by the Government in the long run.

4. Irrigation by sewerage water:
Using the remains of sewage water to irrigate some areas in Sana'a and Taiz." (YAR 1977: 162 f)

Prioritäten wurden im Bau von Dämmen und Kanälen, dem Erforschen und Anbohren neuer Grundwasser-Speicher und der vermehrten Nutzung von Abwässern in den beiden größten Städten gesetzt. Keine Bedeutung hatte in dieser Planung die Schaffung von institutionellen Rahmenbedingungen für die Bewässerung.

Tatsächlich hat die Bewässerungs-Landwirtschaft seither an Bedeutung gewonnen. Diese Entwicklung ist für die Volkswirtschaft des Landes erfreulich. Sie ist aber nicht durch die erwähnten Maßnahmen erfolgt, sondern ist der Initiative des privaten Sektors zu verdanken, welche vom wirtschaftlichen Umfeld profitiert hat. Der Staat hat die Entwicklung in einigen Bereichen unterstützt, seine eigenen Projekte sind jedoch oft mit sozialen und institutionellen Problemen verbunden. Die zwiespältige Rolle des Staates wird in den entsprechenden Abschnitten des Kap. 5.3 ausführlich zur Sprache kommen. Als Träger von Produktionssteigerungen ist der private Sektor stets weitaus bedeutender gewesen (KOPP 1990: 146).

Der gesellschaftliche Wandel hat in den letzten Jahrzehnten dazu geführt, daß neue Märkte entstehen konnten. Die einheimische Landwirtschaft begann, sich vermehrt an solchen Märkten zu orientieren. Eine größere soziale und räumliche Mobilität führte zum Wachstum der Städte und zu neuen Konsumgewohnheiten. Mit der Umstellung vom Regen- zum Bewässerungsfeldbau konnten die Bauern die neuen Märkte mit eigenen Produkten beliefern. Der Regenfeldbau ermöglichte den Anbau perennierender Pflanzen nur an wenigen Orten. So sind die typischen Anbauprodukte des Regenfeldbaus im Jemen vor allem Produkte für den Eigengebrauch, während die Grundwassernutzung die Produktion von Cashcrops begünstigt. Die mit Grundwasser bewässerte Fläche hat sich zwischen 1977 und 1990 um beinahe den Faktor 7 vervielfacht, während die gesamte landwirtschaftliche Nutzfläche um etwa ein Viertel zurückging (Abb. 7). Dieser Rückgang ist zum größten Teil eine Folge der Aufgabe von Flächen, die bis anhin im Regenfeldbau genutzt wurden.

Abb. 7: Landwirtschaftliche Nutzfläche und Anteil Bewässerung 1976 bis 1990

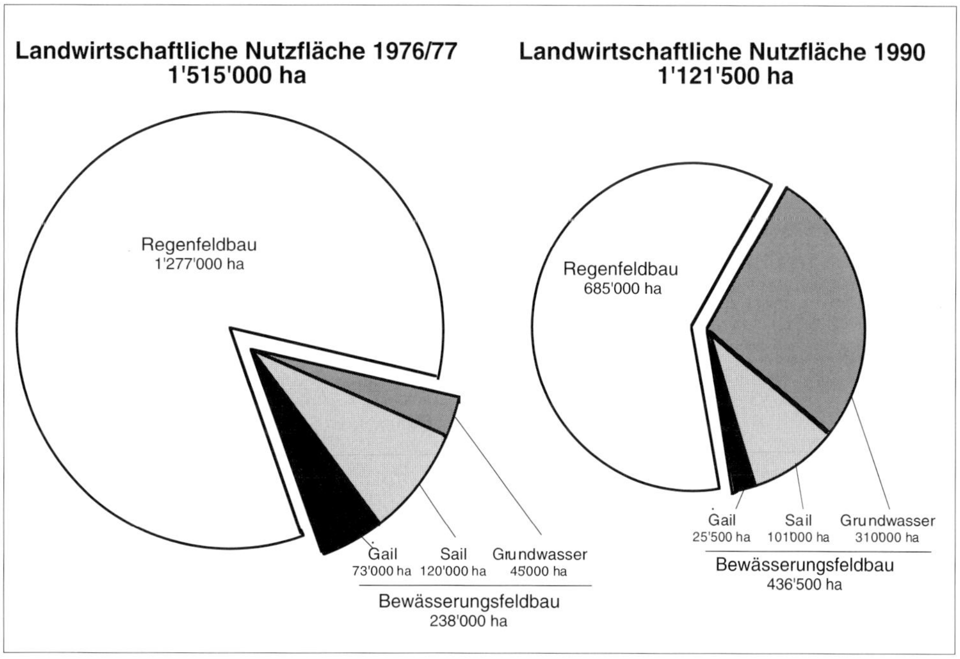

Anmerkungen: Die Zahlenangaben betreffen nur das Gebiet der ehemaligen Arabischen Rep. Jemen. Die aus Staudämmen bewässerten Flächen betragen 1990 nur etwa 200 ha (WRAY 1993: x).
Quellen: Zahlen für 1976/77: SWISS TECHNICAL CO-OPERATION SERVICE 1978. I/23, für 1990: RoY 1992a: 1.

Dieser Trend hat auch in den 90er Jahren angehalten, wenn auch in einem weniger raschen Tempo als früher: Bis 1994 ging die Nutzfläche auf 1'053'000 ha zurück, der Anteil der Bewässerung nimmt dabei 46 % (oder 484'000 ha) ein. Der Anteil der Grundwassernutzung ist auf 383'200 ha gestiegen, Sail- und Ġail-Bewässerung kommen zusammen nur noch auf 98'320 ha (FAO 1997).

Es gibt verschiedene Ursachen für die ungestüme Entwicklung der Bewässerungs-Landwirtschaft.

> „Political change and general economic development during recent decades have introduced many technological innovations. Three of them contributed to an unprecedented change in groundwater abstraction and use: the introduction of power-driven pumps, the arrival of drilling rigs, and systematic field studies for groundwater exploration." (WRAY 1995: 99)

Diese Erklärung beschränkt sich auf die technologischen Faktoren, welche durch politische und wirtschaftliche Veränderungen ausgelöst wurden. Die Entwicklung läßt sich jedoch nicht verstehen, wenn diese Bereiche einzeln betrachtet werden. Veränderungen in einem Bereich haben Auswirkungen auf den anderen mit Rückkoppelungseffekten. Eine derartige Kette von Ursache und Wirkung im Wechselspiel sind die politischen Veränderungen nach der Revolution von 1962, die zu wirtschaftlicher Entwicklung und damit wiederum zur Einführung moderner Technologie im Bewässerungssektor geführt haben. Der moderne Bewässerungssektor veränderte die Wirtschaftsstruktur, was wiederum Auswirkungen auf die Politik des Landes hatte. Die Agrarpolitik des Jemens nimmt dabei eine besondere Stellung ein.

3.3.2 Agrarwirtschaft und Agrarpolitik des Jemens

Der Agrarsektor war in der Vergangenheit zweimal daran beteiligt, daß der Jemen zu einer wirtschaftlichen Blüte kam: Die erfolgreiche Bewässerungs-Landwirtschaft der Sabäer im Altertum und der Kaffeeexport im 17. und 18. Jh. Während im ersten Fall die Versorgung der Karawanen an der Weihrauchstraße der Landwirtschaft zu überregionaler Bedeutung verhalf, war es beim Kaffee die besondere Stellung des Jemens auf dem Weltmarkt. Als der Kaffee in Europa im 17. Jh. in Mode gekommen war, war der Jemen zunächst das einzige Anbaugebiet. Die schnell steigende Nachfrage nach Kaffee ohne eine entsprechende Ausdehnung der Produktion führte zunächst zu Preissteigerungen, die dem Land dank seiner Monopolstellung zu einer kurzen wirtschaftlichen Blüte verhalfen. 1721 wurden noch 90 % des holländischen Bedarfs aus Südwestarabien gedeckt, fünf Jahre später stammte der gleiche Marktanteil bereits aus Java (BECKER et al. 1979: 10f.).

In der Antike folgte auf die Monopolstellung im Weihrauchhandel und auf die blühenden Oasenkulturen die wirtschaftliche Bedeutungslosigkeit. Ähnlich war es mit dem Ende des Kaffeemonopols. Der Abstieg von der Prosperität erfolgte relativ schnell, ohne daß die frühere Blütezeit Spuren hinterlassen hatte. Seither ist der Agrarsektor des Jemens weltwirtschaftlich völlig unbedeutend geworden.

Für die jemenitische Sozial- und Wirtschaftsstruktur ist die Landwirtschaft jedoch von großer Bedeutung. 1988 erbrachte sie etwa 25 % des BIP und beschäftigte direkt und indirekt über 80 % der Arbeitskräfte (WENNER 1991: 61). Der Selbstversorgungsgrad mit Grundnahrungsmitteln war bis in die 60er Jahre noch weitgehend 100 %, bis 1980 ging er auf etwa 70 % zurück (HOFMANN 1982: 36). In der Zwischenzeit liegt er bei 30 % (LICHTENTHALER 1996: 121). Hauptverantwortlich dafür sind der vermehrte Anbau von Produkten, die nicht zu den Grundnahrungsmitteln zählen (Qat, Weintrauben etc.), das hohe Bevölkerungswachstum sowie der vermehrte Export von Agrarprodukten. Zudem werden die einheimischen Produkte durch billige Importe konkurriert, und schließlich ändern sich die Konsumgewohnheiten in einer sich verstädternden Gesellschaft.

Die Agrarpolitik des Nordjemens und des vereinigten Jemens spielte dabei eine eher untergeordnete Rolle. Sie läßt sich mit zwei unterschiedlichen Tendenzen charakterisieren: Einerseits wird der primäre Sektor benachteiligt, weil die Wirtschaftspolitik lange Zeit sehr importfreundlich war, und andererseits ist es der explizite Wunsch der Regierung, einen starken Agrarsektor zu haben, der unter anderem dazu beiträgt, das Handelsbilanzdefizit zu verringern. Während der hohen Geldüberweisungen bis in die 80er Jahre war die Agrarpolitik äußerst passiv, eine Ausnahme war die staatliche Unterstützung der „Land Development Associations“ (vgl. Kap. 4.5.2).

Bezeichnend für die Agrarpolitik sind die Maßnahmen von 1983 / 84. Damals wurde zur Verbesserung der Handelsbilanz der Riyal um 50 % abgewertet und ein Importstopp für Früchte und Gemüse erlassen (MEYER 1988: 88f.). Diese beiden Maßnahmen stützten die einheimischen Bauern, weil die Importprodukte nun wesentlich teurer wurden bzw. ganz von den Märkten verschwanden. Die Schritte erfolgten aber erst, nachdem sie wegen der schlechten Zahlungsbilanz vom volkswirtschaftlichen Umfeld erzwungen worden waren und nicht, weil es um den Schutz oder die Förderung der einheimischen Landwirtschaft ging. Die Institutionen in der Agrarpolitik haben also erst auf den ökonomischen Druck agiert, ihr Handeln entspricht also der im Theorieteil postulierten Reaktion.

Auf den ersten Blick blieb die Agrarpolitik des Nordjemens passiv, was angesichts der im Verhältnis zum privaten Sektor beschränkten Mittel des Staates verständlich ist. Als Indikator für die passive Agrarpolitik stehen die Ausgaben der Regierung für die einzelnen Sektoren: 1983 wurden im Nordjemen insgesamt nur etwa 10 % für die sogenannten „produktiven Sektoren" (Landwirtschaft, Industrie, Bodenschätze, u.s.w.) ausgegeben, gegenüber etwa 40 % für Verteidigung und 18 % für „Administration" (SAQQAF 1985: 87).

Bei der näheren Betrachtung der Preispolitik von einzelnen Produktionsfaktoren und Produkten der Landwirtschaft fällt hingegen auf, daß der Staat bestimmte Bereiche ganz gezielt gefördert und dabei der Landwirtschaft große Dienste erwiesen hat.

- Seit 1968 gibt es eine besondere Behandlung des Baumwollanbaus im Nordjemen. Eine zu 81 % vom Staat finanzierte Aktiengesellschaft hat Produktion, Aufkauf, Entkernung und Export der Baumwolle organisiert. Die Bauern haben zudem günstige Darlehen für die Produktionsmittel erhalten (KOPP 1981: 175). Ob diese besondere Behandlung heute noch besteht, konnte nicht festgestellt werden.
- Die Kreditpolitik der „Cooperative and Agriculture Credit Bank" ermöglicht eine massive Unterstützung der Bauern. Beispielsweise werden die Kredite für Pumpen stark subventioniert, so daß die Zinsen nur 9 - 11 % betragen, verglichen mit einer Inflationsrate von 70 % (WORLD BANK 1996: 12).
- Staatliche Projekte im Agrarsektor werden oft von internationalen Organisationen unterstützt. Dazu gehören die Erstellung von Agrarentwicklungsplänen durch regionale Agenturen, die auch für Beratung, Betreuung und Bereitstellung von Saatgut zuständig sind (KOPP 1990. 145). Solche Agenturen sind bei den betroffenen Bauern aber nicht immer sehr beliebt, wie aus Gesprächen in Ma'rib hervorging.
- Die Wasserpolitik des jemenitischen Staates kann auch als ein Teil der Agrarpolitik betrachtet werden. Dabei hat der Staat den Bau von Infrastruktur-Projekten gefördert oder selbst durchgeführt. Beispiele dafür sind der Bau von Staudämmen, Kanälen oder Pipelines für den Wassertransfer. Auch das Fehlen von jeglichen Regulierungen der Grundwasser-Entnahmen kann als eine Art passive Agrarpolitik verstanden werden.
- Die Subventionierung von Produktionsmitteln verbilligt die Produktionskosten für die Bauern wesentlich. Der Dieselpreis ist im Jemen auf ein Zehntel des Weltmarktpreises subventioniert, die Kosten für die Wasserförderung sind damit unbedeutend klein (WORLD BANK 1996: II/12). Ebenso werden die Düngemittel subventioniert, so daß die Preise unter den Marktpreisen liegen (WORLD BANK 1996: 4.1/8).
- Schließlich ist noch die aktuelle Handelspolitik für Agrargüter zu nennen. Diese ist je nach Produkt sehr unterschiedlich. Für einige Güter besteht nach wie vor ein Importverbot, namentlich für Früchte und Gemüse (WORLD BANK 1996: II/13) und für Qat (WORLD BANK 1996: II/14). Das Importverbot für Qat hat für die jemenitische Landwirtschaft eine Schlüsselfunktion, die in Kapitel 5.2.2 eingehend behandelt werden wird.
- Demgegenüber werden Grundnahrungsmittel über staatliche Kanäle importiert, vermarktet und vor allem subventioniert. Da sie von den Exportländern oft bereits subventioniert werden, sind sie derart billig, daß die einheimische Produktion damit nicht mehr konkurrieren kann.

Die Agrarwirtschaft und die Agrarpolitik des Jemens wird von Interessen und Akteuren aus verschiedenen Bereichen beeinflußt. Die geschilderte Situation ist deshalb instabil. Beispielsweise versucht zur Zeit ein Projekt der Weltbank, die Subventionierung des Dieselpreises und das Importverbot für Qat aufzuheben (WORLD BANK 1996: 13). Damit wird in erster Linie eine Reduzierung des Wasserverbrauchs angestrebt, was die Agrarwirtschaft des Landes aber nochmals stark verändern würde.

3.3.3 Nutzpflanzen und Viehhaltung

Im Jemen gibt es eine ökologisch und historisch bedingte Vielfalt von Nutzpflanzen.

> „Entsprechend den außerordentlich differenzierten ökologischen Bedingungen finden wir im Jemen ein sehr breites Spektrum von Nutzpflanzen. Es umfaßt außer einheimischen Arten zahlreiche Elemente indischer, afrikanischer und neuweltlicher Herkunft, deren historisch erstmaliges Auftreten in Südarabien vielfach noch unbekannt ist.“ (KOPP 1981: 97)

Wie im Kapitel 3.3.1 aufgezeigt wurde, hat sich die jemenitische Landwirtschaft in den vergangenen Jahrzehnten stark verändert. Neben den erwähnten Veränderungen der Nutzflächen und der Bewässerungsformen läßt sich der Wandel auch anhand der veränderten Produktionsmengen der wichtigsten Agrargüter ablesen (Tab. 4).

Tab. 4: Produktionsmengen der wichtigsten Agrargüter im ehemaligen Nordjemen (ohne Qat)

	1975 / 76		*1981*		*1989*	
Produkte	Fläche	Prod.	Fläche	Prod.	Fläche	Prod.
Hirse / Sorghum	1'060	785	697	635	640	555
Mais	24	35	34	53	49.6	65
Weizen	60	62	66	70	89	151
Gerste	53	58	52	54	52	58
Hülsenfrüchte	76	76	74	80	44.8	72.4
Gemüse	20	183	29	291	41.8	655
Kartoffeln	7	76	11.5	138	10	124
Weintrauben	8.8	42	12.5	64.3	15.5	134.8
Kaffee	7	3	7.7	3.6	21	6
Baumwolle	15	13.5	5.3	5	8.6	7
Sesam	9.7	5.5	9.9	5.2	16.4	6.4
Fleisch		18.4		20.4		25.7
Geflügel		3.6		7.2		58.8
Eier (in Mio. Stück)		62		122		260

Quelle: RoY 1991b: IV - 4. (Fläche: in 1'000 ha, Prod.: in 1'000 Tonnen)

Anmerkung: Die Angaben beziehen sich nur auf den ehemaligen Nordjemen, die Mengenangaben dürfen zudem nur als ungefähre Größenordnung verstanden werden.

Die starke Ausdehnung der Qatkulturen im angeführten Zeitraum wäre der Tabelle hinzuzufügen, infolge der fehlenden Daten ist diese Ausdehnung aber nicht quantifizierbar. Weil Qat eine ganz besondere Stellung einnimmt, wird es aber in einem eigenen Kapitel behandelt (Kap. 3.3.4).

Werden die Zahlen von 1975 und 1989 miteinander verglichen, so fällt auf, daß der Anbau von Hirse, Hülsenfrüchten und Baumwolle stark abgenommen hat. Bei den ersten beiden ist dies die Folge der bereits erwähnten Verlagerung von Food-crops hin zu Cash-crops. Bei der Baumwolle wurde die einheimische Produktion durch vermehrte Importe bedrängt (vgl. unten). Gleichermaßen läßt sich die Zunahme verschiedener Produkte erklären, bei denen der nationale Markt mit den beschriebenen agrarpolitischen und wirtschaftlichen Rahmenbedingungen neue Voraussetzungen geschaffen hat; dies betrifft vor allem Gemüse, Weintrauben oder tierische Produkte. Die Zunahme von Mais und Weizen ist die Folge einer Verlagerung vom Hirse- und Sorghum-Anbau zu „moderneren" Getreidesorten. Im folgenden werden die wichtigsten Produkte und Produktegruppen kurz vorgestellt.

Kaffee

Der Kaffeeanbau hat im Jemen keine große Bedeutung mehr. Er wurde vielerorts durch den Qat verdrängt. Der Anteil von Kaffee am Wert der jemenitischen Agrarproduktion (ohne Qat) betrug 1990 nur noch etwas mehr als 3 %. Die Bohnen gehen fast ausnahmslos in den Export, während die Schalen im Jemen selbst konsumiert werden. In Wasser aufgekocht, ergeben sie den „qišr", ein sehr beliebtes Getränk. Möglichst viele Schalen zu erhalten ist damit ebenso das Ertragsziel wie die Bohnen selbst (KOPP 1981: 100).

Baumwolle

Baumwolle war in den 70er Jahren das Hauptexportprodukt. Im Nordjemen stieg die Produktion auf bis zu 30'000 Tonnen pro Jahr an. Aber bereits zu Beginn der 80er Jahre fiel sie wieder auf etwa 2'000 Tonnen zurück. Seit den 90er Jahren beträgt sie wieder etwa 8'000 Tonnen (WENNER 1991: 69 und RoY 1991: 42). Die starken Veränderungen lassen sich nur teilweise mit den internationalen Preisbewegungen auf den Baumwollmärkten erklären, wurden doch gerade 1980 für Baumwolle sehr hohe Preise bezahlt. Die zunehmende Öffnung des Landes für Importe hatte zur Folge, daß der eigene Baumwollanbau stark konkurriert wurde. Im Südjemen wurde der Baumwollanbau seit der Einführung durch die Engländer 1954 / 55 im großen Stil betrieben, und Baumwolle wurde zur bedeutendsten Cash-crop (MAKTARI 1971: 56). Nach Auskunft des lokalen Landwirtschaftsdirektors von Laḥaǧ ist Baumwolle heute noch vor Sorghum und Klee das wichtigste Anbauprodukt seiner Provinz. Der Anstieg nach 1990 dürfte deshalb auch dank dem Einbezug der südjemenitischen Produktion in die Statistik erfolgt sein.

Tabak

Der Tabakanbau erfolgt vorwiegend in den Bewässerungsebenen der Tihāmah und des Südens. Die ständig steigende Nachfrage nach Zigaretten hat zu einer Ausweitung des Anbaus geführt, der seit 1990 wertmäßig die Baumwolle übertrifft. Der Ort Ġail Bā Wazīr im Wadi Huwairah nördöstlich von Mukalla' ist bis heute ein wichtiges Zentrum des Tabakanbaus (BRUNNER et al. 1997: 181).

Getreide

Der Getreideanbau dominiert die Landwirtschaft seit der Antike. Hirse und Sorghum waren lange Zeit die beiden wichtigsten Brotgetreide und kommen in vielen verschiedenen Arten vor. Neben den Körnern sind die Blätter und Halme ein wichtiges Erzeugnis für Viehfutter. Deshalb konnten sich an Körnern ertragsreiche, an Blättern aber arme Sorten nur an wenigen Orten durchsetzen. Bis Mitte der 70er Jahre wurden auf 3/4 der landwirtschaftlichen Nutzfläche Hirse und Sorghum angebaut. Seither werden diese beiden Sorten zunehmend von Mais, Weizen und Gerste verdrängt. Weil letztere Getreidesorten in Höhen unter 1'000 m nur schlecht gedeihen, ist die Hirse dort aber nach wie vor dominierend.

Früchte, Gemüse und Ölpflanzen

Seit Beginn der 80er Jahre gibt es einen eigentlichen Boom im Früchte- und Gemüseanbau. Gegenüber dem Getreide werfen diese Produkte einen fünf- bis zehnfach höheren Hektarertrag ab. Auf dem Markt werden Rosinen und Tafeltrauben verschiedener Provenienzen und in vielen Sorten gehandelt. Die Banane hat eine besondere Bedeutung, weil die Stengel der Blätter als Verpackungsmaterial für Qat dienen. Andere bedeutende Früchte sind Agrumen, Datteln, Mangos, Papayas, Melonen oder der weiter unten diskutierte ʿIlb-Baum. Je nach Standort prägen sie die Kulturlandschaft. Die Obstgärten bergen zudem eine Vielfalt an weiteren Früchten, die in Mischkulturen mit Gemüse, zum Teil auch mit Getreide angebaut werden. Ein Nebenprodukt des Obstbaus ist die Holzproduktion. Weil Bau- und Brennholz äußerst rar sind, werden auf ungenutzten Flächen eigens Bäume zu diesem Zweck gepflanzt.

Der Gemüseanbau breitet sich ebenfalls immer mehr aus. Die wichtigsten Produkte sind hier Kartoffeln, Tomaten und Hülsenfrüchte. Der Sesamanbau hat eine große Bedeutung für die Ölgewinnung. In der traditionellen jemenitischen Gesellschaft ist der Gemüseanbau den unterprivilegierten Gruppen vorbehalten (KOPP 1981: 103). Diese Regelung ist durch die gesellschaftlichen Veränderungen aber immer mehr verwischt geworden. So konnte beispielsweise in Maʾrib beobachtet werden, daß selbst Mitglieder des privilegierten Stamms der Banī Ašraf in Tomatenfeldern arbeiten.

Viehhaltung

Als Ergänzung zum Pflanzenbau kommt der Viehhaltung eine wachsende Bedeutung für die Agrarwirtschaft zu. Fleisch, Milch, Geflügel und Eier gehören zu denjenigen Lebensmitteln, deren Konsum weitgehend vom Einkommensniveau bestimmt wird. Durch die wachsende Kaufkraft hat sich die Produktion dieser Güter in den letzten 15 Jahren vervielfacht (vgl. Tab. 4).

In der Struktur der Viehhaltung gibt es deutliche lokale Unterschiede. Rinder, Esel und Kamele werden als Arbeitstiere eingesetzt und sind zudem eine wichtige Kapitalanlage für die Bauern. Schafe und Ziegen werden von Hirten im Hochland, aber auch von Nomaden und Halbnomaden in den Wüstengebieten gehalten, da die Tiere eine Kapitalanlage für Notzeiten darstellen. Die ständige Aufstockung hat vielerorts zu Überweidung und ökologischen Problemen geführt (KOPP 1981: 103). Die Bedeutung der Viehhaltung ist in den ariden Gebieten dem Ackerbau mindestens ebenbürtig, weil Fleischprodukte höhere Erträge abwerfen und gewissermaßen längere Trockenzeiten überdauern können. Wie wichtig diese Viehwirtschaft für das Einkommen der Bauern sein kann, illustriert die Schätzung eines

Provinzpolitikers aus Šabwa: Für seine Heimatregion, das Wādī al-ʿAīn, schätzt er die Wertschöpfung aus der Viehhaltung etwa auf ein Drittel der landwirtschaftlichen Erträge, was derjenigen aus Qat und Ackerbau gleichkommt, die beide auch je ein Drittel erwirtschaften.

Nutzpflanzen mit verschiedenen Funktionen

Zum Charakter der Agrarwirtschaft haben sowohl die mehrere tausend Jahre alte bäuerliche Kultur als auch die Einflüsse von außen beigetragen. Neben bekannten und weltweit verbreiteten Nutzpflanzen gibt es Pflanzen, die allein für den Jemen oder gar nur für einzelne Regionen des Jemens typisch sind. Trotz deren zunächst als marginal eingestufter Funktion spielen diese Bäume, Sträucher, Kräuter oder Gräser eine durchaus wichtige Rolle. Traditionelle Pflanzen haben oft mehr als nur eine Funktion. Außer Nahrungslieferanten sind sie auch Rohstoff für Schönheitsmittel, dienen als Bau- und Brennmaterial oder ganz einfach als Schattenspender für andere Nutzpflanzen.

Wie vielfältig diese Nutzung sein kann, zeigt das Beispiel des ʿIlb-Baumes. Von ihm werden sowohl die Blüten, die Früchte (unreife und reife), die Zweige als auch das Holz verwendet (KOHLER 1995b: 12 - 14). Die Blüten werden von den Bienenzüchtern zur Honigproduktion genutzt. Der aus den ʿIlb-Blüten gewonnene Honig gilt als Exklusivität und wird hauptsächlich in die Golfstaaten exportiert. Aus der unreifen Frucht wird ein Pulver hergestellt, das als Haarshampoo verwendet wird. Die reife Frucht kann frisch oder getrocknet gegessen und zudem nach der Trocknung in gemahlenem Zustand lange gelagert werden. Die Zweige des Baumes werden regelmäßig geschnitten und dem Vieh verfüttert. Sie bilden für Ziegen und Schafe oft die einzige Nahrung während langer Trockenperioden. Das Holz schließlich gilt als geeigneter Rohstoff für den Haus- und Schiffsbau. Als Brennholz ist es verantwortlich für ein besonders schmackhaftes Fladenbrot. Bei den Handwerkern ist das Holz als Rohmaterial für Werkzeuge und die traditionellen Fallbolzen-Schlösser beliebt (KOPP 1981: 101). In einzelnen Regionen des Jemens prägt der ʿIlb-Baum den Charakter der Region. Im Wādī Ǧūbah südöstlich von Maʾrib und in der Umgebung von Ḥarīb werden die Plantagen des ʿIlb-Baums mit eigenen Kanalsystemen vom Wadi her bewässert. Zwischen den Bäumen wird oft Getreide oder Alfalfa angebaut (SWISS TECHNICAL CO-OPERATION SERVICE 1978: II/155).

Der ʿIlb-Baum zeigt, daß eine zunächst unscheinbar wirkende Pflanze sehr stark in die Kulturlandschaft integriert und mit ihren vielfältigen Erzeugnissen stark mit der Wirtschaft verflochten sein kann.

3.3.4 Qat

Qat ist die bei weitem wichtigste Kulturpflanze des Jemens. In den letzten Jahrzehnten nahm diese Pflanze eine Schlüsselfunktion in der Entwicklung des ländlichen Raums ein. Der Genuß von Qat ist eine zentrale soziale Einrichtung. Die täglich stattfindenen Qat-Sitzungen werden von einem Großteil der erwachsenen männlichen Jemeniten gepflegt und dauern vom frühen Nachmittag bis in die Abendstunden. Dabei werden wichtige Probleme des Alltags diskutiert, man politisiert, und es werden geschäftliche Angelegenheiten geregelt. Auch in Frauenrunden soll der Qatgenuß verbreitet sein, wenn auch mit einer weniger zentralen Bedeutung als bei den Männern (KENNEDY 1987: 99).

Während der Qatsitzung werden frische Blätter und junge Triebe des Qatstrauches gekaut, was die geistige Aktivität anregt und beruhigend auf den Körper wirkt. Da nur mit frischen Blättern die gewünschte Wirkung erzielt wird, müssen sie am gleichen Tag nach der Ernte auf dem Markt sein. Über die gesundheitlichen Folgen des Qatkonsums gibt es eine umfangreiche Literatur (vgl. dazu KENNEDY 1987). Die Frage, ob Qat als gesundheitsgefährdende Droge oder als harmloses Genußmittel einzustufen sei, wird nicht nur im Jemen, sondern auch in anderen Ländern diskutiert. Seit 1994 gilt Qat in den USA als „Schedule 1 Drug", also dem Heroin und Kokain gleichgestellt, während in Großbritannien wöchentlich ungefähr zwei Tonnen Qat legal eingeführt und vermarktet werden (RUSHBY 1995: 14).

Im Jemen sind Versuche, den Konsum von Qat zu verbieten oder einzuschränken, bisher gescheitert. 1972 versuchte die damalige nordjemenitische Regierung vergeblich, den Konsum einzudämmen. Ihre Maßnahmen zielten darauf ab, den Staatsangestellten den Konsum während den Arbeitszeiten zu verbieten und den Anbau von Qat auf staatlichem Land abzuschaffen. Ebenso beinhaltete die Aktion eine Kampagne gegen den Konsum in verschiedenen Medien (KENNEDY 1987: 21). Diese Maßnahmen blieben wirkungslos, wurden seither aber mehrere Male neu initiiert. Der vorläufig letzte Versuch stammt vom Oktober 1997:

> „The Minister of Health decreed on October 15th that qat is forbidden in the premises of the ministry, hospitals, clinics, etc. Earlier, the Minister had forbidden smoking inside the premises of the ministry. It is believed that neither ruling will be truly observed." (YEMEN TIMES 1997 / 42: 1)

Der Qatkonsum ist heute verbreiteter denn je. Wirtschaftliche Verbesserungen werden individuell für den Mehrkonsum von Qat genutzt. Zunächst wird regelmäßiger konsumiert, und bei weiter steigendem Einkommen werden bessere, das heißt teurere Qualitäten bevorzugt. Die Ausgaben für Qat beanspruchen einen großen Anteil am Budget eines durchschnittlichen Haushaltes. Die Aufwendungen betragen durchschnittlich etwa 25 % des Einkommens (KOPP 1981: 238), bei starkem Konsum und tiefem Lohn über 40 % (KENNEDY 1987: 168). Die große Bedeutung des Qat wird illustriert durch die veränderte rechtliche Regelung des Qatkonsums im ehemaligen Südjemen. Dort war der Konsum auch nach der Vereinigung auf das Wochenende beschränkt. Diese Regelung blieb bis zum Bürgerkrieg von 1994 in Kraft und wurde erst danach abgeschafft. Die Freigabe des Qat bedeutete für die Südjemeniten eine gewisse Entschädigung für andere Einschränkungen, die seit der Vereinigung und vor allem seit dem Bürgerkrieg von konservativen Politikern aus dem Norden eingeführt wurden, wie zum Beispiel das totale Alkoholverbot (TA vom 16. 12. 95: 4). Der Qatkonsum ist im Süden nach wie vor weniger verbreitet. Die im Norden jeden Tag zu beobachtenden nervösen Zusammenballungen von Männern um einen Qathändler bleiben hier vorwiegend auf das Wochenende beschränkt.

Der Qatbaum ist relativ anspruchslos. Er tritt in Gebieten zwischen 1200 m und 2400 m Meereshöhe auf mit einer optimalen jährlichen Niederschlagsmenge von 600 mm (REVRI 1983: 18f.). Eine gewisse Toleranz besteht gegenüber Frösten, welche allerdings das Wachstum einschränken. Selbst gegenüber Heuschreckenbefall soll der Qatbaum resistent sein (KENNEDY 1987: 140). Die Bewässerung von Qatplantagen ist notwendig, wenn die Niederschlagsmenge unter 400 mm liegt. Wenn sie unter 600 mm liegt, begünstigt die Bewässerung das Wachstum erheblich (REVRI 1983: 69).

In Ḥarīb haben in den vergangenen zwanzig Jahren viele Bauern mit dem Anbau von Qat begonnen. Die Qatbäume wurden in jüngster Zeit wieder allmählich ersetzt durch Zitrusbäume, weil die klimatischen Faktoren für Qat ungenügend sind: Gemäß Auskunft von Bauern wächst hier der Qat nur im

Winter nach, im Sommer ist die Einstrahlung zu stark. Zudem ist die Qualität des in Ḥarīb produzierten Qats bedeutend schlechter als diejenige aus dem Hochland, so daß selbst vor Ort der „Ṣanʿāʾ-Qat" bevorzugt wird. Dieselben Vorlieben konnten auch in Maʾrib beobachtet werden.

Über die landesweiten Anbauflächen, die Erträge und den Konsum gibt es keine Angaben in den offiziellen Statistiken. In der Literatur werden für den ehemaligen Nordjemen folgende Schätzungen gemacht: Der Anteil an der landwirtschaftlichen Nutzfläche beträgt 4.4 % (REVRI 1983: 14 [Bezugsjahr 1979/80]), bzw. 5 bis 8 % (KOPP 1990: 143); der Anteil des Qat am BSP beträgt „über 25 %" (MEYER 1986: 98) bzw. 30 % (KENNEDY 1987: 133 [Bezugsjahr 1973 bis 74]) oder 50 % des im primären Sektor erwirtschafteten BSP (KOPP 1990: 143). Noch bedeutender wird die Produktion von Qat im Weltbank-Bericht von 1996 geschildert:

> „Qat has become a huge industry: total area planted in qat is estimated at 80'000 ha, (or approximately 25 % of the country's irrigation area), total holdings are thought to number 100'000 (about 33 % of national holdings), total water consumption for its irrigation equals 800 Mio. m^3 annually, and it provides employment for an estimated 500'000 people (16 percent of total working population). The GDP from qat is estimated at US-$ 1.2 billion, 25 percent of total GDP and nearly double the GDP for the rest of agriculture." (WORLD BANK 1996: Paper 4.1, 4f.)

Der Export von Qat aus dem Jemen ist selten und statistisch nicht relevant. Bekannt ist die Ausfuhr nach Ostafrika mit Booten (WENNER 1991: 68). Auch der in England erhältliche Qat stammt teilweise aus dem Jemen (RUSHBY 1995: 17).

Der tägliche Qatkonsum führt dazu, daß sich die Menschen jeden Nachmittag treffen und miteinander diskutieren. Er ist deshalb ein wichtiger Bestandteil der Sozialstruktur, aber er führt auch zu volkswirtschaftlichen Problemen. Das Arbeitsleben ist jeden Nachmittag während der Qatsitzungen eingeschränkt. Zudem wird ein Teil der knappen natürlichen Ressourcen wie Boden, Wasser und Energie für den Anbau und Transport von Qat verwendet, Ressourcen, die gesamtwirtschaftlich sinnvoller eingesetzt werden könnten. Qat bedeutet für die ländlichen Gebiete aber eine wichtige und zuverlässige Einnahmequelle. Gegenüber anderen Cash-crops wie Agrumen oder Kaffee hat Qat für die Bauern den großen Vorteil, daß dessen Ernte auf das ganze Jahr verteilt ist, sofort auf dem Markt verkauft wird und damit das Einkommen aus den Erträgen regelmäßig anfällt.

Die Bedeutung von Qat läßt sich auch an der Verbreitung von Bananen ablesen. Da die frischen Triebe des Qat vorzugsweise in den Stengeln von Bananen verpackt und transportiert werden, gibt es neben den Früchten eine zusätzliche Vermarktungsmöglichkeit. Teilweise übersteigen die Erträge aus dem Verkauf der Stengel die Erträge aus den Früchten bei weitem (WEIR 1985: 69).

Die hohen Erträge, die mit Qat erzielt werden, sind ein wichtiger Grund für die räumlichen Strukturen im Jemen: Die im internationalen Vergleich relativ geringe Verstädterungsrate von über 30 % ist nur dank dem hohen Geldfluß von der Stadt aufs Land zu verstehen. Wie KENNEDY (1987: 135 & 159) anhand von zwei Beispielen zeigt, ist die Migrationsrate an Orten, wo Qat in guter Qualität und genügender Menge wächst, bedeutend tiefer, verglichen mit Dörfern ohne diese Standortbedingungen. Der Qatanbau hat den Straßenbau in dezentrale Gebiete gefördert, weil nur so die Pflanzen noch am selben Tag die städtischen Märkte erreichen können (KOPP 1990: 143). Dank dem Qat gibt es in vielen Regionen des Jemens ein vergleichsweise dichtes und gut ausgebautes Straßennetz, von dem nebst den Qatpflanzern der gesamte ländliche Raum profitiert.

Die Netto-Hektarerträge aus Qat haben die Erträge aus anderen Agrarprodukten um ein Mehrfaches überstiegen. Gegenüber Trauben war es anfang der 80er Jahre das 13fache, gegenüber Sorghum das 34fache und gegenüber Mais sogar das 75fache (REVRI 1983: 84). Diese Zahlen sind heute nicht mehr so hoch. Für eine Region in der Nähe von Taʿizz wird die Rentabilität von Qat auf das zwei- bis dreifache von Sorghum geschätzt (WARD 1996a: 22).

In Zukunft wird der Anbau von Qat zurückgehen. Die bisher erfolglosen Maßnahmen des Staates, Anbau und Verbrauch von Qat einzuschränken, werden seit 1996 von internationalen Organisation verstärkt unterstützt (WORLD BANK 1996: 13). Zu diesen neuen Maßnahmen gehören:

- *Einbezug von Qat in die staatlichen Statistiken zur Schaffung der nötigen Grundlagen für die Besteuerung des Qat.* Erste Versuche dazu konnten im Frühjahr 1997 anhand der neuen Funktion der „Check-points" an den Stadträndern beobachtet werden. Diese früher eher sinnlosen Kontrollposten dienen jetzt dazu, den Handel mit Qat zu besteuern. Dabei werden die Händler, die den Qat in die Städte bringen, zu einer Abgabe gezwungen.
- *Öffnung des Landes für Importe aus Ostafrika.* Diese Maßnahme ist eines der beiden Hauptinstrumente zur Reduktion des Wasserverbrauches, weil dann der Marktpreis des Qat sinken und die Bewässerung sich nicht mehr überall lohnen würde (vgl. Kap. 5.2.3).
- *Kampagnen gegen und Aufklärung über Qat.* Mit folgenden Nachteilen wird dabei argumentiert: Krankheitsgefahr, Verlust der Vitalität, Einschränkung des Familienlebens und die hohen Kosten, die aus dem Konsum erwachsen (WORLD BANK 1996: VII.4).

Maßnahmen gegen den Qatgenuß bedeuten für die Landwirtschaft eine Bedrohung ihrer wichtigsten Einnahmequelle. Wird der rentabelste Zweig der Landwirtschaft beschnitten, droht die Gefahr einer Marginalisierung des ohnehin schon angeschlagenen Sektors und damit einer erhöhten Abwanderung vom Land in die Städte. Volkswirtschaftlich ist der Qatanbau sehr effizient. Mit 16 % der arbeitenden Bevölkerung werden 25 % des BIP erwirtschaftet. Diese hohe Arbeitseffizienz in einem Bereich des Agrarsektors ist selbst im weltweiten Vergleich außerordentlich hoch und unterstreicht nochmals die überragende Bedeutung von Qat in der jemenitischen Ökonomie.

3.3.5 Wasserverbrauch durch die Landwirtschaft

Im Vergleich mit den anderen Wirtschaftssektoren ist im Jemen die Landwirtschaft die weitaus größte Wasserverbraucherin. Etwa 93 % des Wasserverbrauches gehen in die Landwirtschaft, der Rest wird von Haushalten (5 %) und Industrie (2 %) genutzt (WRI 1994: 346). Innerhalb der Landwirtschaft ist zunächst wiederum die deutliche Dominanz des Qat erkennbar. Die im letzten Kapitel erwähnten 800 Mio. m^3 Wasser, die jährlich für die Bewässerung von Qatsträuchern benötigt werden, bedeuten einen großen Anteil am Gesamtwasserverbrauch des Landes. Je nach Quelle sind es zwischen 24 % und 47 %. Um einiges höher liegt dieser Anteil, wenn der Wasserverbrauch statt am Gesamtverbrauch an der erneuerbaren Menge gemessen wird. Diese liegt um einiges tiefer als der Wasserverbrauch, weil die Nutzung von fossilem Grundwasser stark verbreitet ist (vgl. Kap. 5.1). Für die Bewässerung von Qat werden also 32 % bis 61 % der erneuerbaren Wassermenge des Landes verwendet, in einzelnen Regionen dürfte der Anteil über 100 % liegen.

Wieviel Wasser den Pflanzen zugeführt werden muß, hängt vom Wasserverbrauch der Pflanze, ihren Standortbedingungen und dem natürlich zur Verfügung stehenden Wasser, wie Regen oder Grundwasser, ab. Neben diesen natürlichen Faktoren wird der Bewässerungskalender von zusätzlichen Einflüssen bestimmt. Erstens die Menge und der Zeitpunkt des zur Verfügung stehenden Wassers, zweitens die rechtlichen Verhältnisse über die Zuteilung und drittens die wirtschaftlichen Rahmenbedingungen. Das Beispiel Qat zeigt, daß die Bewässerungsmenge eher von ökonomischen und rechtlichen Rahmenbedingungen abhängt als vom tatsächlichen Wasserbedarf der Pflanze.

Über den spezifischen Wasserverbrauch der einzelnen Nutzpflanzen gibt es nur wenige Angaben. Zudem wird die Bewässerungsmenge nicht nur in quantitativen, sondern auch in zeitlichen Maßen angegeben. Deshalb ist es sinnvoller, die Kulturen miteinander zu vergleichen. Am meisten Wasser (in m^3/ha/Jahr) brauchen die Baumkulturen, gefolgt von Qat und Getreide.[1] Eine Studie beziffert den Wasserverbrauch von Qat auf 6‘000 m^3/ha gegenüber 3‘700 bis 4‘500 m^3/ha für Gemüse und 5‘800 m^3/ha für Weintrauben (WORLD BANK 1996: 4.1/5).

Im Zuge der weltweiten Debatte über die „Kostenwahrheit“ ist es seit den 80er Jahren Mode, die Wertschöpfung einzelner Produktionen mit deren externen Kosten zu vergleichen. Unter diesem Aspekt schneidet der Qat gut ab: Er verbraucht zwar 30 % des Wassers, sein Anteil am BIP ist immerhin etwa 25 %, und er beschäftigt direkt 16 % der arbeitenden Bevölkerung. Im Vergleich zu anderen Agrargütern sind dies außerordentlich hohe Werte.

Grundsätzlich kann davon ausgegangen werden, daß im Jemen eher zu viel als zu wenig bewässert wird. Dies liegt an den teilweise ineffizienten Bewässerungstechniken, an den rechtlichen Rahmenbedingungen und am Preis, der für das Wasser zu bezahlen ist. Würde der Gestehungspreis für Wasser erhöht, beispielsweise durch den Wegfall der Diesel-Subventionen, so würde auf unnötiges Bewässern verzichtet. Deshalb liegt in Effizienzverbesserungen ein großes Sparpotential.

3.4 Die Bewässerungstechniken

3.4.1 Historische Bewässerungskulturen im Jemen

Zu den weltweit ältesten bisher bekannten Bauten im Zusammenhang mit Wasserwirtschaft gehören die Bewässerungsanlagen im Jemen. Die ersten Ablenkdämme im Raum Ma'rib, der alten Hauptstadt des Sabäerreiches, werden auf das dritte Jahrtausend BC datiert (HEHMEYER 1991: 9). Auf den ersten Blick ist erstaunlich, daß die erste Hochkultur in einer vergleichsweise trockenen Gegend entstand, während das feuchtere Hochland erst nach dem Zerfall des Sabäerreiches zu Beginn unserer Zeitrechnung politisch bedeutsam wurde. Im folgenden werden Kulturen aus dem heutigen Jemen, die jeweils eine bedeutende Epoche vertreten, vorgestellt. Jede Kultur erbrachte dabei besondere Leistungen in der Bewässerungstechnik.

[1] Mündl. Mitteilung Chris Handley, World Bank Consultant, TaÕizz, vom 10.3.97.

Bewässerungskultur der Sabäer

Die Bewässerungskultur der Sabäer hatte während etwa drei Jahrtausenden Bestand und bildete in den letzten Jahrhunderten vor unserer Zeitwende eine der beiden Grundlagen für den legendären Reichtum des Sabäerreiches (vgl. Kap. 2.1.1). Ursprünglich wurde das Wasser des zweimal jährlich fließenden Sails im Wadibett direkt genutzt. Man säte in den durchnäßten Wadiboden und konnte nach wenigen Monaten ernten. Erst später wurde damit begonnen, das Wasser an den Wadirand und dann auf Flächen außerhalb des Wadis zu leiten, indem zuerst lockere und dann befestigte Dämme errichtet wurden.

Ein allmählich immer trockener werdendes Klima hat die Bewohner im 4. Jahrtausend BC zu ersten Versuchen der Wasserspeicherung und zur Wasserableitung gezwungen (BRUNNER 1997: 53). Schließlich wurde an einer geeigneten Stelle ein erster Ablenkdamm erstellt, der das ganze Wadi absperrte. Diese Stelle ist gekennzeichnet durch die relative Enge des Wadibettes und der darauf folgenden Ebene, die für den Bau von Kanälen und die großflächige Anlage von Bewässerungsfeldern geeignet war (Abb. 8).

Abb. 8: Die antike Bewässerungsoase von Ma'rib

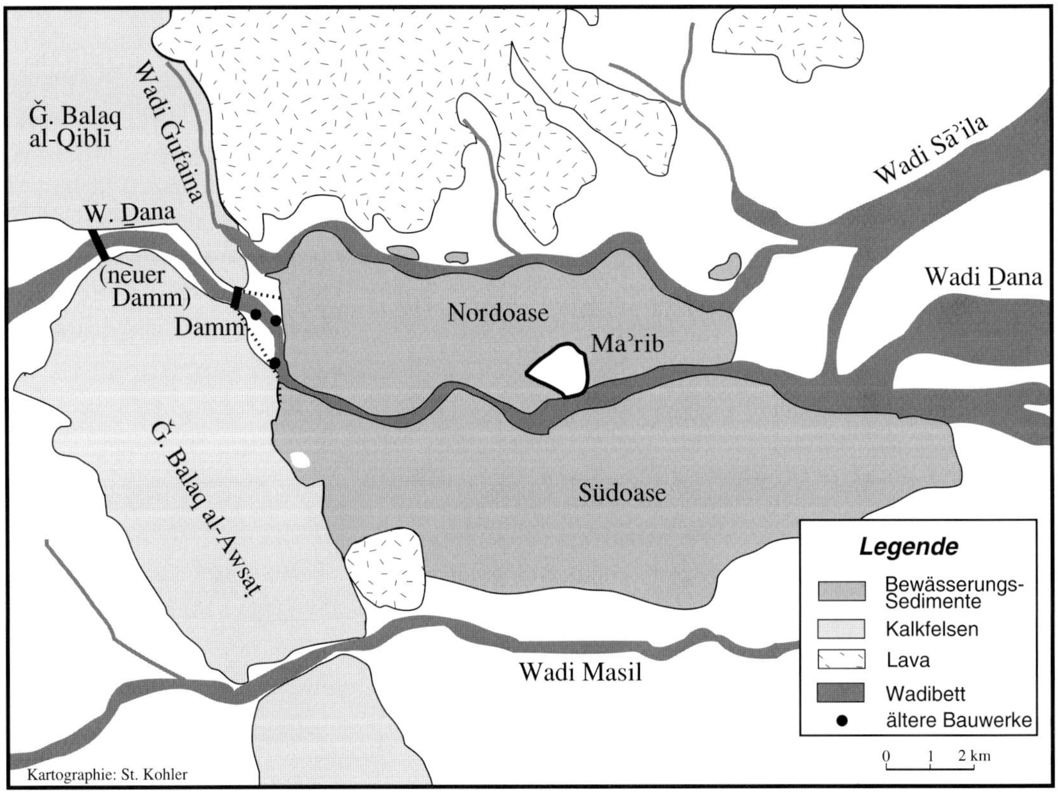

Quelle: nach SCHALOSKE 1995: 9 und BRUNNER 1983: 9; eigene Darstellung.

Durch die Ablagerung von Sedimenten erhöhte sich die Oberfläche der Felder ständig. Dies hatte zur Folge, daß entweder höher gelegene oder höher gebaute Ablenkdämme nötig wurden. Im 6. Jh. BC entstand der südliche Teil der bis heute erhaltenen Dammanlage. Zusammen mit dem später gebauten „Nordbau" stellt dieser Ablenkdamm von Ma'rib die Endform einer Entwicklung dar, der mindestens zwei andere befestigte Bauten und eine mehr als tausendjährige Tradition und Erfahrung von Bewässerung vorhergegangen waren (BRUNNER 1983: 74).

Das antike Bewässerungssystem zeichnete sich dadurch aus, die in kurzer Zeit anfallende Wassermenge optimal nutzen zu können. Dazu gehörte eine schnelle und einfache Wasserverteilung, weil die geringe Speicherkapazität des Stauraumes einen unmittelbaren Weitertransport des Wassers auf die Felder erforderte. Zudem mußte die Anlage zum Schutz vor Überspülung eine Hochwasserentlastung enthalten und so konstruiert sein, daß auch kleinere Fluten genutzt werden konnten.

Der große Ablenkdamm war etwa 680 m lang, über 16 m hoch; er wurde auf beiden Seiten durch einen massiven Bau mit den Auslassen begrenzt. Das Verhältnis der jeweiligen Höhen von Überlaufmauer, Staukrone, Auslaß und den höchsten Sedimentresten zeigt, daß die Dammanlage kaum eine Speicherkapazität hatte und damit auch kleine Sails direkt für die Bewässerung nutzte. Das Verteilsystem bestand aus einer Hierarchie von Kanälen. Von den Auslassen beim Nord- und Südbau konnten bis zu 118 bzw. 152 m^3/sec in die beiden Primärkanäle gespiesen werden (SCHALOSKE 1995: 74). Diese führten auf beiden Seiten nach etwas mehr als 1 km beim Nordbau bzw. 3 km beim Südbau zum Hauptverteiler. In der Nordoase wurde das Wasser vom ersten Hauptverteiler in maximal 15 Kanäle zweiter oder dritter Ordnung gespiesen, die ihrerseits das Wasser auf die Felder oder durch weitere Verteiler in Kanäle niedrigerer Ordnung brachten (SCHOCH 1982: 26).

Die Felder wurden nach dem System der Überstauung bewässert (Kap. 3.4.5). Das durchschnittliche Wasserangebot wurde in früheren Arbeiten auf etwa 200 Mio. m^3 und die Oasenfläche unterhalb des Dammes auf 9'600 ha geschätzt (ELECTROWATT 1981: 9f., BRUNNER et al. 1990: 151). Messungen des tatsächlichen Wasserangebotes haben für die Zeit von 1987 bis 1994 jährliche Mengen von 24 bis 195.5 Mio. m^3 ergeben, mit einem Durchschnittswert von 87.5 Mio. m^3 (WRAY 1995: 3,5/12). Zudem ist von der bewässerten Fläche von 9'600 ha nie die gesamte Fläche gleichzeitig bewässert worden. Von den von HEHMEYER (1991: 93) untersuchten Flächen konnten selbst in der intensiv-sten Betriebsphase vor der Zeitenwende bei Hochwasser höchstens 80 % gleichzeitig bewässert werden.

Schätzungen der damaligen Bevölkerungszahl stützen sich auf das bisher angenommene zu hohe Wasserangebot und die maximale Betriebsfläche. Angaben von 30'000 bis 50'000 Einwohner für Ma'rib (BRUNNER 1983: 106) und 200'000 Einwohner für alle antiken Königreiche am Rande der Ramlat as-Saba'tain (BRUNNER et al. 1990: 150) scheinen zunächst hoch. Angesichts der möglichen, bisher aber noch unbekannten zusätzlichen Anbauflächen kann diese Bevölkerungsgröße gleichwohl als gute Näherung betrachtet werden.

In Ma'rib waren die wichtigsten Anbauprodukte Getreide (Weizen, Gerste und Sorghum), Baumkulturen (v. a. Dattelpalmen, ʿIlb- und Bān-Baum), Weintrauben, Futtergräser, Gemüse und Legumi-nosen (HEHMEYER 1991: 51 - 61). Den Getreidekulturen genügte eine einmalige Überflutung, wie dies noch heute mit traditionellen Bewässerungsmethoden angewendet wird. Bei Baumkulturen wie der

Dattelpalme reichte der Sail zur Bewässerung nicht aus. Zusätzlich wurde Wasser zugeführt, das in Zisternen gesammelt oder als Grundwasser gefördert worden war (HEHMEYER 1991: 51 - 61). Für die gesamte Anbaufläche der Oase betrug das Verhältnis von Ackerbau- zu Dauerkulturen ungefähr 4 : 1.

Die kontinuierliche Aufsedimentierung der Oasen durch die Schwemmfracht des Wassers erhöhte die Felder um ca. 1.1 cm pro Jahr (BRUNNER 1983: 91). In den rund 1'200 Jahren Betriebszeit mußte der Damm von Maʾrib zusammen mit den beiden Auslassen folglich mehrere Male erhöht werden, ebenso wie die Erhöhung der Felder einen Neubau der Kanäle erforderte. Aufbau, Betrieb und Unterhalt der antiken Bewässerung in Maʾrib stehen zudem in einem engen Zusammenhang mit den damaligen sozialen und politischen Verhältnissen. Mit dem Beginn des politischen Machtverlustes im 3. Jh. AD wurde der Unterhalt des Dammes und der Bewässerungsoase zunehmend schwieriger. Große Schäden entstanden jeweils nach Dammbrüchen. Durch die ständige Aufsedimentierung des Stauraumes wurde das Risiko eines Dammbruches immer größer.

Ohnehin sind Entstehung, Unterhalt und Niedergang der Bewässerungswirtschaft in Maʾrib nur in kausalem Zusammenhang mit der zentralen Machtstellung von Sabaʾ an der Weihrauchstraße zu verstehen. Dies wird durch die Tatsache unterstrichen, daß die Entstehung der ersten befestigten Dämme zeitlich mit der Domestikation des Kamels zusammenfällt (DOSTAL 1981: 3, zit. in: BRUNNER 1983: 108). Gezähmte Kamele waren nötig, um Duftstoffe und andere Handelsgüter vom Indischen Ozean ans Mittelmeer zu transportieren.

Für die genauen Ursachen, die zur endgültigen Aufgabe des Dammes und der damit zusammenhängenden Massenauswanderung eines Großteils der Bevölkerung führten, gibt es verschiedene Erklärungen (vgl. dazu: BRUNNER 1983: 119). Der Niedergang von Maʾrib ist zunächst im Zusammenhang mit den veränderten politischen Verhältnissen in Südarabien zu sehen. Seit der Zeitwende vermochten sich die Himyariten im Hochland zu etablieren und begannen von dort aus ganz Südarabien samt der Handelsroute zu beherrschen. Zudem war der Weihrauchhandel infolge politischer und religiöser Veränderungen in den Abnehmergebieten, vor allem im Römischen Reich, stark zurückgegangen (WENNER 1991: 119f.).

Als Vorbereitung für den endgültigen Zusammenbruch der antiken Hochkultur waren aber folgende Faktoren verantwortlich:

„• Die durch einen übersteigerten Feudalismus der mächtigen Adelssippen ausgelösten sozialen Spannungen,
• der Verlust einer starken Zentralgewalt, welche zur Einflußnahme auswärtiger Mächte geführt hatte,
• der durch ins Land gerufene Reitertruppen und durch die Einwanderung nordarabischer Stämme immer stärker werdende Einfluß des beduinischen Elements,
• der Niedergang der bäuerlichen Kultur durch die Vernachlässigung der Bewässerungssysteme und den Zerfall eines gut organisierten Gemeinwesens, [und]
• die stetige Abnahme der Nachfrage nach südarabischen Aromata und der rapide Rückgang des Handels auf den alten Karawanenstraßen im Binnenland." (MÜLLER 1987: 55)

Nach dem verheerenden Dammbruch zu Beginn des 7. Jh. AD fehlten Maʾrib die politischen und wirtschaftlichen Kräfte zum Wiederaufbau. Der Hauptgrund für die während mehr als 3'000 Jahren erfolgreiche Bewässerungskultur wurde zum Hindernis ihrer Fortsetzung im 7. Jh.; das einfache Prinzip der großen Anlage benötigte eine starke Zentralmacht zum Unterhalt und zur Verwaltung des

Bewässerungssystems. Sobald diese Macht nicht mehr vorhanden war, konnte der Betrieb nicht mehr aufrechterhalten werden. Die bestehende Technologie war den neuen Institutionen nicht mehr angepaßt.

Nach der endgültigen Zerstörung der Dammanlage lagen die Bewässerungsflächen für eine einfache Flutbewässerung zu hoch. Uferpartien des Wadis, abgelegene niedrigere Felder und einige Brunnen zur Nutzung des Grundwassers konnten nur noch einen Bruchteil der ehemaligen Bevölkerungszahl ernähren. Am Ausmaß und System dieser Landnutzung hat sich bis in die 70er Jahre dieses Jahrhunderts kaum etwas verändert.

Das antike Bewässerungssystem in Maʾrib konnte etwa 3000 Jahre bestehen. Die über tausendjährige Bewässerungskultur der Sabäer mit ihrem zentralen Ablenkdamm war eingebettet in ihr soziales und politisches Umfeld. Über das politische System der Sabäer ist sehr wenig bekannt. Es scheint aber, daß die institutionellen Rahmenbedingungen und die angewandte Technologie sich gegenseitig beeinflußt hatten und deshalb gut aufeinander abgestimmt waren. Zudem wurde in diesem System die Ressource ökologisch nachhaltig genutzt (KOHLER 1995a: 134). Ein Wiederaufbau dieses Systems wäre unter den heutigen Rahmenbedingungen nicht sinnvoll. Im heutigen Kontext wäre sie nicht lebensfähig, da sie im Gegensatz zur sozialen Realität steht. Zudem wäre eine kapitalintensive Bewässerungsanlage für die Produktion von Food-crops ökonomisch nicht tragbar, weder für die Region noch für den Staat.

Der Tunneldurchstich von Bainūn und die Tanks von Aden

Nach Sabaʾ übte das Königreich der Himjariten die Herrschaft über den Jemen aus. Vom ersten Jahrhundert unserer Zeitrechnung an begannen sie, ihre Macht über Südarabien auszudehnen. Im dritten Jahrhundert kooperierten sie mit den Sabäern noch als „sabäisch-himjaritsches Königreich" als Konkurrenten zum Königreich Ḥaḍramaut im Osten (MÜLLER 1987: 53). Ende des dritten Jahrhunderts wurde der König von Himjar zum alleinigen Herrscher über ganz Südarabien und nannte sich symbolträchtig „König von Sabaʾ und Ḏū Raidān und Ḥaḍramaut und Yamanat" oder auch einfach „König aller Araber" (MÜLLER 1987: 53).

Von der kulturellen und politischen Umbruchphase des Mittelmeerraumes war ab dem 4. Jh. auch der Jemen betroffen. Dessen Religion wurde zunächst jüdisch. Im Jahr 523 eroberte das christliche Abessinien mit Hilfe von Byzanz das himjaritische Reich und fügte es in sein Staatswesen ein (MÜLLER 1987: 55). Etwa 50 Jahre später wurden diese neuen Herrscher von den Persern verdrängt. Damit war im Jahre 628, zur Zeit der Islamisierung des Jemens, der Jemen in ein Reich eingebunden, das große Teile der Arabischen Halbinsel umfaßte.

Vor der Zeitwende bestanden die wichtigsten Siedlungen entlang dem ariden Innensaum des Gebirges. Neben dem Handel war die Bewässerungs-Landwirtschaft verantwortlich für den legendären Reichtum der Sabäer und ihrer Nachbarn. Mit der Machtübernahme der Himjariten verlagerte sich das politische Zentrum des Jemens ins Hochland. Erster Hauptort war Ẓafār in der Nähe des heutigen Iarīm. Daß der Bewässerung trotz besserer Möglichkeiten für den Regenfeldbau nach wie vor ein hoher Stellenwert eingeräumt wurde, bezeugen die noch vorhandenen Bauwerke der Anlage von Bainūn, etwa 50 km nördlich von Ẓafār. Dieser Ort hatte zeitweise eine ähnliche politische Bedeutung wie Ẓafār selbst.

Die landwirtschaftliche Fläche in der näheren Umgebung der Stadt mußte im Verhältnis zum Wasserangebot zu groß gewesen sein, während im Nachbartal ein Wadi relativ ungenutzt blieb. Deshalb wurde ein etwa vier Meter hoher, drei Meter breiter und etwa 100 Meter langer Tunnel gebaut, um das gefaßte Wasser auf die andere Seite des Berges zu leiten (Abb. 9).

Abb. 9: Der antike Wassertunnel von Bainūn

Der Tunnel von Bainūn ist in der Bildmitte sichtbar. Er führte Wasser vom Nachbartal in dieses Tal. Aufnahmedatum: 23. Mai 1992 (Aufnahme sk).

Während der Tunnel heute noch gut erhalten ist, sind die Überreste der Wasserfassung und Wasserverteilung nicht mehr sichtbar. Da das Bewässerungssystem von Bainūn noch weitgehend unerforscht geblieben ist, sind technische, institutionelle und historische Einzelheiten der Bewässerungsanlage noch unbekannt.

In der Hafenstadt Aden wurden vermutlich schon in vorchristlicher Zeit die großen Tankanlagen zur Wasserversorgung der Stadt errichtet. Unter welchem der südarabischen Königreiche die Anlagen entstanden sind, ist ebenfalls noch offen. Die Anlage besteht aus 18 terrassenartig angelegten Tanks mit einem gesamten Fassungsvermögen von 90'000 m^3. Das Wasser wurde aus den lokalen Niederschlägen innerhalb des Vulkankraters gefaßt. Sie dienten vor allem der Wasserversorgung des Stadtteils Crater und dem Schutz vor Überschwemmungen bei extremen Niederschlags-Ereignissen. Die Stadt war aus folgenden Gründen besonders anfällig auf Wasserknappheiten:

- Die Stadt hatte kein eigenes Grundwasser, weil sie in einem Vulkankrater gelegen ist.
- Durch den schlechten und relativ weit entfernten Zugang zum Festland war der Transport von Wasser mit viel Aufwand verbunden.
- Eine eigene Wasserversorgung war wichtig, um während Belagerungen und kriegerischen Auseinandersetzungen längere Zeit von außen unabhängig zu sein.

Die Tankanlagen sind bis heute gut erhalten, sie können ihre ursprüngliche Funktion aber nicht mehr erfüllen, vor allem weil die Ansprüche an die Qualität und Quantität von Trinkwasser heute viel größer sind. Man kann aber noch erkennen, welcher Aufwand zum Bau und Unterhalt der Tanks betrieben wurde. Die einzelnen Zisternen sind sorgfältigt verputzt und mit gemauerten und mit Bleibolzen verstärkten Überläufen miteinander verbunden. Das Einzugsgebiet der Tanks ist mit Zulaufrinnen ergänzt und wurde von Steinen (und wahrscheinlich auch von der Vegetation) befreit.

Die mittelalterlichen Bewässerungs-Anlagen von Zabīd

Im 7. Jahrhundert vollzog sich die Verbreitung des Islam im Jemen innert weniger Jahre, noch zu Lebzeiten des Propheten Muḥammad. Ṣanʿāʾ war damals bereits Hauptstadt der persischen Provinz. Dort wurde die erste Moschee im Jahr 630 gegründet, also im selben Jahr wie die Rückkehr des Propheten nach Mekka. Bereits 628 hatte sich der persische Statthalter zum Islam bekehrt (REX SMITH 1987: 129).

Vom 9. bis zum 14. Jh. war neben Ṣanʿāʾ auch das in der Tihāmah gelegene Zabīd von politischer Bedeutung. Die Stadt ist bis heute ein geistiges und religiöses Zentrum. Eine berühmte Koranschule befindet sich hier, und der Ort ist auch Zentrum der Schule der Šāfiʿī, eine der vier Rechtsschulen der Sunniten.

In Zabīd wurde in den 80er Jahren ein bedeutendes unterirdisches System der Wasserversorgung entdeckt. Dieses stammt wahrscheinlich aus dem 11. oder 12. Jh. (HEHMEYER 1995: 49). Da die jährliche Niederschlagsmenge durchschnittlich nur 180 mm beträgt, ist die Landwirtschaft auf zusätzliche Bewässerung angewiesen. Mit dem Sail des Wadi Zabīd ist ein zwar periodisches, aber zuverlässiges und reiches Wasserangebot vorhanden. Das Wasser wurde mit Ablenkdämmen im Wadi gefaßt und in ein System von Kanälen geführt. Auffallend sind hier die aufwendig gemachten Wasserkanäle und -reservoirs. Während den bisherigen Ausgrabungen sind über 145 cm tiefe und 35 cm breite Wasserkanäle entdeckt worden, die mit Backsteinen und Kacheln ausgekleidet sind (HEHMEYER 1995: 48). Die Kanäle sind teilweise überdeckt und somit gegen Verdunstung und Schmutzeinfluß geschützt. Zunächst verblüffend und noch ungeklärt ist die Tatsache, daß auch verschiedene Pflanzen angebaut wurden (z.B. Bananen und Zuckerrohr), die auf ein perennierendes Wasserangebot angewiesen waren (HEHMEYER 1995: 49), obwohl das natürliche Wasserangebot aus einem nur zweimal pro Jahr auftretenden Sail besteht.

Zwei Möglichkeiten kommen für die Überbrückung der Trockenzeiten in Betracht: das Anlegen von Speichertanks und die Erschließung von perennierendem Wasser, sei es nun Grundwasser oder weiter entfernt gelegenes Oberflächenwasser. Für beide Möglichkeiten gibt es im Gebiet von Zabīd archäologische Funde. Tanks und Verteilkammern mit verschiedenen Auslassen wurden im Bereich von Zabīd gefunden. Sie waren ebenfalls mit Mörtel und Kacheln ausgelegt und mit den Kanälen durch unterirdische Ein- und Auslasse verbunden. Neben der Speicherung des Wassers hatten diese Kammern auch die Funktion von Sedimentationsbecken. Neben dem Wadibett wird für die Wasserherkunft ein Kanalsystem vermutet, das 25 km nach Osten gegen das Gebirge verlief (HEHMEYER 1995: 52). Dieses würde einem Qanatsystem gleichen, indem es Wasser aus einem grundwasserreichen Schuttfächer am Gebirgsrand fassen und in die tiefer gelegene Siedlung leitet.

Noch sind viele Fragen im Zusammenhang mit den Bewässerungsanlagen von Zabīd offen. Es ist aber bereits heute ersichtlich, daß ein großartiges System vorhanden sein mußte, das nur in die Kultur und die politischen Verhältnisse eingebettet existieren konnte. Dafür spricht die Größe und Ausdehnung der bisher gefundenen Objekte. Zudem wurde für den Ausbau der Anlagen im 14. Jh. ein berühmter ägyptischer Baumeister aus Assuan beigezogen (HEHMEYER 1995: 49). Wichtige Indikatoren sind auch die Mächtigkeit und die Schichtung von Bewässerungs-Sedimenten um Zabīd. So sind Schichten bis 5 m Höhe gefunden worden mit einer regelmäßigen, kleinkörnigen Struktur. Dies läßt auf eine Hunderte von Jahren andauernde Bewässerung unter andauernd gut organisierten Verhältnissen wie in Maʾrib schließen.

Die Qanate von Ṣanʿāʾ

Der Aufstieg von Ṣanʿāʾ zur bedeutendsten Stadt Südarabiens wäre ohne eine gut funktionierende Wasserversorgung nicht möglich gewesen. Während heute hauptsächlich Pumpen dafür verantwortlich sind, daß Grundwasser an der Oberfläche zur Verfügung steht, waren früher mehrere Qanate in Betrieb (zur Funktionsweise der Qanate vgl. 3.4.4). Der Begriff „Qanat“ ist im Jemen nicht verbreitet, manchmal werden sie wie in Nordafrika üblich als „Foggars“ bezeichnet (SAFADI al- 1992: 30). Meistens aber werden sie einfach „Ġail“ genannt, gleichbedeutend mit perennierender Quelle. Deshalb wird auch nicht zwischen ober- und unterirdischen Anlagen unterschieden, ebensowenig wie zwischen natürlichen und von Menschen gegrabenen Gewässern (vgl. JUNGFER 1987: 53). Hier soll aber von Qanaten gesprochen werden, wenn sie zumindest zu einem bedeutenden Teil unterirdisch fließen. Von den 23 von JUNGFER (1987: 58) aufgeführten Ġails im Becken von Ṣanʿāʾ können somit vier als Qanate bezeichnet werden.

Die Qanate von Ṣanʿāʾ sind in vorislamischer Zeit wahrscheinlich durch die Perser in den Jemen eingeführt worden. Dafür spricht ihr Alter sowie die Analogie zu den persischen Systemen. Von Süden führten drei Qanate Wasser in die Stadt, nämlich der *Ġail al-Asuad*, der *Ġail al-Barmakī* und der *Ġail Ālāf*. Ein Qanat floß im Norden der Stadt, nämlich der *Ġail al-Mahdī*. Die erste Aufzeichnung eines Qanats in Ṣanʿāʾ geht auf das Jahr 799 AD zurück. Nach SERJEANT et al. (1983a: 19) ist es wahrscheinlich der *Ġail al-Barmakī*, der bis zum heutigen Bāb al-Jaman geführt haben soll, um dort eine bedeutende Gartenanlage zu bewässern. Der Ġail al-Barmakī wird in mittelalterlichen Chroniken und Berichten öfters erwähnt. Während einer Belagerung im Jahre 1465 wurde er absichtlich zerstört, später wieder ausgegraben. Ende des 17. Jhs. wurde sein unterer Lauf endgültig zugeschüttet (SERJEANT et al. 1983a: 22f.).

Ġail al-Asuad war mindestens seit dem 13. Jh. in Betrieb. An diesem Beispiel wird die Funktion eines solchen Qanats besonders deutlich. In einem Gebiet etwa 6 km südlich von Ṣanʿāʾ wurde das Wasser in einem System von 16 Brunnen gefaßt. In einer durchschnittlichen Tiefe von 6 m unter dem Boden floß das Wasser nordwärts bis zu seinem Bestimmungsort am südlichen Rand der Stadt. *Ġail al-Asuad* war der einzige der vier Qanate, der in seiner ganzen Länge unterirdisch floß. An vier Stellen wurde das Wasser für die religiösen Waschungen genutzt; bei einer Moschee führte eine Treppe zum fließenden Qanat hinunter. Bei der Mutawakkil-Moschee, im heutigen Zentrum der Stadt, diente das Wasser noch einem Hammām, dann einem Waschplatz für Frauen und floß schließlich in einen Garten (SERJEANT et al. 1983a: 25). Dieser Qanat war bis 1973 in Betrieb.

Der westlich des Wadi Sā'ilah gelegene Teil der Altstadt von Ṣanʿā' wird heute noch *an-Nahrain* genannt, was „die zwei Flüsse" bedeutet. Diese Bezeichnung erinnert an die ehemalige Wasserversorgung durch *Gail al-Barmakī* und *Ġail al-Asuad*, die beiden Qanate, die in diesen Teil der Altstadt führten.

Der dritte und mit über 10 km auch längste Qanat war der von Süden kommende *Ġail Ālāf*. Im Mittelalter führte er Wasser bis nach Ṣanʿā' 1465 wurde er im unteren Teil zerstört (SERJEANT et al. 1983a: 26). Noch 1983 konnte er im obersten Teil über eine Strecke von etwa 1 km genutzt werden, wenn auch nur mit einer Schüttung von 3 l/sec. (JUNGFER 1987: 54).

Der nördlich von Ṣanʿā' fließende Qanat war *Ġail al-Mahdī.* Er wurde durch *Ġail Muṣṭafā*, bzw. *Ġail al-Manṣūr* gespiesen (SERJEANT et al. 1983a: 30f./21). Das Einzugsgebiet liegt in einem heutigen Vorort von Ṣanʿā' Bereits vor 1948 wurde dort eine Wasserpumpe installiert. Die intensive Nutzung des Grundwassers hat den Qanat zu Beginn der 60er Jahre versiegen lassen (SERJEANT et al. 1983a: 30). Ähnlich ist die Situation bei mehreren kleineren Qanaten im Südwesten und Nordwesten der Stadt. Einige erhielten noch vor wenigen Jahrzehnten Wasser aus dem damals wesentlich höher liegenden Grundwasser. Heute sind sie zum Teil ganz ausgetrocknet (JUNGFER 1987: 54f.). Die Qanate sind damit auch ein Indikator für die wesentlich besseren Grundwasserverhältnisse in früherer Zeit.

Die Aufgabe der Qanate war die Bewässerung von Gärten. Nur einer, der *Ġail al-Asuad*, wurde auch für Haushalte und eine Moschee benutzt. Daß die Qanate von Ṣanʿā' heute nicht mehr genutzt werden können, hat zwei Gründe: Einerseits war die städtische Wasserversorgung bei Kriegen, Belagerungen und Besetzungen ein bevorzugtes Objekt von Zerstörung. Die Qanate waren besonders verwundbar, weil sie außerhalb der Stadtmauern liegen. Wesentlich wichtiger ist aber die oben erwähnte zunehmende Grundwassernutzung im Einzugsgebiet, welche dazu geführt hat, daß die Qanate allmählich versiegt sind. Der Zusammenhang zwischen der Aufgabe des letzten Qanats und der zunehmenden Verbreitung von Dieselpumpen zu Beginn der 70er Jahre wird in Kapitel 5.1.2 wieder aufgenommen werden.

Historische Wassernutzung als wichtiges Kulturelement im Jemen

Die Bewässerungs-Landwirtschaft des Jemens hat eine jahrtausendalte Tradition. Kultur und Wirtschaft sind mit ihr verknüpft, und jede Zeitepoche hat bedeutende Objekte im Zusammenhang mit der Bewässerung hinterlassen. Detaillierte Untersuchungen über ursprüngliche Wasserrituale aus dem vorislamischen Jemen und der Vergleich mit zeitgenössischen Bräuchen aus der jüdischen, arabischen und christlichen Kultur zeigen überraschende Zusammenhänge. Die zentrale Handlung des ursemitischen Regenmythos bestand aus einem rituellen, alljährlich sich wiederholenden Kampf der drei zentralen Gottheiten. Sie stehen:

„ als Metapher für das zentrale, Fruchtbarkeit sichernde kultische Ereignis des antiken Saba.“ (DAUM 1985: 104)

Dieses Ritual findet seine Wiederholung beispielsweise im jüdischen Passahfest, in der Rahmenhandlung der Hadsch nach Mekka und selbst in der europäischen Märchenwelt.

Die antiken Bewässerungskulturen haben die heute vorhandenen Kulturen mitgeprägt. Für die jemenitische Bevölkerung ist die sabäische Epoche wichtig für die nationale Identifikation. Oft wird der damalige Reichtum als Bezugspunkt für zukünftige Entwicklungsperspektiven gewählt. Dabei wird aber vergessen, daß der Reichtum und der Ruhm der hier vorgestellten Kulturen wohl nur für einen kleinen Teil der Bevölkerung zutrafen und der Wohlstand in den Überlieferungen übertrieben dargestellt sein dürfte. Zudem hatten die antiken Bewässerungssysteme eine enge Beziehung zu den damaligen sozialen, politischen und ökonomischen Rahmenbedingungen.

3.4.2 Zur Terminologie von Bewässerungssystemen

In den Kapiteln 3.4.3 bis 3.4.6 werden die einzelnen heute verbreiteten Bewässerungformen vorgestellt. Dabei stellt sich die Frage, nach welchen Kriterien diese eingeteilt werden sollen. Bisher wurde etwas ungenau von Sail-, Ġail-, Pumpen- oder Staudammbewässerung gesprochen, ohne zu spezifizieren, was darunter genau zu verstehen ist.

Jedes Bewässerungssystem enthält drei Komponenten, mit deren Hilfe die Systeme beschrieben werden können. Es sind dies:

- die Wasserherkunft
- die Wasserfassung
- die Verteilung des Wassers

Für die **Wasserherkunft** gibt es drei Möglichkeiten: Periodisches Oberflächenwasser, perennierendes Oberflächenwasser und Grundwasser. Ergänzt werden diese durch „exotische“ Quellen (z.B.: Meerwasser-Entsalzungsanlagen, Abwasser-Wiederverwendung oder Transport von Eisbergen). Im Jemen gibt es zwar Ansätze zur Abwassernutzung (in der Region Taʿizz), die Entsalzungsanlagen sind aber noch zu teuer. In Kapitel 6 werden diese alternativen Wasserquellen als mögliche Zukunftsszenarien diskutiert, hier werden nur die ersten drei vorgestellt.

Das periodische Oberflächenwasser tritt in fast allen Gebieten des Jemens auf. Der Sail bezeichnet dabei die periodischen Fluten in den Wadis, die nach Regenfällen im Einzugsgebiet auftreten. Eine Besonderheit ist das entlang von Hangmäuerchen gefaßte und direkt auf Felder geleitete Regenwasser. Perennierendes Oberflächenwasser kommt natürlicherweise nur in einzelnen Regionen des Hochlandes vor. Bekannt sind die Quellen des Wadi Surdud, weil sie eine ungewöhnlich hohe Schüttung aufweisen (NEUMANN-REDLIN 1991: 5). Grundwasser kann mit einfachen Mitteln genutzt werden, zum Beispiel wenn Wasser aus Ziehbrunnen nahe der Oberfläche geschöpft wird. Es kann aber auch mit technisch ausgefeilten Systemen gefaßt werden, zum Beispiel durch einen Qanat oder aus großer Tiefe mit Pumpen.

Für die Art der **Wasserfassung** gibt es fünf Möglichkeiten: Hangmäuerchen, Qanate, Ablenkdämme, Brunnen oder Staudämme. Die **Wasserverteilung** ist auf vier Arten möglich; durch Überstauung, in

Furchen, mit Berieselung oder tröpfchenweise. Verfahren, wo das Wasser im Untergrund verteilt wird, sind im Jemen nicht verbreitet und werden deshalb hier nicht diskutiert.

Ein Bewässerungssystem ist immer durch eine bestimmte Verbindung dieser drei Komponenten gekennzeichnet. Die namengebende Komponente ist aber nicht einheitlich. „Tröpfchen-Bewässerung" beispielsweise hat ihren Namen von der Art der Wasserverteilung mit verschiedenen Möglichkeiten der Wasserherkunft und -fassung, während Qanat-Bewässerung die Art der Wasserfassung umschreibt, ohne auf die Wasserverteilung zu achten. Wie soll aber ein System bezeichnet werden, welches das Wasser mit einem Qanat faßt und in einem Tröpfchensystem verteilt?

Jede Möglichkeit ist zunächst einmal mit jeder Möglichkeit der anderen Komponenten kombinierbar. Multipliziert man die drei Arten der Wasserherkunft mit den fünf Möglichkeiten der Wasserfassung und den vier Arten der Wasserverteilung, gäbe es theoretisch 60 Möglichkeiten für Bewässerungssysteme. Die Kombination der drei Ebenen läßt sich graphisch in Form eines Würfels darstellen (Abb. 10).

Abb. 10: Typologie von Bewässerungssystemen: der „Wasserwürfel"

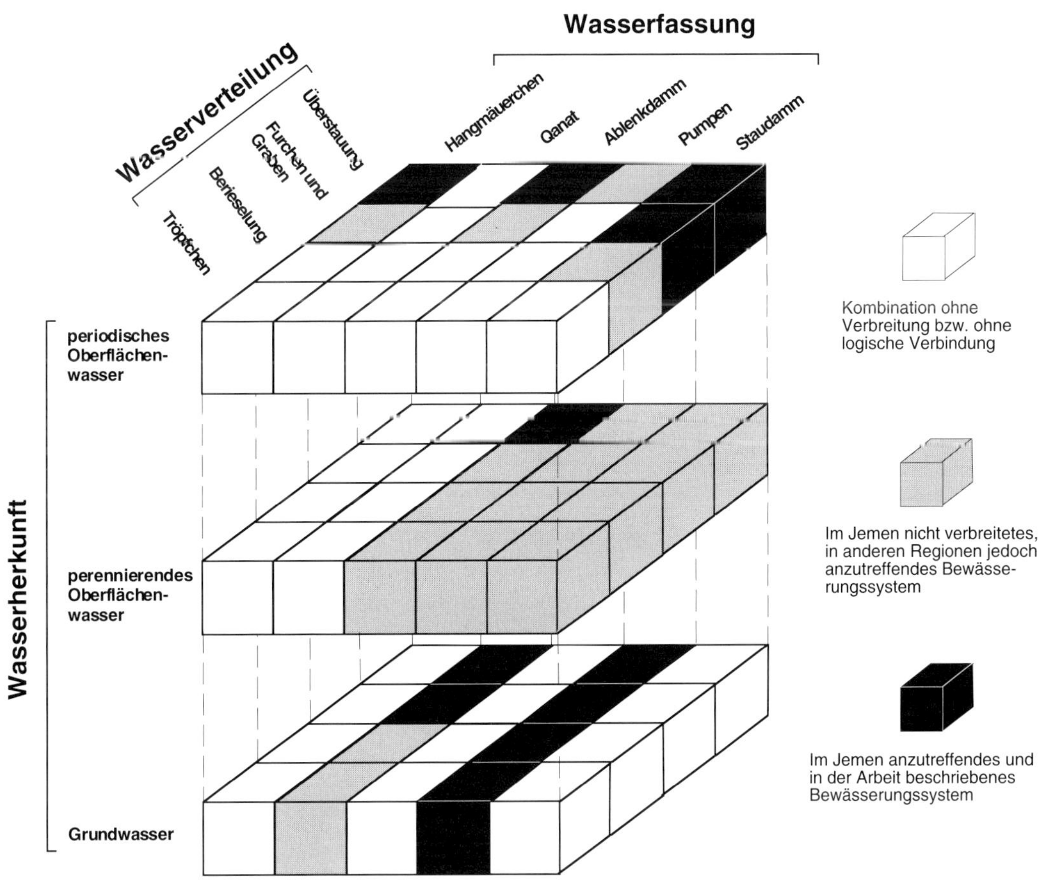

Nicht jede Kombination ist aber logisch oder sinnvoll. In diesem Fall ist das Würfelelement weiß belassen. Beispielsweise gibt es kein mit Ablenkdämmen gefaßtes Grundwasser, das gleichzeitig auch die Felder berieselt. Graue Elemente stehen für Systeme, die im Jemen nicht, in anderen Regionen jedoch häufig vorkommen.

In dieser Arbeit werden die Bewässerungssysteme nach der Art der *Wasserfassung* definiert, weil dies das wichtigste Kriterium ist. Wichtig ist aber die Tatsache, daß damit nur eine Dimension der Bewässerung angesprochen ist. Wenn im folgenden also von Ablenkdamm-Bewässerung gesprochen wird, kann das Wasser sowohl von einem Sail oder von einem Ġail stammen. Ebenso bleibt offen, auf welche Art das Wasser auf den Feldern verteilt wird.

In dieser Systematik werden zudem nur die physischen Komponenten der Bewässerungssysteme angesprochen. Nicht berücksichtigt werden die sozialen, institutionellen und wirtschaftlichen Komponenten. Diese sind jedoch immer Teil des bestehenden Bewässerungssystems. Es ist offensichtlich, daß zwei physisch gleiche Systeme einen völlig unterschiedlichen Charakter haben können. Beispielsweise unterscheidet sich eine staatlich organisierte Sailbewässerung mit einer Gruppe von Staatsangestellten, die in Planwirtschaft bestimmte Anbauprodukte erzeugen, deutlich von einer für den Eigenverbrauch anbauenden Familie, die ihren Ablenkdamm mit einem Ochsengespann aufschüttet. Trotzdem gilt beides als Ablenkdamm-Bewässerung mit gleicher Wasserherkunft und womöglich einer gleichen Wasserverteilung und unterscheidet sich in der Terminologie nicht.

Gleichwohl macht es keinen Sinn, die nicht-physischen Bereiche in die Typologie der Bewässerungssysteme miteinzubeziehen, weil die soeben gewonnene Übersicht wieder verloren ginge. Den sozialen, institutionellen und wirtschaftlichen Komponenten wird aber in den jeweiligen Beschreibungen Rechnung getragen.

3.4.3 Hangmäuerchen-Bewässerung

Mit der Bewässerung durch Hangmäuerchen wird Wasser, das in unmittelbarer Nähe der Felder als Regen gefallen ist, auf ein Feld geleitet. Dabei legt das Regenwasser nur einen kurzen Transportweg zurück. Man spricht bei diesem System der Bewässerung auch von „Regenwasser-Ernte" (*„rainwater harvesting"*) (NATIONAL ACADEMY of SCIENCES 1976: 9f.).

Mit der eigentlichen Hangmäuerchen-Bewässerung wird Wasser von den umliegenden Hängen auf die Felder geleitet (Abb. 10).

In geneigtem und eher vegetationslosem Gelände wird das Wasser mit kleineren Steindämmen gefaßt. In schwach geneigten Hängen verlaufen diese beinahe parallel zur Fallinie, in steilem Gelände eher parallel zum Hang. Damit wird die Erosionskraft des Wassers gebremst. In flachem Gelände ist wegen des fehlenden Gefälles keine Hangmäuerchen-Bewässerung möglich. Die Mäuerchen selber sind aus Steinen der Umgebung gebaut. In weniger steilem, kiesigem Gelände wird ein Graben gezogen und aus dem Auswurfmaterial ein Mäuerchen gebaut. Die jemenitische Bezeichnung für die Hangmäuerchen ist „saqīa", pl. „sawāqī" und damit gleichbedeutend mit „Bewässerungskanal".

Abb 11: Hangmäuerchen-Bewässerung aus der Region Ǧabal 'Isbīl (Prov. Ḏamār)

Die in der Bildmitte schräg verlaufenden Hangmäuerchen leiten das Regenwasser direkt auf die Felder, die am unteren Bildrand noch knapp sichtbar sind.

Aufnahmedatum: 23. Mai 1992 (Aufnahme sk).

Flächen, die für den Regenfeldbau zu wenig Wasser erhalten, können dank des zusätzlichen Wassers der Hangmäuerchen noch genutzt werden. Regenereignisse ab 10 mm können bereits genutzt werden. Das Flächenverhältnis zwischen Wassereinzugsgebiet und Feldgröße ist abhängig von der Menge des Jahresniederschlags, der absoluten Größe, der Steilheit des Geländes, der Nutzungsart und dem Nutzungsgrad. Bei einer Jahresniederschlagsmenge von 150 bis 300 mm und einem Nutzungsgrad von 25 % bis 50 % schwankt das Verhältnis zwischen Einzugsgebiet und bewässertem Feld zwischen 3 : 1 und 1 : 1 (EGER 1987: 65). Die Höhe der Mäuerchen variiert nach ähnlichen Kriterien zwischen 30 und 100 cm.

Diese Art der Bewässerung kommt mit einer einfachen Technologie aus und kann vom Bauern allein oder in Gemeinschaft mit anderen Bauern betrieben werden. Dies kommt der traditionellen Sozialstruktur entgegen, weil keine fremde und übergeordnete Organisation für die Bewässerung nötig ist. Arbeiten fallen im Zusammenhang mit dem Bau der Mäuerchen an. Das typische Anbauprodukt ist Hirse. Auch für Qatplantagen ist die Bewässerung mit Hangmäuerchen geeignet, dort aber eher als Ergänzung zum Niederschlag. Die potentielle Verbreitung dieser Bewässerungsart ist im bergigen Gebiet mit mäßigen Niederschlägen. Diese finden sich im Hochland sowie im inneren und äußeren Vorland.

3.4.4 Qanat-Bewässerung

Wichtige Eigenschaften der Qanat-Bewässerung wurden bereits in der Beschreibung der früheren Wasserversorgung von Ṣanʿāʾ in Kapitel 3.4.1 erläutert. Es werden deshalb hier nur noch die wichtigsten Prinzipien, weitere Verbreitungsgebiete sowie ihre Vor- und Nachteile aufgeführt.

Qanate fließen unterirdisch unter Ausnutzung des natürlichen Gefälles. Als Wasserherkunft für Qanate kommt nur Grundwasser in Frage. Durch einen oft mehrere Kilometer langen Tunnel, der in grundwasserhaltige Schotter oder wasserführende Schichten führt, wird das Wasser zu den Feldern gebracht. Oft wird das Wasser in mehreren Tunnelästen gesammelt und dann in einen Hauptkanal geleitet. Die Verteilung des Wassers auf die Felder kann durch alle vier aufgezählten Arten erfolgen. Üblich sind aber vor allem die technisch einfacheren Methoden wie Überflutung oder das Zuführen in Furchen und Graben.

Das System geht vermutlich auf die Perser in vorchristlicher Zeit zurück (WILKINSON 1977: 76). Von dort hat es sich in den arabischen Raum ausgebreitet. Mit den Mauren wurde das System nach Spanien gebracht und hat sich von dort auch nach Lateinamerika ausgebreitet. Der Qanat von Madrid ist eng mit der Entstehung der Stadt im 9. Jh. verknüpft. Selbst der Name für die spanische Hauptstadt leitet sich aus dem maurischen Wort für Qanat („Maīrā" –> „Mayrīṭ") ab (KRESS 1968: 120 - 123). Bekannte Qanate, die heute noch in Funktion sind, finden sich vor allem im Iran und im Oman. Im Jemen sind außer den erwähnten Qanaten von Ṣanʿāʾ auch Systeme aus dem Ḥaḍramaut, aus Ǧanad nördlich von Taʿizz und von der Südküste östlich von Mukallaʾ bekannt (WRAY 1995: 98). Letzteres bewässert die Tabakplantagen der Oase von Ġail Bā Wazīr.

Qanate liefern regelmäßig und ganzjährig Wasser auf die Felder und stellen damit eine sichere Wasserversorgung unabhängig von Niederschlägen und Jahreszeit dar. Durch den Transport des Wassers im Untergrund werden zudem die Verdunstungsverluste klein gehalten. Demgegenüber ist der Aufwand für den Bau und den Unterhalt der Qanate groß. Die kleinzelligen Besitzverhältnisse und die Familien- und Stammesstrukturen passen nicht zu den großflächigen Qanaten, wo Wasser aus weit entfernten Gebieten abgeleitet werden muß. Außerdem erlauben die hydrologischen Verhältnisse des Landes einfachere Bewässerungssysteme.

3.4.5 Ablenkdamm-Bewässerung

Die Bewässerung der Felder durch Ablenkdämme ist die typische und weitverbreitetste Bewässerungsart im Jemen. Die beiden Begriffe „Sail-Bewässerung" und „Ġail-Bewässerung" sind Arten der Ablenkdamm-Bewässerung, die sich auf die unterschiedliche Wasserherkunft beziehen. Mit beiden Arten wird aber auf dieselbe Art das Wasser gefaßt und verteilt. Im folgenden wird das Prinzip der Ablenkdamm-Bewässerung anhand des periodisch auftretenden Oberflächenwassers, dem Sail, beschrieben. Wenn aus perennierenden Gewässern, dem Ġail, Wasser abgeleitet wird, wird das auf eine sehr ähnliche Art und Weise getan, mit Ausnahme der Bauart der Dämme, die dem jeweiligen ständigen Wasserangebot angepaßt ist.

Grundsätzlich wird mit den Ablenkdämmen Wasser aus dem Wadibett unter Ausnutzung der Fließkraft auf Felder oder Kanäle geleitet. Die Ablenkdämme verlaufen in einem spitzen Winkel zur

Fließrichtung. Soll aus einem träge fließenden Gewässer viel Wasser entnommen werden, ist ein relativ flacher Winkel mit weit ins Wadi hinein reichendem Damm, bei reißenden Wadis ein sehr spitzer Winkel mit kurzem Damm zu wählen. Die in Abb. 12 dargestellten Ablenkdämme aus dem Wadi Marẖa sind ein schönes Beispiel für derart steil ins Wadibett ragende Ablenkdämme.

Abb. 12: Ablenkdamm–Bewässerung im Wadi Marẖa (Luftbild)

Aus dem in der Bildmitte von rechts nach links verlaufenden Wadi wird das Wasser mit den Ablenkdämmen gefaßt und zu den Feldern geleitet. Diese sind zum Zeitpunkt der Aufnahme jedoch unbebaut, die sichtbaren, dunklen Felder werden mit Grundwasser bewässert. Die dunklen Punkte im Wadi sind natürlich wachsende Büsche.

Quelle: Luftbild Wadi Marẖa Nr. 115 im Eigentum des Staatl. Museums für Völkerkunde, München, Aufnahmedatum 20. Januar 1994, durch MAPS Geosystems, München. Bildmaßstab ca. 1 : 13 000.

Das berühmteste historische Bewässerungsystem im Jemen ist die perfektionierte Ablenkdamm-Bewässerung der Sabäer in Ma'rib. Dieses stellt gewissermaßen die Endform einer Entwicklung dar, wie sie unter einer zentralistischen Regierungsform vor mehr als 3000 Jahren entstehen konnte. Heute findet sich eine Vielzahl von kleinen dezentralen Ablenkdämmen, die in entsprechend kleinen Einheiten genutzt werden können. Das Prinzip ist einfach. Im Wadibett werden Dämme errichtet, die das Wasser aus dem Bett in ein Kanalsystem oder direkt auf die Felder ableiten.

Die Beschaffenheit der Dämme hängt vom Bedürfnis und den Möglichkeiten seiner Erbauer ab. Im Zusammenhang mit dem Bau und Betrieb der Dämme gibt es eine Vielzahl von Regelungen, vor allem um das Wadi in seinem Lauf zu schützen und weniger um eine gerechte Verteilung des Wassers zu gewährleisten (vgl. Kap. 4.2). Benützen verschiedene Wassernutzer gemeinsam einen Ablenkdamm, sind diejenigen, deren Felder näher beim Wadibett liegen, privilegiert. Sie erhalten mit einer höheren Zuverlässigkeit Wasser vom Sail. Als Kompensation müssen sie deshalb einen höheren Beitrag zum Bau und Unterhalt der Dämme und Kanäle bezahlen als die Eigentümer der entfernter liegenden Felder (CEDZICH 1989: 14).

Ein Ablenkdamm bildet mit den Dämmen der Felder eine Einheit. Nach Austreten aus dem Wadibett bildet er in seiner Verlängerung die Begrenzung des Feldes, das zu bewässern ist (Abb. 13). Die Felddämme haben an ihrer tiefsten Stelle eine Öffnung, um das Wasser auf weitere Felder abzuleiten. Wird dies in einem steileren Gelände gemacht und liegen die Felder übereinander, so entstehen Terrassen, die der Landschaft den unverkennbaren Charakter verleihen.

Abb. 13: Ablenkdämme und bewässerte Felder in Ḥarīb

Das Wadi verläuft von links nach rechts etwa in der Bildmitte. Die Dämme fassen von dort das Wasser und leiten es direkt auf die Felder.
Aufnahmedatum: 1. Jan. 1995 (Aufnahme sk).

Wenn die Ablenkdämme aus den Ablagerungen des Wadibetts bestehen, zerfallen sie während des Sails schnell. Früher wurden die Dämme mit einfachen Arbeitsgeräten von Hand oder mit Hilfe von Tieren aufgeschüttet, heute werden dafür auch Maschinen eingesetzt. Sollen die Dämme einen Sail überdauern, müssen sie mit Steinen oder mit geflochtenen Ästen befestigt werden. Ablenkdämme können im Wadi aber auch mit zu Blöcken gebundenen Schotter-Paketen oder Betonklötzen verankert werden. Eine weitere Stärkung des Dammes kann durch kleine Querdämme erreicht werden. Diese Querriegel stehen rechenförmig am Damm gegen die Strömungsrichtung des Wadis. Sobald die Flut kommt, füllen sich die Kammern mit Wasser und bilden einen Puffer, der die Erosionskraft der Strömung mindert (SCHOCH 1978: 126).

Wird das Wasser durch Ablenkdämme gefaßt, besteht nur eine beschränkte Kontrolle über die Menge des zugeleiteten Wassers. Grundsätzlich fließt Wasser auf die Felder, solange der Wasserstand des Wadis genügend hoch ist oder der Damm seine Funktion wahrnehmen kann. Lose gebaute Dämme werden von der Flut allmählich wegerodiert. Die Gefahr für eine zu lange andauernde Überflutung und damit eine Zerstörung der Felder wird damit verringert, weil trotz anhaltendem Sail nur eine bestimmte Zeit Wasser abgeleitet wird. Ein erfahrener Bauer kann mit der Höhe des Ablenkdammes und seiner Bauart ziemlich genau die Wassermenge bestimmen, die er auf die Felder führen will. Manchmal wird der Damm auch vom Bauern selbst durchbrochen, wenn die Felder genügend bewässert sind. Mit dieser Technik müssen jedoch die Dämme jedes Jahr neu gebaut werden, während mit soliden Dämmen dieser Aufwand wegfällt.

Gleichzeitig mit dem Wasser werden mit jedem Sail auch Sedimente auf die Felder geschwemmt. Deren Nährstoffgehalt darf aber nicht überschätzt werden. Er reicht höchstens für den extensiven Anbau von Getreidesorten mit sehr tiefen Hektarerträgen und für nicht mehr als eine Ernte pro Jahr (WHITE 1988: 35). Mit der Ablenkdamm-Bewässerung wird die Versalzung weitgehend verhindert, weil durch die starke Überflutung der Felder gelöste Salze weggeschwemmt und nicht an der Oberfläche angereichert werden.

Das Wasser kann auch ohne Ablenkdamm aus dem Wadibett abgeleitet werden, indem einfach das Wadiufer an einer Stelle etwas vertieft wird. Von dort fließt das Wasser während dem Sail in die vorbereiteten Felder. Diese Form ist zwar keine Ablenkdamm-Bewässerung mehr, sie ist der beschriebenen Art jedoch sehr ähnlich. Das Fehlen von Ablenkdämmen kann hier im Zusammenhang mit einem im traditionellen Recht verankerten Verbot von Ablenkdämmen bei mittleren Wadis gesehen werden (vgl. Kap. 4.2.3).

In der heutigen südarabischen Gesellschaft sind Stämme und Familien immer noch das zentrale Element der sozialen und politischen Struktur. Die heute praktizierte Ablenkdamm-Bewässerung entspricht diesem System weitgehend, weil keine übergeordnete Einheit nötig ist, um das Bewässerungssystem zu unterhalten. Angesichts der modernen Entwicklungsbedürfnisse des Landes werden aber auch die Nachteile dieser Technik ersichtlich. Eine immer stärker werdende wirtschaftliche Verflechtung über die Region hinaus hat den Anbau von Marktprodukten gefördert, für die das unregelmäßige und nur periodische Wasserangebot nicht ausreicht. Zudem ist die potentielle Agrarfläche auf die nähere Umgebung der Wadis beschränkt.

3.4.6 Pumpen-Bewässerung

Bei der Pumpen-Bewässerung wird das Wasser dem Grundwasser oder perennierendem Oberflächenwasser entnommen. Die Wasserförderung und -verteilung erfolgt nicht durch die Ausnutzung des natürlichen Gefälles alleine, sondern es braucht eine Energiequelle, welche das Wasser aus dem Untergrund auf das Niveau der Kanäle und Felder hebt. Ursprüngliche Formen der Hebetechnik nutzen als Energiequelle den Menschen (z.B.: „Archimedes-Schraube" oder der ägyptische „Schaduf"), Tiere (z.B.: Ziehbrunnen) oder mechanische Übersetzungen (z.B.: Wasser- oder Windräder) aus. Im Jemen sind

Hebewerke aber nur im Zusammenhang mit der Grundwasserförderung üblich. Der Arbeitsaufwand für das Heben des Wassers ist sehr groß. Für die im Jemen früher übliche Wasserförderung benötigte eine Bewässerungseinheit mit einem Brunnen zwei Arbeitskräfte und vier Kamele, um das Wasser aus dem Brunnen auf die Felder zu bringen. Die Förderkapazität betrug dabei etwa 1.4 bis 2.8 l Wasser / sec. (VINCK 1962: 28). Derartige Systeme sind heute durch Dieselpumpen ersetzt. Aus den früheren Systemen ist aber bis heute das Berechnungssystem übernommen worden, wie die Ernte unter den verschiedenen Besitzern des Bewässerungssystems aufgeteilt wird (vgl. Kap. 4.3.4).

Eine Brunnenanlage besteht aus den drei Einheiten Dieselmotor, Brunnen und Wasserverteilsystem (Abb. 14).

Abb. 14: Brunnensystem mit Dieselmotor, Brunnenschacht, Zisterne und Elementen der Wasserverteilung

Das Wasser wird aus dem nur andeutungsweise sichtbaren Brunnen gefördert. Der Dieselmotor in der Hütte liefert über den sichtbaren Keilriemen die dazu notwendige Energie. Anschließend wird das Wasser in der Zisterne gefaßt und fließt von dort in das Kanalsystem.

Aufnahmeort: Maʾrib; Aufnahmedatum: 28. Dez. 1994 (Aufnahme sk).

Es soll bereits an dieser Stelle betont werden, daß diese drei Einheiten unterschiedlichen Besitzern gehören, daß die Besitzverhältnisse eines Brunnens also sehr kompliziert sein können (vgl. Kap. 4.3.2). Der Dieselmotor steht meist einige Meter vom Brunnen entfernt in einer vom Sand geschützten Hütte. Die Energie wird vom Motor über einen Keilriemen zur Pumpe übertragen und das Wasser mittels Zentrifugalsystem hochgepumpt. Manchmal sind auch elektrisch betriebene Motoren üblich. Die Tiefe der Brunnen hängt von den Grundwasserverhältnissen ab. Brunnen mit einer Tiefe in der Größenordnung bis 50 m gelten als „handgegraben". Sie sind meist offen und werden als „Biʿr saṭḥi", (= „Oberflächen-Brunnen") oder „Biʾr Īadi" (= „Hand-Brunnen") bezeichnet. Brunnen, die tiefer reichen, sind „maschinengegraben" oder „ārṭuwāẓi". Dieser Ausdruck ist offensichtlich kein arabisches Wort. Möglicherweise kommt er vom Begriff „artesisch"[1]. Bei einem „Biʾr ārṭuwāẓi" ist an der Erdoberfläche nur das Ende der Röhre sichtbar. Die Unterscheidung der beiden Brunnentypen wird vor allem durch die unterschiedliche Charakteristik der Hydrologie gerechtfertigt.

Durchschnittliche Dieselpumpen haben eine Leistung zwischen 10 und 20 kW. Dies entspricht dann einer Hebung von 8 bis 20 l Wasser / sec., je nach Tiefe des Brunnens, und einem Energieverbrauch von 1 bis 2.5 l Diesel pro Stunde.[2] Angesichts des tiefen und von der Regierung subventionierten Dieselpreises von weniger als 10 Rial (= 0.08 US-$) pro Liter sind die Wasserhebungskosten gering.

Vom Brunnen fließt das Wasser zunächst in eine Zisterne mit mehreren Kubikmetern Fassungsvermögen. Damit werden die beiden Bereiche Wasserförderung und Wasserverteilung relativ unabhängig, das heißt, es kann eine Zeit lang bewässert werden, ohne daß gleichzeitig die Pumpe läuft, oder diese kann in Betrieb sein, ohne daß gleichzeitig bewässert wird. Von der Zisterne führt dann ein Kanal, ein Schlauch oder eine Röhre zu den Feldern. Wird das Wasser in Kanälen oder Schläuchen auf die Felder gebracht, dann wird es im Überflutungsverfahren verteilt, sind es Röhren, dann ist die Tröpfchen-Bewässerung üblich. Letztere hat den Vorteil, daß das Wasser effizienter zu den Pflanzen gelangt. Sie ist aber kapitalintensiv und vor allem für Baumkulturen geeignet.

Die Intensität und die Periodizität der Wasserverteilung hängt von den Bedürfnissen der Pflanzen ab. Grundsätzlich sollten die Trockenperioden nicht länger als 12 Tage dauern. Die Wasserverteilung wird demnach so organisiert, daß jedes Feld mindestens alle 12 Tage bewässert werden kann. Damit wird die von einem Brunnen zu bewässernde maximale Fläche eingeschränkt.

Die jemenitische Landwirtschaft hat durch die große Verbreitung der Pumpen-Bewässerung ein neues Gesicht bekommen. Ursachen, Ausmaß und Folgen dieser Veränderungen werden in den verschiedenen Kapiteln immer wieder zur Sprache kommen, sie bilden das zentrale Thema dieser Arbeit. Die Pumpen-Bewässerung hat dem allgemeinen Trend der jemenitischen Landwirtschaft entgegengewirkt. Seit den 70er Jahren hat sie flächenmäßig stark zugenommen, während die Flächen der anderen Bereiche abgenommen haben. Während sich im ehemaligen Nordjemen die Fläche des Regenfeldbaus von 1976 bis 1990 beinahe halbiert hat, versiebenfachte sich die mit Grundwasser bewässerte Fläche im gleichen Zeitraum aus den erwähnten Gründen (vgl. Kap. 3.3.1).

---

1 Eine artesische Quelle ist zwar eine andere Art von Brunnen (sie kommt als Folge von besonderen hydrologischen Verhältnissen ohne Hebungsenergie aus), das Bild eines sehr tiefen geschlossenen Brunnens ist aber ähnlich zum „Biʾr ārṭuwāẓi".

2 Angaben nach ELECTROWATT 1978 Ann. IV: 12, ergänzt mit eigenen Ergebnissen.

Abb. 15: Pumpen-Bewässerung im Wadi Marḫa (Luftbild)

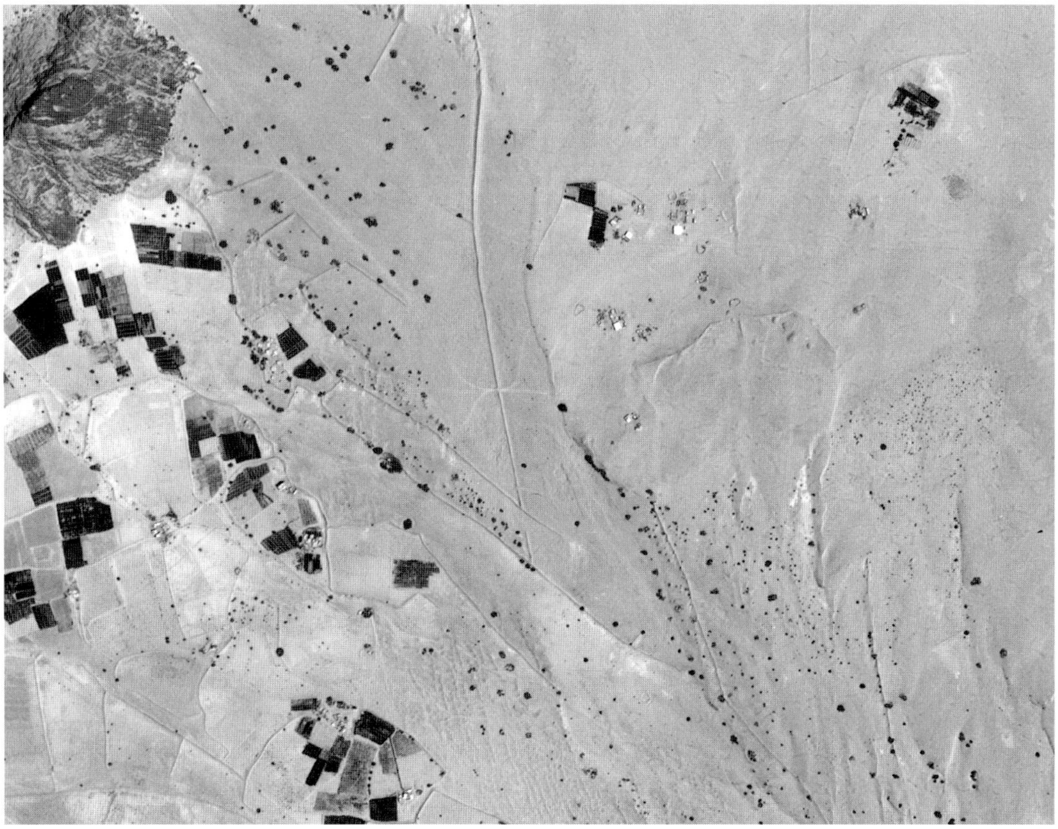

Einzelne Höfe liegen abgelegen vom Wadi, das in der Bildmitte von unten nach oben verläuft. Sichtbar sind einzelne große Ablenkdämme, die für die Pumpen-Bewässerung aber keine Funktion haben.

Quelle: Luftbild Wadi Marḫa Nr. 113 im Eigentum des Staatl. Museums für Völkerkunde, München, Aufnahmedatum 20. Januar 1994, durch MAPS Geosystems, München. Bildmaßstab ca. 1 : 13 000.

Die Pumpen-Bewässerung hat dazu geführt, daß die Bauern weitgehend unabhängig vom jährlichen Niederschlag geworden sind.

> „Der jemenitische Bauer betrachtet den Kauf einer Pumpe nicht vorrangig als Möglichkeit, den Anbau zu intensivieren, sondern als Mittel, das Niederschlagsrisiko auszuschalten. Zu lange bestimmte das ängstliche Bangen um Regen zur rechten Jahreszeit sein Denken. Nun schaltet er die Pumpe vielfach nur ein, wenn einmal der erhoffte Regen ausbleibt, ändert ansonsten nichts an seinen traditionellen Wirtschaftsweisen." (KOPP 1981: 245)

Heute dürften diese Beobachtungen aber nicht mehr stimmen. Viele Bauern sind von ihrem Grundwasser abhängig, ungeachtet dessen, wie gut der Regen war. Vor allem außerhalb des niederschlagsreicheren Hochlandes haben viele Bauern keinen Zugang zum Oberflächenwasser, sondern nur zum

Grundwasser. Die erwähnte Intensivierung der Landwirtschaft hat in den letzten 20 Jahren die Bauern verstärkt in die Abhängigkeit des Grundwassers geführt.

Die Pumpen-Bewässerung ist den sozialen, wirtschaftlichen und institutionellen Bedingungen des Jemens so gut angepaßt, daß daraus die Gefahr der Übernutzung entstehen mußte: Die Sozialstruktur zeichnet sich durch einen hohen Grad an Dezentralität aus, welche der Pumpen-Bewässerung entgegenkommt, weil jeder landwirtschaftliche Betrieb seine unabhängige Wasserversorgung hat. Die wirtschaftliche Entwicklung mit mehr Investitionskapital und einer Nachfrage nach Cash-crops macht den Kauf einer Pumpe schnell einmal lohnend. Zudem bevorzugt die bestehende Rechtsstruktur die Grundwassernutzer gegenüber den Nutzern von Oberflächenwasser. Für die Grundwassernutzung bestehen weniger Regelungen in bezug auf den Verbrauch.

3.4.7 Staudamm-Bewässerung

Ein Staudamm hat den Zweck, periodisch auftretende Unterschiede des Wasserangebotes zu glätten und damit einer regelmäßigen und vorhersehbaren Nachfrage Genüge zu leisten. Im Jemen gibt es neben dem seit 1988 bestehenden Staudamm von Ma'rib eine Vielzahl von kleineren und mittleren Dämmen. Ein Inventar von 1991 zählte 16 bestehende Dämme, die von einer staatlichen Stelle unterhalten wurden, 28 weitere waren im Bau und etwa 50 weitere in Planung (RoY 1992b: D8 bis D16). Diese Dämme sollen vor allem die Situation im Bewässerungssektor verbessern. Demgegenüber dienen und dienten die im Hochland verbreiteten Zisternen in der Nähe der Dörfer ebenso wie die Tanks von Aden hauptsächlich zur Versorgung der Haushalte. Wasserkraft zur Erzeugung von Elektrizität wird im Jemen nicht genutzt.

Staudämme wurden sowohl in perennierenden als auch in periodischen Gewässern errichtet. Die Wasserverteilung erfolgt in der Regel über ein Kanalsystem, um von dort auf die Felder zu gelangen. Bei kleineren und mittleren Dämmen ist es kurz, bei größeren, wie beim Staudamm von Ma'rib, kann es sich über mehrere Kilometer erstrecken (Abb. 16).

Wird das Wasser in Staudämmen gespeichert, entstehen Verdunstungsverluste als Folge der Evaporation. Diese Verluste betragen beim Stausee von Ma'rib rund ein Drittel des jährlichen Zuflusses (WRAY 1990: 49). Sie gehen im Gegensatz zu den Versickerungsverlusten ganz verloren und erhöhen den relativen Salzgehalt des verbleibenden Wassers.

Große Dämme gibt es im Jemen nur wenige, da deren Bau und Unterhalt mit vielen Problemen verbunden ist. Der Staudamm von Ma'rib, der 1984 bis 1986 gebaut wurde, hätte die drei Grundprobleme der Wassernutzung in dieser Region lösen sollen, nämlich

- Unsicherheit und Unregelmäßigkeit bezüglich der nur kurze Zeit zur Verfügung stehenden Wassermenge,
- Übernutzung der Grundwasservorkommen
- und hohe Wasserverluste, weil ein Großteil des Wasserangebotes ungenutzt in die Wüste fließt.

Deshalb war das ursprüngliche Ziel, das Angebot von Oberflächenwasser auf das ganze Jahr zu verteilen. Dafür sollten mit einem Primärkanalsystem von 5, 9, 14 und 17 km Länge Flächen von jeweils 157, 145, 487 und 5515 ha bewässert werden (ELECTROWATT 1981: 69). Wird das Staudammprojekt heute hinsichtlich dieser Zielsetzung beurteilt, so muß es als gescheitert betrachtet werden. Noch 1996 war nur der zweite Kanal an den Damm angeschlossen, die mit Seewasser bewässerte Fläche betrug also höchstens 145 ha.

Abb. 16: Kanal für Seewasser in Ma'rib (ca. 12 km unterhalb des Staudammes)

Das Wasser wird im offenen Primärkanal zu den Sekundärkanälen transportiert. Im Hintergrund ist Alt-Ma'rib sichtbar.

Aufnahmedatum: 27. Dezember 1994 (Aufnahme sk).

Verschiedene negative Auswirkungen des neuen Dammes sind seit seiner Fertigstellung offensichtlich geworden. Der gesamte Wasserhaushalt der Region hat sich verändert, was sich auf die Natur- und Kulturlandschaft ausgewirkt hat. Unterhalb des Dammes ist ein Sumpfgebiet entstanden, während im früheren Wadibett keine Sails mehr auftreten. Die Bauern haben von der Ablenkdamm– auf die Pumpen-Bewässerung umstellen müssen. Einzige Ausnahme sind die erwähnten am See angeschlossenen Betriebe, die über das Kanalsystem mit Wasser versorgt werden.

Weitere Folgen des Staudammes sind die Umsiedlungen der Menschen, die früher im heutigen Seebecken gelebt hatten. Verschiedenen Stämmen wurde im unteren Teil des Wadis Land zugeteilt, das dem Staat aber gar nicht gehörte. Deshalb kam es dort zu Konflikten mit der ursprünglich ansässigen Bevölkerung. Spannungen, Entwurzelung und damit verbundene soziale Probleme waren die Folge. Zudem kämpfen einzelne Vertreter dieser Stämme bis heute um die versprochenen Kompensationen für das verloren gegangene Land.

Der Grund für das Scheitern des Staudammes liegt an der mangelnden Übereinstimmung des Projektes mit den sozialen und politischen Realitäten der Region (KOHLER 1994b: 147). Nach dem Bau des Dammes waren Anspielungen auf eine „Wiedererstehung des antiken Dammes" (NZZ: 2./3. April 1988: 75) und damit eine Anknüpfung an vergangene goldene Zeiten gemacht worden. Diese Träume wurden aber von der Realität schnell eingeholt, hieß es doch einige Jahre später von seiten der Electrowatt:

> „... Das Projekt mußte vom Kunden unvollendet abgebrochen werden, weil es der Regierung nicht gelang, das für den Bau der weiteren Kanäle notwendige Land ordnungsgemäß zu erwerben.“ (Leserbrief der Electrowatt in NZZ: 25. Februar 1992: 29)

Diesen Nachteilen stehen gleichwohl einige Vorteile gegenüber, zum Beispiel eine Verbesserung der Grundwasserbilanz, weil jetzt mehr Wasser im oberen Teil der Region versickert und damit weiter unten zur Verfügung steht. Ferner ist der neue Damm von Maʾrib zu einem wichtigen Symbol des fortschrittlichen Jemens geworden. Als solches tritt er auf dem Propagandaplakat auf dem Hauptplatz von Ṣanʿāʾ in Erscheinung oder auf der Rückseite der 10-Rial-Banknote. Zudem ist er für die wenigen Bauernbetriebe, die an das Kanalsystem angeschlossen sind, tatsächlich eine zuverlässige und für sie preiswerte Wasserquelle. Es ist aber offensichtlich, daß diese Vorteile die Gesamtkosten des Baus nicht kompensieren konnten. Der Damm wurde Mitte der 90er Jahre auch als Trinkwasser-Speicher für die Stadt Ṣanʿāʾ in Erwägung gezogen, mit der Argumentation, daß der Staat durch den Besitz des Dammes über das Wasser verfügen könne (ERYANI al- et al. 1995: 69). Dieses Projekt wurde aber nicht verwirklicht.

Ein anderes Beispiel für ein bisher gescheitertes Staudammprojekt ist der etwa 10 km nördlich von Taʿizz gelegene Staudamm von ʿAmara. Dieser wurde Mitte der 80er Jahre als Weltbankprojekt mit Hilfe des Landwirtschafts-Ministeriums (MAWR) gebaut. Er brach aber schon nach kurzer Zeit, weil die Wassermassen unterschätzt worden waren.[1] 1995 wurde er wieder aufgebaut und sollte in der Region permanente Bewässerung ermöglichen. In der Planung wurde jedoch nicht berücksichtigt, daß ein Teil der Abwässer von Taʿizz ebenfalls ins Seebecken münden. Deshalb ist der Gehalt an Schadstoffen derart stark angestiegen, daß das Wasser zur Bewässerung nicht mehr genutzt werden kann. Für die vom See überfluteten Siedlungsgebiete wurden Kompensationen versprochen, unter anderem eine neue Schule. Seit den 80er Jahren steht davon aber nur ein Rohbau, weil die Regierung die Bezahlung angeblich eingestellt hat.

Beide Beispiele zeigen eines deutlich: Der Erfolg von Bewässerungsprojekten mit Staudämmen hängt nicht von den physischen Rahmenbedingungen ab. Wichtiger ist ihre Abhängigkeit von den sozialen und politischen Verhältnissen der Region. Trotzdem hieß es noch 1992 in einer Studie des HWC:

> „When judging a storage project, different aspects have to be considered. The most important on the project level are structural, hydrological and economic aspects. Furthermore, water balance aspects also have to be investigated on a larger scale, with particular regard for downstream users.“ (RoY 1992b: 161)

Solche Vorstellungen über Staudämme werden vielleicht noch einige Projekte zum Scheitern bringen, bis den sozio-politischen Verhältnissen das ihnen zustehende Gewicht beigemessen wird. Würden vermehrt kleinere und dezentral verwaltete Staudämme gebaut, so könnten für die Bewässerungs-Landwirtschaft wertvolle Verbesserungen erreicht werden. Das für die Produktion von Cash-crops

---

1 Mündl. Mitteilung Chris Handley, World Bank Consultant, Taʿizz, vom 18.3.97.

notwendige ständige Wasserangebot ließe sich so beschaffen, ohne daß man auf Grundwassernutzung angewiesen ist.

3.4.8 Die Bewässerungstechniken als Ursache für Krankheiten

Zwei im Jemen häufig auftretende Krankheiten werden durch die intensive Bewässerungs-Landwirtschaft begünstigt: Malaria und Bilharziose. Bei beiden Krankheiten benötigen die Zwischenwirte stehende oder langsam fließende Gewässer. Bei der Malaria ist es die Anopheles-Mücke, die ihre Eier in stehendes Wasser ablegt, bei der Bilharziose sind es verschiedene Arten von Wasserschnecken, die seichte Gewässer als Lebensraum benötigen. Bewässerungsprojekte führen zu einer Verstärkung dieser Krankheitsgefahren, weil zusätzliche Gewässer in Form von Kanälen, Zisternen, Becken oder Stauseen angelegt werden.

Malaria ist im Jemen mäßig, Bilharziose jedoch stark verbreitet. 1992 waren zwischen 2.5 und 2.7 Mio. Einwohner mit der Krankheit infiziert. Die Hauptverbreitungsgebiete lagen im zentralen und südlichen Hochland (ABDULSATTAR 1994: 32).

> „Die Bilharziose gehört zu den am weitesten verbreiteten Erkrankungen im Jemen, von der in besonderem Maße die Landbevölkerung betroffen ist. Evident ist ein drastischer Anstieg der Bilharziose in den letzten 30 Jahren, der mit der parallel erfolgten Modernisierung der Landwirtschaft (als Folge der Revolution von 1962) und damit verbundenen Maßnahmen wie z.B.
> • Anlegen von Staudämmen
> • Schaffung künstlicher Bewässerungssysteme (z.B. künstliche Seen, Kanäle und Wasserbehälter) zu erklären ist." (ABDULSATTAR 1994: 29)

Bemerkenswert an diesem Zitat ist die hohe Bedeutung, die der Bewässerung im allgemeinen und der besonderen Entwicklung seit der Revolution von 1962 im speziellen beigemessen wird. In der am meisten betroffenen Provinz Taʿizz ist der Anteil der von Bilharziose infizierten Menschen über 50 % (ABDULSATTAR 1994: 40). Als Grund dafür kann die hohe landwirtschaftliche Intensität mit den damit verbundenen vielen offenen Wasserspeichern gesehen werden. Aber nur, wenn diese Gewässer auch zum Waschen und Baden benutzt werden, wird die Übertragung der Krankheit ermöglicht. Die Region im Innenraum des Gebirges und die Küstenregion gelten nicht als endemische Gebiete für Bilharziose (ABDULSATTAR 1994: 32). Nebst der medikamentösen Behandlung der Krankheit wird auch versucht, deren Ursachen zu bekämpfen (ABDULSATTAR 1994: 49 - 60):

- Aufklärung der Bevölkerung über verbessertes hygienisches Verhalten
- Eliminierung der Zwischenwirte
- Verbesserung der Wasserbereitstellung

Obwohl die für den Zwischenwirt notwendigen stehenden oder leicht fließenden Gewässer bei allen Systemen auftreten können, ist die Hangmäuerchen– und die Ablenkdamm-Bewässerung geeigneter, um die Ausbreitung der Krankheiten einzudämmen, weil dort für die Zwischenwirte erschwerte Lebensbedingungen vorhanden sind. Aus der beschriebenen Charakteristik der beiden Krankheiten läßt sich schließen, daß ihre Ausbreitung begünstigt wird, wenn viel und möglichst permanent bewässert wird. Umgekehrt gilt, daß lange Trockenzeiten, verbunden mit einer Unterbrechung der Bewässerungsaktivitäten, die Verbreitung der Krankheiten vermindern, weil der Lebensraum der Zwischenwirte eingeschränkt wird.

4. DER INSTITUTIONELLE RAHMEN DER BEWÄSSERUNGS-LANDWIRTSCHAFT

4.1 Einbettung der traditionellen jemenitischen Wasserrechte

4.1.1 Abendländische Wasserrechts-Doktrinen zum Vergleich

Um das Besondere der traditionellen islamischen Wasserrechte zu verstehen, werden sie zunächst mit den beiden wichtigsten Typen von Wasserrechten des abendländischen Kulturraums verglichen, der *„riparian doctrine"* und der *„doctrine of prior appropriation."* Es kann bei diesen beiden aber nur auf das Grundsätzliche eingegangen werden, umfangreiche Erläuterungen finden sich bei TECLAFF (1985) oder GOLDFARB (1984). Die leitenden Fragen für die Beschreibung dieser Wasserrechte lauten:

- Wer hat Zugang zum Wasser und in welcher Reihenfolge?
- Was geschieht bei Wasserknappheit?

Ein wichtiges Merkmal der beiden abendländischen Wasserrechts-Doktrinen ist der auf römisches Recht zurückgehende Grundsatz, Wasser sei *„res communis"*, also eine „common-property" (CAPONERA 1986: 14). Wasserrechte beziehen sich damit nur auf die *Nutzungsrechte*, nicht aber auf die *Eigentumsrechte* von Wasser.

Auf die Verhältnisse zur Zeit der englischen Aristokratie wird das „Anliegerrecht" *(riparian doctrine)* zurückgeführt (KLOHN 1994: 51). Hier ist das Recht, Oberflächenwasser zu nutzen, an den Besitz von „anliegendem" Land gekoppelt. Dieses Nutzungsrecht ist unabhängig von der Größe des Landstücks, insbesondere der Länge der Wasserfront, und unabhängig davon, ob das Recht ständig ausgeübt wird oder nicht. Die zu entnehmende Wassermenge ist auf ein „vernünftiges" Maß eingeschränkt.

> „In a modified sense, the doctrine allows each proprietor to make use of the water for the irrigation of his riparian land as is reasonable in relation to the similar requirements of other proprietors of land riparian to the same stream; ..." (HUTCHINS 1942, zit. in: VARISCO 1982: 20)

Die Nutzung des Wassers beschränkt sich auf seinen Gebrauch und schließt den Verbrauch des Wassers aus. Genutztes Wasser muß also stets dem Fluß zurückgeführt werden. Zudem darf das entnommene Wasser nicht einem Gebiet zugeführt werden, das außerhalb des eigenen Einzugsgebietes liegt.

Dieses Recht ist den humiden Verhältnissen angepaßt, denn es wird erwartet, daß ständig Oberflächenwasser zur Verfügung steht. Die Nutzung bezieht sich deshalb nicht auf die Bewässerung, sondern auf industrielle Zwecke, wie zum Beispiel die Energiegewinnung in Sägereien. In Trockenjahren wird bei jedem Nutzer der Wasserverbrauch in gleichem Maße eingeschränkt. Die erwähnte Regelung, daß für die Wasserverteilung weder die Fläche des anliegenden Landes noch die Länge der Wasserfront eine Rolle spielen, kann als ungerecht empfunden werden. Beide Regeln führen aber angesichts der kaum herrschenden Wasserknappheit in ihrem Anwendungsgebiet selten zu Problemen. Auch die Einschränkung, daß keine Wasservorräte für mehr als einige Wochen angelegt werden dürfen (KLOHN 1994: 53), ist im humiden Klima kaum von Belang. Anliegerrechte sind auch im Kontext zum Schutz der Schiffahrt zu sehen. Jedem Anlieger soll die Erreichbarkeit mit dem Schiff gewährleistet bleiben, deshalb darf das Wasser nicht verbraucht werden.

Das „Erstaneignungsrecht“ *(doctrine of prior appropriation)* hat sich in den westlichen Staaten der USA im Laufe des 19. Jhs. herausgebildet als Folge des damaligen spezifischen Wasserbedarfs zum Goldwaschen. Seine Quellen hat es vom spanischen Recht, das über die mexikanischen Kolonien in die USA gelangt ist. Für die dauerhafte Besiedlung im trockenen Westen war es notwendig, sich auf ein zuverlässiges Wasserangebot verlassen zu können, und die Möglichkeit zu haben, Wasser über die Grenze des Einzugsgebietes hinaus transferieren zu können (KLOHN 1994: 53). Dieses Wasserrecht ist also nicht aus den landwirtschaftlichen Bedürfnissen heraus entstanden, sondern aus dem Bergbau. Hier gilt das Prinzip *first in time first in right.* Wassernutzungsrechte sind also nicht vom Eigentum des Landes abhängig, sondern vom Zeitpunkt der ersten Nutzung, sie können deshalb als eigene Einheiten gehandelt werden.

Die wichtigste Eigenschaft dieses Wasserrechts ist die Reihenfolge der Prioritäten bei einer allfälligen Verknappung der Ressource: Zeitlich nachfolgende Nutzer von Wasser sind gegenüber den älteren im Nachteil, weil sie bei Wasserknappheit zuerst ihr Anrecht auf Wasser verlieren. Das Risiko der Wassernutzung wird hier nicht mehr solidarisch, sondern hierarchisch verteilt. Zwei weitere Eigenschaften sind im Zusammenhang mit dem Erstaneignungsrecht wichtig: die Pflicht zur ständigen Ausübung der Wassernutzung und ihr „sinnvoller“ Gebrauch.

Die Pflicht, das Wasserrecht ständig auszuüben, um es nicht zu verlieren, kann dazu führen, daß Wasser unnötig verschwendet wird oder wassersparende Techniken nicht eingeführt werden. Die erwähnte Bedingung der „sinnvollen“ Nutzung ist Gegenstand von ständigen Diskussionen, weil die Bedeutung von „sinnvoll“ in den jeweiligen Zeitgeist eingebettet ist. Die Doktrin des Erstaneignungsrechts wurde dann auch in mehreren Staaten der USA erheblich modifiziert und mit den Anliegerrechten und spanischen Wasserrechten vermischt. Die beiden bedeutenden Staaten mit modifiziertem Erstanliegerrecht sind Kalifornien und Texas (KLOHN 1994: 52).

Diese Rechtslehre ist den ariden Verhältnissen eher angepaßt. Der Erstnutzer kann auch in Trockenjahren normalerweise dieselbe Menge nutzen wie er es gewohnt ist. Diese Konstanz ist wichtig, damit das Risiko, aride Gebiete zu erschließen, überhaupt eingegangen wird. Spätere Nutzer sind sich ihres erhöhten Risikos bewußt und müssen sich danach einrichten.

4.1.2 Bedeutung des Wassers in der *Šarīʿah* und im *ʿUrf*

Islamische Wasserrechte haben einen besonderen Charakter und sind eingebettet in die Kultur des Nahen Ostens. Sie sind geprägt von der Religion und beeinflußt von der Geschichte und den Standortbedingungen. Im Jemen werden die Wasserrechte vom islamischen Recht, der *Šarīʿah,* abgeleitet und werden ergänzt mit sogenannten „Gewohnheitsrechten“, genannt das *ʿUrf* (CAPONERA 1986 : 15). Diese beiden Quellen ergeben zusammen das, was hier mit „traditionelle Wasserrechte im Jemen“ umschrieben ist.

Das traditionelle Rechtssystem des Jemens basiert auf den beiden erwähnten Grundlagen, von denen die moderne Gesetzgebung hauptsächlich abgeleitet wird. Alle drei stehen in einem engen Verhältnis zueinander, die *Šarīʿah* und das *ʿUrf* haben sich teilweise beeinflußt. Während die beiden traditionellen Rechtsgrundlagen in diesem Kapitel diskutiert werden, wird auf die moderne Gesetzgebung in Kapitel 5.3 eingegangen.

Das islamische Recht, die *Šarīʿah*, hat hauptsächlich zwei Wurzeln; den Koran selbst und die Sunnah. Letztere ist eine Sammlung von Überlieferungen aus dem Leben des Propheten Muḥammad, genannt die *Hadīṯ* (CAPONERA 1972: 2). Aus keinem gehen direkte Gesetzestexte hervor; sie müssen erst davon abgeleitet werden und haben damit einen gewissen Spielraum für Interpretationen. Nun hat Wasser bekanntlich in der islamischen Welt eine große Bedeutung, beispielsweise bei religiösen Handlungen. Auch die Entstehung des Pilgerortes Mekka ist mit vorislamischen und islamischen Ritualen um Wasser verbunden.[1] Selbst das Wort *Šarīʿah* ist aus einem arabischen Begriff für Wasser abgeleitet. Ursprünglich bedeutete es „der Weg zur Wasserstelle". Noch in vorislamischer Zeit wurde es zum Begriff für das Regelwerk zur Wassernutzung, um dann die heutige Bedeutung für „Religiöses Recht" selbst zu erhalten (BULLOCH et al. 1993: 172).

Seit dem Bürgerkrieg von 1994 soll die *Šarīʿah* im Jemen wieder als „einzige Quelle" für Verfassung und Gesetze gelten. Daraus läßt sich schließen, daß kein Gesetz (inklusive die Verfassung selbst) den Prinzipien der *Šarīʿah* widersprechen darf. In bezug auf die Wasserrechte sind nur wenige absolute Regeln abzuleiten, und es besteht ein Spielraum für Interpretationen. Dieser Spielraum wird dann meist durch die zweite Quelle des Rechts, das *ʿUrf* genutzt. Das *ʿUrf* ist das Rechtssystem, das sich „auf Gebräuche abstützt" (MAKTARI 1971: 6).

Eigene Erfahrungen haben gezeigt, daß die Rolle der *Šarīʿah* oft überschätzt wird. Der weitaus größte Teil der geltenden Regelungen im Zusammenhang mit Wasser geht auf das *ʿUrf* zurück. Wie im Falle der weiter unten diskutierten Beispiele der nicht geltenden Oberliegerrechte können sie sogar im Gegensatz zur *Šarīʿah* stehen.

Es ist nicht möglich, einen systematischen Überblick über die Wasserregelungen gemäß des *ʿUrf* aufzustellen. Die Regelungen sind von Region zu Region verschieden. Oft wird eine gängige Praxis mit dem Etikett *ʿUrf* versehen, weil es eben so Brauch sei.

> „... every Yemeni town has many Statutes which order the social customs of these towns and other transactions confirmed by the sharīʿah - indicated in many legal problems by such expressions like 'ʿillā li- ʿurf' [außer es gebe einen Brauch], (not of course clashing with the sharīʿah), or 'bi-ḥasb al- ʿurf' [gemäß dem Brauch], or 'al-muqaddam al-ʿurf' [der Brauch ist bevorzugt]." (SERJEANT et al. 1983b: 145)

Die Mehrheit der jemenitischen Stämme anerkennt eine Sammlung von 70 Regeln, welche als „Document of Seventy" bekannt ist und eines der wenigen schriftlichen Dokumente zu Gewohnheitsrechten darstellt (ERYANI al- et al. 1995: 44). Zwei Regeln beziehen sich direkt auf die Wassernutzung:

- Ein Brunnenbesitzer kann für die Konstruktion und den Unterhalt von Brunnen kostenlos Holz beziehen, unabhängig davon, ob es auf privatem oder öffentlichem Land geschlagen worden ist.
- Um einen Brunnen gibt es eine 500 m Schutzzone, in der keine anderen Brunnen gebohrt werden dürfen.

[1] Zu den vorislamischen Regenritualen in Mekka vgl.: DAUM (1985: 47). So ist die Entdeckung der Quelle Zamzam am Fusse des Berges Arafat Teil der Legende von Hagar mit ihrem Kind Ismael.

Die zweite Regel wird in Kapitel 4.3.3. eingehend diskutiert. Über andere Wasserregelungen innerhalb des *ʿUrf* existieren keine landesweiten Übereinstimmungen.

Wichtig für die hier behandelte Fragestellung ist es, die Mischung aus den beiden Rechtsquellen zu erkennen und damit die Flexibilität in der Anwendung der Wasserrechte abzuschätzen. Die *Šarīʿah* ist zwar Interpretationen ausgesetzt, hat aber klare formale Grundlagen, die etwa 1'200 Jahre alt sind. Das *ʿUrf* dagegen ist noch älter, es ist aber informell und kann sich ändernden Rahmenbedingungen besser anpassen, weil seine Grundlage die „menschliche Vernunft" ist. Diese läßt weit mehr Spielraum für Interpretationen zu als der Koran oder die Hadīṯ. Üblicherweise wird von den lokalen Autoritäten das *ʿUrf* bei wasserrechtlichen Streitigkeiten angewendet und von den Parteien auch akzeptiert. Nur selten wird, wenn eine Partei dies explizit wünscht, in nächster Instanz aufgrund der *Šarīʿah* Recht gesprochen.

Das Verhältnis zwischen der *Šarīʿah* und dem *ʿUrf* wird unterschiedlich gewichtet. VARISCO (1982: 227) zitiert „inhärente Konflikte" zwischen den beiden Rechtsschulen (relativiert diese jedoch selbst wieder), andere sprechen von sich ergänzenden Schulen (CAPONERA 1972: 2). Die von SERJEANT et al. (1983b) zitierte Beschreibung stellt die *Šarīʿah* über das *ʿUrf.* Während der Befragungen im Feld hat sich gezeigt, daß das *ʿUrf* manchmal im Gegensatz zur *Šarīʿah* steht. Auf diese Tatsache angesprochen, reagierten Bauern mit einem Augenzwinkern, man solle die Sache nicht zu ernst nehmen. Ein im jemenitischen Recht gerne zitierter Rechtsgelehrter (Muḥammad az-Zarkasi) soll bereits im 14. Jh. das gespannte Verhältnis zwischen der *Šarīʿah* und dem *ʿUrf* ausgesöhnt haben (zit. in: CEDZICH 1989: 28):

> „Sich dem Gewohnheitsrecht zu widersetzen ist, als widersetze man sich dem Islamischen Recht, sich an es zu halten ist, als hielte man sich an das Islamische Recht, denn die Gesetze des Islamischen Rechts schließen das Gewohnheitsrecht in sich ein."

Das *ʿUrf* ist kein geschriebenes Recht, sondern eine Sammlung von respektierten Gewohnheiten. Einzig im Falle von juristischen Präzedenzfällen, die als Dokumente gespeichert sind, gibt es daraus gewissermaßen ein schriftliches Gesetz.

Das islamische Recht schreibt nur wenige detaillierte Regeln zum Wasser vor. Interessant scheint deshalb die These, daß die islamischen Rechtsgelehrten für die Formulierung der Wasserrechte eben auch das Gewohnheitsrecht benutzt und dieses damit sanktioniert und von islamischer Seite legitimiert haben (CEDZICH 1989: 19).

Aus dem Koran geht die hohe Wertschätzung für Wasser hervor, indem es viele Male direkt und als Metapher erwähnt wird. Das berühmteste Zitat aus dem Koran im Zusammenhang mit Wasser steht im Vers 30, Sure XXI: „*Aus Wasser machten Wir alle lebenden Wesen*".[1] Weil auch das Wasser selbst direkt von Gott stammt, ist für gläubige Moslems der maßvolle und ehrfürchtige Umgang mit Wasser eine Pflicht:

> „Und Wir sandten Regen vom Himmel hinunter, beladen mit dem Segen, und Wir produzierten damit Gärten und Getreide für die Ernte." (Koran: Vers 9, Sure L)

---

1 Mit „Wir" ist im Koran Gott gemeint.

Die meisten sich auf die *Šarīʿah* beziehenden Wasserregelungen gehen aber auf die *Hadīṯ* zurück, das bekannteste davon ist:

> „There are three persons whom Allah will ignore on the day of the resurrection. ... 1) the man who, having water in excess of his needs, refuses it to a traveler, ...“ (CAPONERA 1972: 11).

Dieser *Hadīṯ* führt zu einem weiter unten erwähnten zentralen Wassergesetz. Der explizite Zweck der islamischen Wasserrechte ist die sparsame Verwendung und gerechte Verteilung des knappen Gutes für alle Menschen (CAPONERA 1972: 12). Dieses Ziel verfolgen zwar auch die beiden in Kap. 4.1.1 diskutierten Wassergesetze (und wahrscheinlich alle Wassergesetze der Welt), nur verwenden sie unterschiedliche Mittel dafür.

Von zentraler Bedeutung im islamischen Wasserrecht ist die freie Verfügbarkeit von Trinkwasser. Wer im Jemen einen Bauern auf dessen Hof besucht, wird oft vor oder während des Gesprächs dazu eingeladen, Wasser aus seinem Brunnen zu kosten. Dieses Ritual erfrischt den Körper, und es gibt einen Eindruck über die Wasserqualität des Brunnens. Zudem erinnert es an das wichtigste aller Wasserrechte im islamischen Raum: das Recht eines jeden, seinen Durst und denjenigen seines Viehs am Brunnen zu löschen. Grundlage dazu ist der bereits erwähnte *Hadīṯ*, in dem festgesetzt wird, daß derjenige, der anderen Wasser verweigert, durch Allah bestraft wird. Diese Regelung kann, je nach Auslegung, Auswirkungen auf die Wasserversorgung städtischer Gebiete haben. Unter Berufung auf dieses Recht kann Wasser aus dem ländlichen Raum weggeführt werden, um die Grundbedürfnisse der städtischen Haushalte zu decken.

4.1.3 Wasserbesitz und Wasserhandel

„Muslims share in three things: water, pasture, and fire“ (VARISCO 1982: 230). Aus diesem *Hadīṯ* leitet sich das Gesetz ab, Wasser könne nicht im Besitz von jemandem sein, es sei *„res nullius“* oder zumindest *„res communis“*. Diese Regel gilt uneingeschränkt für folgende drei Zwecke: Trinkwasser für Menschen, Trinkwasser für Tiere und Nutzwasser für religiöse Handlungen. Sobald Wasser gefaßt ist, wird damit ein Nutzungsrecht verknüpft, das dem Wasserbesitz gleichkommt und, je nach Interpretation, auch dazu führen kann, daß Wasser gehandelt werden darf. Genau genommen wird dann nicht das Wasser selbst, sondern der Behälter des Wassers gehandelt. Die Erklärung für diese Regelung verweist auf die Unmöglichkeit, etwas zu kaufen, dessen Menge man nicht genau kennt, wie das beim Handel mit Flußwasser der Fall wäre (ERYANI al- et al. 1995: 47).

Im Zusammenhang mit Bewässerung sind die islamischen Wasserrechte aber etwas komplizierter. Wasser kann in verschiedenen Situationen in Besitz genommen werden, wobei sich der „Besitz“ dadurch ausdrückt, daß andere potentielle Nutzer ausgeschlossen werden können bzw. die Nutzung durch Dritte verrechnet werden kann. Gemäß der *Šarīʿah* werden vier Typen von Wasser unterschieden (ERYANI al- et al. 1995: 57): Wasser in Gefäßen; Wasser aus Quellen, Brunnen und Zisternen; Wasser in kleineren „privaten“ Flüssen und Kanälen und Wasser in großen „öffentlichen“ Gewässern. Für die Bewässerung lassen sich daraus drei Typen der Wasserherkunft unterscheiden mit unterschiedlichen Regelungen zu Wassernutzung und Wasserbesitz (Abb. 17).

Abb. 17: Regelungen zur Wassernutzung und zum Wasserbesitz nach der *Šarīʿah*

Wasserherkunft:	Art des Gewässers:	Regelung zur Wassernutzung bzw. zum Wasserbesitz:
Flüsse	große natürliche Flüsse	Wasserbesitz nicht möglich, da kein beschränktes Angebot; Wassernutzung frei
	kleine natürliche Flüsse	Wassernutzung für die Anlieger vorbehalten
	künstliche Flüsse (=Kanäle)	Wassernutzung für die Erbauer des Kanals vorbehalten
Brunnen	für öffentliche Nutzung gebohrte Brunnen	öffentliche gemeinsame Nutzung
	auf öffentlichem Land gebohrte Brunnen zur befristeten Nutzung	privater Besitz bis zur Aufgabe der Nutzung; dann öffentliche Nutzung
	Brunnen auf privatem Land	Wasser ist Privatbesitz
Quellen	natürliche Quellen	Nutzung, die den Anliegern vorbehalten ist
	von Menschen freigelegte Quellen (auf öffentlichem Land)	Nutzung, die den Freilegern der Quelle vorbehalten ist
	auf privatem Land freigelegte Quellen	Nutzung und Besitz, die dem Bodenbesitzer vorbehalten sind

Angaben aus: Maktari 1971: 14; Varisco 1982: 230f., eigene Darstellung.

Der „Besitz“ von Wasser ist also nur in folgenden Situationen und unter Einschränkung der mäßigen Nutzung und der Zugänglichkeit für die drei oben erwähnten unantastbaren Nutzungsrechte möglich (VARISCO 1982: 233f.):

- Wasser in Brunnen oder aus Quellen gehört demjenigen, der den Brunnen gebohrt bzw. die Quelle entdeckt hat, sofern ihm das zugehörige Land bereits gehört hatte. Hier ist festzuhalten, daß nur das geschöpfte Wasser besessen wird, das verbleibende Wasser im Grund bleibt besitzlos.
- Wenn Wasser gefaßt ist, kann es besessen werden. Beim Verkauf dieses Wassers wird der Preis nicht für das Wasser bezahlt, sondern für die Arbeit des Fassens und für das dafür verwendete Material.
- Oberflächenwasser geht in den Besitz des Landbesitzers über, wenn er seine Arbeit dafür eingesetzt hat, es zu sammeln.

Der Widerspruch zwischen der Unmöglichkeit, Wasser als Eigentum zu haben, und der gängigen Praxis von Wasserbesitz wird von islamischen Juristen folgendermaßen gerechtfertigt (VARISCO 1982: 235): Bei begrenzten Wasserquellen wie Brunnen oder Quellen ist es ungerecht, Nutzer auszuschließen. Eine Regelung über die Nutzung ist aber notwendig, weil es keine Möglichkeit gibt, die Bedürfnisse aller zu befriedigen. Zusätzlich führt VARISCO (1982: 235) an:

> „Water appears to be owned for irrigation when a man legitimately has a prior right of access to that water. However, a man who is said to own a well or spring must still meet the obligation to provide water for anyone seeking it to drink or water a mount. There is no such thing as an exclusive right to water under islamic law. This is further demonstrated by the simple fact that water is not considered disposable property; the right to water cannot be bought or sold per se."

Ein wichtiger Punkt bezüglich der Wasserrechte ist die enge Verknüpfung von Land und Wasser. Privates Landeigentum ist sehr verbreitet und unter der *Šarīʿah* ohne Probleme möglich. Daneben kann Land im Eigentum des Staates, einer Gemeinschaft oder einer religiösen Stiftung sein. Daß Land- und Wasserrechte in einem ariden Umfeld eng verknüpft sind, erstaunt nicht, da die Landrechte hier erst in Verbindung mit Wasserrechten Sinn machen. Zudem ist diese Situation vor dem Hintergrund zu sehen, daß das Urbarmachen von Ödland durch die Verknüpfung von Wasser- mit Landrechten gefördert wird.

Grundsätzlich gilt die Regelung, daß Wasserrechte nicht losgelöst von Land gehandelt, verschenkt, vererbt oder auf andere Art weitergegeben werden können. Trotzdem gibt es zwei Interpretationsmöglichkeiten für die Verbindung von Land und Wasser: Gemäß einer der islamischen Rechtsschulen gehören Land- und Wasserrechte derart stark zusammen, daß bei einem Landverkauf die zugehörigen Wasserrechte gar nicht speziell erwähnt werden müssen. Für die andere Schule braucht es diese Erwähnung, andernfalls verbleibt das Wasserrecht beim früheren Landbesitzer (ERYANI al- et al. 1995: 50).

Das Wasserrecht beschränkt sich in jedem Fall auf die Menge, die vom Nutzer in einem „vernünftigen Maß" genutzt werden kann. Der Überschuß bleibt dann *res nullius* bis ein anderer Nutzer Anspruch darauf erhebt. Das Wasserrecht kann deshalb nicht Eigentum von jemandem sein, weil es keine definierte oder bekannte Menge enthält (VARISCO 1982: 242). Wasserhandel kann dann stattfinden, wenn es sich um eine bestimmte Menge von Wasser handelt, sei es nun eine zeitlich begrenzte Nutzung oder gefaßtes Wasser. Aus der Literatur sind dazu Beispiele sowohl aus dem Jemen als auch aus anderen islamischen Staaten bekannt (SAFADI al- 1992: 42f., VARISCO 1982: 242f.).

Unterschiedliche Auffassungen gibt es auch über die Veräußerlichkeit von Wasser selbst; sie sind ebenfalls durch die Unterschiede der maßgebenden islamischen Schule bedingt. Von den fünf wesentlichen islamischen Schulen erlauben drei den Handel mit Wasser unabhängig von Land. Das jemenitische Zivilgesetz ist dabei wohl von der zaiditischen Schule mehr beeinflußt worden, denn sowohl das Zivilgesetz als auch diese Schule verbieten den Handel mit Wasser, losgelöst von den Landrechten, explizit (ERYANI al- et al. 1995: 42 u. 58).

Selbst in einer einzelnen Region können die Auffassungen über den Handel auseinandergehen. In Ḥarīb reagierten die Bauern unterschiedlich auf die Frage, ob Wasserhandel für sie denkbar sei: Einer bestätigte, daß er Wasser gegen 10 % des damit erzielten Ernteertrags einem Nachbarn abgibt (vgl. auch Kap 4.3.4 zu den Pachtzinsregelungen). Er legt jedoch Wert darauf, daß es sich bei den 10 % nicht um einen Wasserverkauf, sondern um das Abgelten der Investitionen für die Pumpenanlage handelt. Ein anderer gibt Wasser gratis an einen Nachbarn ab, mit der Idee, man könne nicht etwas verkaufen, das ein Geschenk Gottes sei. Für einen dritten ist es bereits üblich, daß er der nahegelegenen Ortschaft Wasser verkauft und dafür auch Geld verlangen darf.

Bewässertes Land wird bezüglich der Besteuerung besonders bevorzugt, eine Regelung, die auch auf einen Hadīṯ zurückgeht (SAFADI al- 1992: 44): Für Produkte aus bewässertem Land muß nur eine Steuer von 5 % der Ernte bezahlt werden, im Gegensatz zu 10 % beim Regenfeldbau. Zudem erlauben es die Regeln der *Šarīʿah* dem Staat, die Steuern ganz zu erlassen. Mit dieser Maßnahme sollen Investitionen in den Bewässerungsbau gefördert werden. Das Wasser selbst darf in keinem Fall mit einer Steuer belegt werden.

4.2 Regelungen zum Oberflächenwasser

4.2.1 Wasseraneignung und Regelungen zum Bau von Ablenkdämmen

Ungefaßtes Oberflächenwasser ist gemäß der Šarīʿah *res nullius*. Das Recht zur Nutzung fällt nun demjenigen zu, der es als erster erschließt. Auf fremdem Boden darf dies allerdings nur mit Zustimmung des Landbesitzers geschehen. Zusätzlich dürfen durch die Aneignung keine bisherigen Nutzer beeinträchtigt werden (ERYANI al- et al. 1995: 48f.).

Oberflächenwasser wird zu Privatbesitz, wenn es gefaßt wird. Wasser in kleineren „privaten" Wadis ist zwar nicht im Besitz der Landbesitzer, letztere haben aber ein bevorzugtes Nutzungsrecht, was de facto einem Besitz gleichkommt. Das Wasser in großen Wadis kann ebenfalls nicht besessen werden, zusätzlich können hier auch keine Nutzungsrechte auf das Wasser geltend gemacht werden. Weil das Wadibett *res communis* ist, braucht es auch Regelungen zum Schutz des Wadis, damit das Wasser aus dem Wadi für jedermann nutzbar bleibt. Generell läßt sich aus der *Šarī'ah* ableiten, daß diejenigen Nutzungen von Oberflächenwasser verboten sind, die dem Wadi selbst, anderen Nutzern oder der Gemeinschaft als ganzes Schaden zufügen. Bei großen Wadis bestehen deshalb zahlreiche Regelungen, die im folgenden diskutiert werden.

Zwei Regeln schützen den Lauf des Wadis vor Veränderungen seiner Ganglinie. Erstens ist es verboten, das Wadibett für den Anbau zu nutzen, und zweitens wird der Bau von Ablenkdämmen reglementiert. Beide Regeln dienen in erster Linie zum Schutz der Unterlieger vor Veränderungen des Wadilaufs. Das Anbauverbot im Wadibett gilt für größere Wadis. Es drückt das Empfinden aus, das Land des Wadis sei Gemeinschaftsland und könne nicht besessen werden. Die Logik dieser Regel liegt nahe: Wenn damit begonnen würde, Dämme im Wadibett zu errichten, um damit Wasser zurückzuhalten, könnte durch Erosion die Ganglinie des Wadis verändert werden. Dies hätte große Nachteile für die Unterlieger. Ihre Felder würden weiter vom Wadi entfernt, was dazu führen könnte, daß man keinen Zugang zum Wasser mehr hätte. Um dies zu verhindern, sind das Wadibett und seine Ufer für den Anbau tabu. Aus dem gleichen Grund darf der Rand des Wadibetts nicht gegen innen verschoben werden, um damit zusätzliches Agrarland zu gewinnen. In Ḥarīb gab es Streitfälle, wo mit Hilfe von verbrieften Feldtiefen bewiesen werden konnte, daß eine Partei mit ihren Feldern zu weit ins Wadi vorgestoßen war. (Mit Feldtiefe ist hier der Abstand eines Punktes auf dem Feld bis zum Wadiufer gemeint.)

Die zweite Regel betrifft den Bau von Ablenkdämmen bei größeren Wadis (Abb. 18).

Abb. 18: Skizze zur Regelung beim Bau von Ablenkdämmen

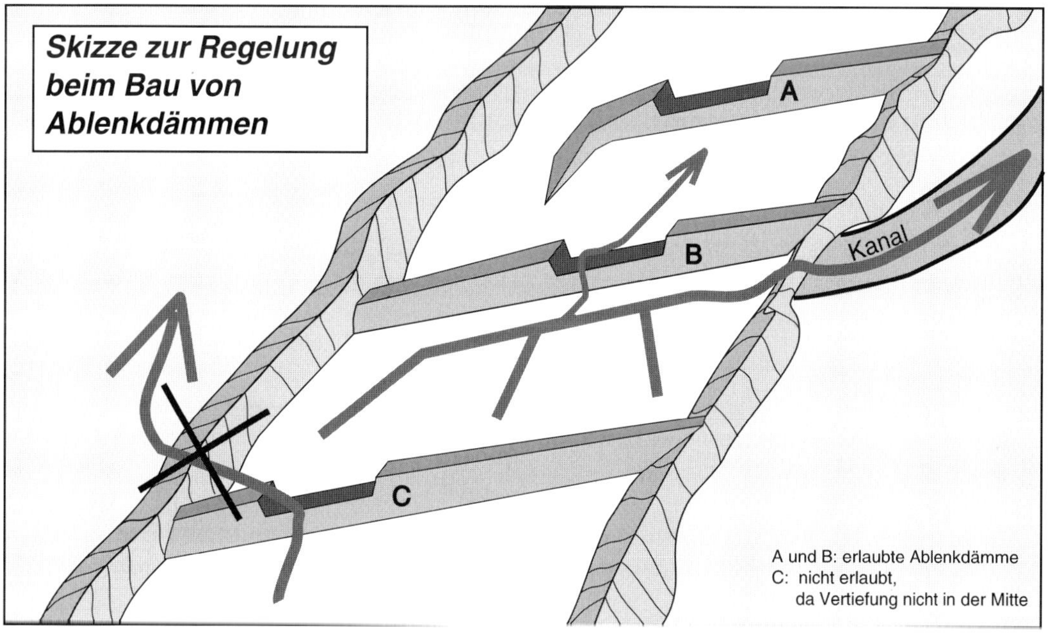

Ist ein Ablenkdamm mehr als die Hälfte so breit wie das Wadibett, so muß er eine Vertiefung enthalten. Diese Vertiefung muß ungefähr in der Mitte des Bettes sein und darf sich damit nicht in der Nähe des Wadiufers befinden (Damm A, Abb. 18). Wenn der Damm das ganze Wadi durchquert, muß diese Vertiefung ebenfalls in der Mittte des Dammes liegen (Damm B). Diese Regel bewirkt, daß der Damm in der Mitte zuerst bricht. Würde der Damm an einer seitlichen Stelle brechen, könnte das Wadi seinen Lauf verändern, wie dies mit Damm C in Abb. 18 angedeutet wird.

Werden Ablenkdämme und Kanäle von verschiedenen Partnern gemeinsam genutzt, so sind diese auch gemeinsam zum Unterhalt dieser Anlagen verpflichtet. Gemäß der *Šarī'ah* können die Partner auch gegen ihren Willen zum Beitrag gezwungen werden. Der Anteil an den Unterhaltsarbeiten soll dem Anteil am Nutzungsrecht entsprechen (ERYANI al- et al. 1995: 54). Kanäle zur Bewässerung gehören dem Erbauer; nur er hat das Nutzungsrecht dazu. Gehört ein Kanalsystem mehreren, braucht es die Zustimmung aller, wenn einer der Partner zusätzliche Abzweigungen vom Kanal machen will.

Beim Terrassensystem ist der Oberlieger verpflichtet, seine Anlagen instand zu halten. Unterläßt er diese Pflicht, können die Felder der Unterlieger geschädigt werden, weil Wasser nicht an den gewünschten Stellen überläuft. In diesem Fall ist er zu Schadenersatz verpflichtet, indem er den Schaden selbst repariert oder eine bezahlte Arbeitskraft dazu beauftragt (CEDZICH 1989: 8). Auch dieses Beispiel zeigt, daß die Erhaltung der Kulturlandschaft höchste Priorität genießt und über dem weiter unten diskutierten „Oberliegerrecht" steht.

Alle genannten Regelungen schützen ein *„common-property"* und beschränken die individuelle Freiheit. Sowohl das Wadibett als auch die bestehende Kulturlandschaft sind gemeinsame Güter, die durch eine allzugroße Beanspruchung durch einzelne Bauern zum Nachteil vieler verändert werden könnte. Auffallend ist hier, daß die Regelungen offensichtlich sehr alt und tief verankert sind. Ein Bauer, der im Wadibett seine Felder anlegen würde, könnte der Gemeinschaft einen großen Schaden zufügen. Deshalb würde er auch sein Ansehen verlieren.

4.2.2 Das Oberliegerrecht

Auf einen Grundsatzentscheid des Propheten wird das sogenannte Oberliegerrecht zurückgeführt. Danach sollen die oberliegenden Flächen vor den darunterliegenden bewässert werden. Das Oberliegerrecht gewährleistet eine effiziente Nutzung des Wassers und macht in einem ariden Gebiet mit dezentraler, autonomer Stammesstruktur mehr Sinn. Die Nutzung findet nahe an der Quelle statt, damit der Transportweg minimiert und Wasserverluste klein gehalten werden können. Es unterscheidet sich damit wesentlich von den beiden westlichen Doktrinen (Tab. 5).

Tab. 5: Das Oberliegerrecht im Vergleich zu den zwei westlichen Wasserrechts-Doktrinen

	Anliegerrecht	*Erstaneignungsrecht*	*Oberliegerrecht*
Besitz von Wasser	*res communis*	Privatbesitz	*res nullius oder res communis*
Reihenfolge des Zugangs	jeder Anlieger ist gleichberechtigt	nach Reihenfolge der Erschließung	nach Reihenfolge der topographischen Lage
Regelung bei Knappheiten	gleichmäßiges Verteilen des Minderertrags	ältere Rechte haben Priorität gegenüber jüngeren	Oberlieger haben Priorität vor Unterliegern
zeitliche Beschränkung des Rechts	unbeschränkt gültig	Wasserrecht verfällt nach drei Jahren Nichtgebrauch	Wasserrecht endet nach Ende der Nutzung
Beispiele für Verbreitung	Großbritannien, ehemalige brit. Kolonien	westliche USA	islamische Staaten

Quellen: KLOHN 1994: 51 - 55, CAPONERA 1986: 14f., SAFADI al- 1982: 40, ERYANI al- et al. 1995: 44 - 57.

Die Menge des vom Oberlieger nutzbaren Wassers ist grundsätzlich nicht beschränkt. Dies macht Sinn, weil bei einem Sail normalerweise genügend Wasser zur Verfügung steht und die Nutzung vor allem durch die kurze zeitliche Dauer eingeschränkt wird. Trotzdem lassen sich aus den *Hadīṯs* mengenmäßige Regeln zum Wasserverbrauch ableiten. Um eine Hortung und Verschwendung zu vermeiden, entschied der Prophet, daß das zugeführte Wasser die Felder nicht mehr als knöcheltief überstauen darf (ERYIANI al- et al. 1995: 52). Wasser ist ein Geschenk Gottes. Daraus läßt sich gemäß der *Šarīʿah* ableiten, daß der verschwenderische Umgang mit Wasser eine Sünde ist, Wasser sparen hingegen eine Tugend.

Ein Beispiel, wie stark das Oberliegerrecht die räumliche Entwicklung beeinflußt, findet sich im Wadi al-ʿAīn / Ḥarīb, im ehemaligen Grenzgebiet zwischen Nord- und Südjemen. Dort wurden 1980 im oberen südjemenitischen Teil des Tales zwei große Ablenkdämme gebaut, um den Wadilauf in drei Teile aufzuteilen (Abb. 19). Seither wird dort eine größere Fläche bewässert, während nur noch alle paar Jahre Wasser in den unteren Teil des Wadis fließt. Der Bau der beiden Ablenkdämme hat die Struktur des Tales wesentlich verändert.

Abb. 19: Entwicklung der Sail-Bewässerung im Wadi al-ʿAīn / Ḥarīb vor und nach 1980

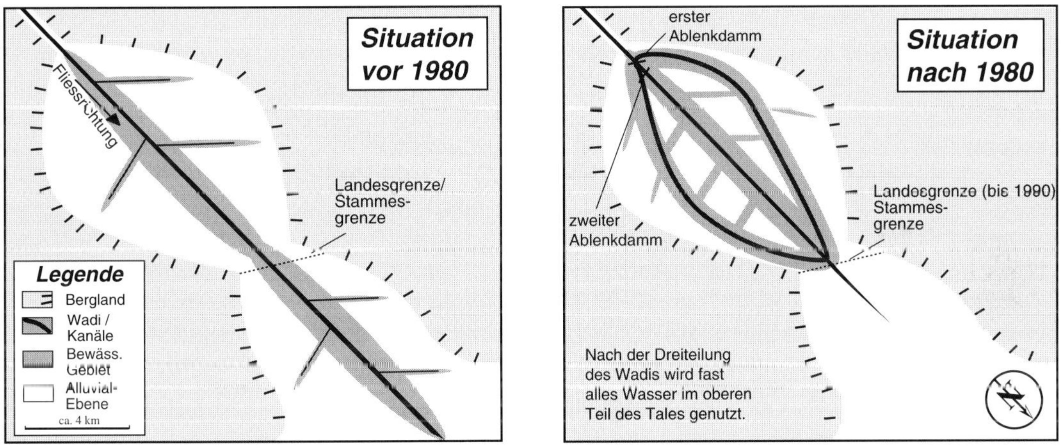

Die Entstehung der beiden Ablenkdämme geht ursprünglich auf die Agrarreform des Südjemens in den Jahren 1975 bis 1977 zurück. Zusammen mit der Neuverteilung und teilweisen Kollektivierung des Bodens wollte man mit der Verbesserung der Bewässerungs-Infrastruktur den Wert des Landes erhöhen. Obwohl der Bau der Dämme im Sinne einer sozialistischen Gemeinschaftsarbeit verstanden wurde, steckt dahinter die Idee des Oberliegerrechts. Dies zeigt sich in der heutigen Auffassung zum Projekt: Viele Veränderungen aus der südjemenitischen Epoche werden heute wieder rückgängig gemacht, die beiden Ablenkdämme bleiben aber unter Berufung auf das Oberliegerrecht bestehen. Die Unterlieger erhalten nur noch bei außergewöhnlich starkem Sail Wasser. Zunächst bleibt ihnen noch die Alternative, auf Grundwassernutzung umzustellen.

Der veränderte Oberflächenwasser-Haushalt vermindert auch die Anreicherung des Grundwassers, während gleichzeitig die Nutzung zunimmt. Die Folge ist ein zur Zeit stark sinkender Grundwasserspiegel. Ein Dialog zwischen den Unter- und den Oberliegern findet nicht statt, weil es an der Situation rechtlich nichts zu diskutieren gibt (was auch die Unterlieger anerkennen müssen) und die beiden Seiten zu unterschiedlichen Stämmen gehören.

Durch die klaren Regelungen des Oberliegerrechts sollen Streitigkeiten weitgehend vermieden werden. Dieses Beispiel zeigt aber, daß gerade diese Strategie der Konfliktverhinderung für den Unterlieger sehr ungerecht sein kann. Wird nämlich durch technische und institutionelle Fortschritte bei den Oberliegern die Effizienz der Wasserentnahme optimiert, wie zum Beispiel mit dem Bau der erwähnten Ablenkdämme, so kann die wirtschaftliche Lebensgrundlage der unterliegenden Region zerstört werden.

Die Logik, die dem erwähnten Oberliegerrecht zugrundeliegt, ist die möglichst rasche und effiziente Nutzung eines starken Sails. Weil es in einem großen Wadi während der Regenzeit genügend Wasser für alle Anrainer hat, würde eine mengen- und zeitmäßige Aufteilung der zu nutzenden Wassermenge keinen Sinn machen. Mit der allmählichen Perfektion der Ablenkdämme im oberen Teil der Wadis gilt diese Logik jedoch nicht mehr. Weil jetzt bereits dort sehr viel Wasser genutzt werden kann, braucht es einen expliziten Schutz der Unterlieger.

4.2.3 Ausnahmen zum Oberliegerrecht

Das Oberliegerrecht bevorzugt eine bestimmte Gruppe von Anliegern eines Wasserlaufes. Wenn im Jemen überall lediglich dieses Vorrecht der Oberlieger gälte, könnten viele Systeme nicht funktionieren. Die Regel „Oberlieger vor Unterlieger“ kann deshalb auch lediglich als Vorschrift über die *Reihenfolge* der Bewässerung verstanden werden. Diese Interpretation des in der *Šarīʿah* verankerten Oberliegerrechts gibt Anlaß zu einer Anzahl von Möglichkeiten, bestimmte Rechte der Unterlieger zu garantieren. Diese Interpretation ist unter den islamischen Rechtsexperten umstritten, im Jemen ist sie jedoch häufig anzutreffen (CEDZICH 1989: 22f.).

Aus der Literatur sind zudem verschiedene Ausnahmen zum uninterpretierten Oberliegerrecht bekannt. Zwei davon werden anschließend vorgestellt und mit eigenen Beobachtungen ergänzt. Die erste Regelung im Wadi Zabīd ist zudem auch ein Beispiel dafür, wie das *ʿUrf* trotz offensichtlichem Widerspruch zur *Šarīʿah* über Jahrhunderte bestehen konnte.

Regelungen zur Wasserverteilung im Wadi Zabīd

Das Wadi Zabīd ist in drei Bewässerungsregionen aufgeteilt. Jede dieser Regionen ist gemäß ihrer topographischen Lage weiter gegliedert in sechs, sieben bzw. vier Gebiete mit jeweils einem eigenen Ablenkdamm.

> „Hier gilt unverändert seit dem 15. Jahrhundert ein Wassergesetz, das das Vorrecht des Oberliegers nur noch in stark modifizierter Form anerkennt. Im Gesetz ist genau festgelegt, zu welchen Zeiten des Jahres bestimmte Regionen bewässert werden dürfen.“ (KOPP 1981: 125)

Die Verteilung des Ġails während des trockenen Winterhalbjahrs ist anders geregelt als diejenige des Sails: Ausschließlich die oberste Gruppe hat ein Nutzungsrecht am *Ġail*. Innerhalb dieser Gruppe ist festgelegt, wer an welchen Tagen das Nutzungsrecht besitzt. Nach diesem Schlüssel erhält jedes der sechs Gebiete mindestens jeden zweiten Monat einige Tage lang Wasser. Während der vier Monate von April bis Juli bleibt die Bewässerung ebenfalls nur der obersten Gruppe vorbehalten, diesmal fast ohne sich widersprechende Regelungen in bezug auf das Oberliegerrecht. Für die übrige Zeit gelten folgende Regelungen:

> „Vom 3.8 bis 13.9. sind die Kanäle der Gruppe II an der Reihe. Es ist die Zeit der größten und sichersten Flutwellen. Grundsätzlich gilt das Vorrecht des Oberliegers, nur die Berechtigten der beiden untersten Gebiete müssen das bei ihnen noch ankommende Restwasser gleichmäßig unter sich aufteilen. Für die Kanäle der Gruppe III bleibt schließlich der Zeitraum vom 14.9. bis 18.10 mit recht unsicherer Wasserführung des Wadis übrig. Bei schwachen Fluten erhält al-Sharabi 50 % des Wassers, al-Mahraqi und al-Haram je 25 %. Bei Hochfluten gilt das Vorrecht des Oberliegers. Ab 14.10. besitzt eine im unteren Teil des Gebietes ansässige Familie das alleinige Nutzungsrecht. Sie verkauft dieses jedoch oft an Oberlieger, da die Fluten häufig ihr Gebiet überhaupt nicht erreichen." (KOPP 1981: 127)

Wie der Unterschied zwischen einem großen Sail und einem kleinen Sail im Zeitraum vom 14.9. bis 18.10. definiert wird, geht aus der Quelle nicht hervor. Die Regelungen zur Verteilung des Oberflächenwassers im Wadi Zabīd lassen sich hinsichtlich ihrer Logik zur effizienten und gerechten Verteilung des Wassers wie folgt interpretieren:

- Die Beschränkung des Ġails auf die oberste Nutzergruppe vermindert den Wasserverlust: Da nur wenig Wasser vorhanden ist, wäre es ineffizient, wenn dieses einen weiten Transportweg zurücklegen würde. Die Zuverlässigkeit der Wasserherkunft findet sich in der starren Reihenfolge der Wasserverteilung wieder.
- Die starre Regelung bei einem kleinen Sail läßt darauf schließen, daß die Verteilung des Risikos auf alle Nutzer wichtiger eingestuft wird als die sichere Wasserversorgung für die Oberlieger. Diese Regelung, die dem allgemeinen Rechtsempfinden widerspricht, läßt darauf schließen, daß sich die Bewohner im Wadi Zabīd eher als Gemeinschaft verstehen als anderswo.
- Die Wasserverteilung während und nach der Hauptregenzeit ist genau nach dem Oberliegerrecht geregelt. Dies zeigt, daß eine unkomplizierte und rasche Wasserverteilung eben dann sinnvoll ist, wenn genügend Wasser vorhanden ist, da ohnehin niemand zu kurz kommen kann.
- Die Regelung für die alleinige Nutzung des Wassers vom 14. 10. bis 18. 10. für eine Familie mutet eigenartig an, insbesondere da dieses Wasserrecht kaum wahrgenommen werden kann. Die fünf Tage werden der Familie als Dank für eine frühere Vermittlung zwischen den Wassernutzern gewährt (BONNENFANT 1997:19).

Diese spezifischen Regelungen über die Wasserrechte in Zabīd sind mehr als 400 Jahre alt. Die Abweichung von der sonst starren Regel des Oberliegerrechts wird aus verschiedenen Gründen begünstigt: Einerseits gehörten über 80 % des bewässerten Landes Gruppen, die der städtischen Schicht von Zabīd zugerechnet werden können (KOPP 1981: 128) und somit außerhalb des betroffenen Gebietes leben. Andererseits sind in der Tihāmah die Stammes- und Sozialstrukturen nicht vom gleichen kleinräumigen Muster geprägt wie im Hochland, so daß sich komplizierte Regelungen mit Auswirkungen über ein weites Gebiet durchsetzen und erhalten konnten.

In der *Šarīʿah* ist das Oberliegerrecht direkt verankert. Deshalb hat schon seit langem eine intensive Diskussion über die Widersprüche zur Regelung im Wadi Zabīd stattgefunden. Sie werden legitimiert, indem auf das hohe Alter und die Bewährtheit der Regelung verwiesen wird:

> „Erstaunlicherweise ist das entscheidende Argument derjenigen, die das Gesetz des Wadi Zabīd wieder abschaffen wollten, daß es mit seiner `Fristenregelung‘ der Šarīʿah widerspräche. ... Die Befürworter des Wassergesetzes im Wadi Zabīd, zu denen gerade auch islamische Rechtsgelehrte ... gehören, führen dagegen an, daß das Gesetz am [Oberliegerrecht] festhalte, da es das Saylwasser ja zunächst auf den oberen, dann den mittleren und schließlich den unteren Waditrakt verteile. Außerdem habe sich das Gesetz bewährt und stelle eine allgemein akzeptierte Regelung dar, die bis heute Gültigkeit besitze." (CEDZICH 1989: 26f.)

In den 80er Jahren wurde das Bewässerungssystem von Zabīd technisch verändert, indem fünf große Ablenkdämme aus Beton gebaut wurden, um damit die früheren aus Schotter gebauten Dämme zu ersetzen. Am traditionellen System der Wasserverteilung wurde aber offensichtlich nichts geändert, die komplizierte Regelung bestand auch 1995 immer noch (BONNENFANT 1997: 19). Trotzdem ist die Modernisierung von der lokalen Bevölkerung stark kritisiert worden, weil sie fremdes Know-how in die von Tradition geprägte Gesellschaft eingebracht hat (vgl. Kap. 4.5.1).

Regelungen im Wadi Ḍahr

Im Wadi Ḍahr wird das Recht, den Ġail zu nutzen, zwischen den Ober- und Unterliegern zweigeteilt. Jede der beiden Parteien hat während der Trockenzeit jeweils 15 Tage pro Monat Anspruch auf das Wasser des Ġails. Während des Sails im Frühjahr und im Sommer bestehen diese Regeln nicht.

> „Both settlement and access to water follow the line of the stream: inviting tension between those upstream and those downstream. Customs have long been elaborated to contain this tension." (MUNDY 1989: 100)

Die Grenze zwischen Ober- und Unterliegern liegt beim Dār al-Haǧar, dem ehemaligen Imamspalast. Sie entspricht der Grenze zwischen den beiden wichtigsten Stammesgruppen des ehemaligen Nordjemens, den Ḥašīd und den Bakīl (MUNDY 1989: 101). Es erstaunt deshalb nicht, daß gerade hier eine starre Regelung besteht, die den Unterliegern entgegenkommt. Ohne sie wären langwierige Streitigkeiten weit über die regionale Ebene hinaus zu erwarten.

Auch innerhalb der beiden Gebiete bestehen zeitliche Verteilschlüssel nach Tagen. Die zugeteilte Menge hängt im wesentlichen von der Feldgröße, die ein Bauer besitzt, ab. Es steht ihm aber frei, sein Wasserrecht zu verkaufen statt es selber zu nutzen (MUNDY 1989: 102). Interessant ist zudem die Tatsache, daß explizit die Bewässerung zeitlich von unten nach oben erfolgt. Dies wird als Kontrolle gegen Wasserdiebstahl begründet zum Schutz der Unterlieger: Die oberliegenden Flächen würden durch ihre Nässe sofort auffallen, wenn sie außerhalb ihres Turnus‘ bewässert würden.

Das Fehlen einer Regelung zur Nutzung des Sails kann hier wiederum mit der Tatsache begründet werden, daß es bei einem Sail ohnehin genügend Wasser für alle potentiellen Nutzer hat.

Spezielle Regelung bei mittleren und kleineren Wadis in der Region Ḥarīb

Weitere Regelungen, die das Oberliegerrecht einschränken, konnten während der eigenen Untersuchungen beobachtet werden. Sie gelten für sogenannte „mittlere" und „kleinere" Wadis. Diese beiden

Kategorien unterscheiden sich von „großen" Wadis dadurch, daß das Wasser selbst bei einem großen Sail nicht für alle Anlieger genutzt werden kann. Deshalb wird ein spezieller Schutz der Unterlieger nötig. In „mittleren" Wadis ist es grundsätzlich verboten, Ablenkdämme zu bauen. Diese als ʿUrf-Recht bezeichnete Einschränkung wurde in Ḥarīb von verschiedenen Gewährsleuten erwähnt. Das Wasser kann nur genutzt werden, indem seitlich des Wadis Wassertore gebaut werden, entweder durch Vertiefungen am Rand des Wadis oder durch Tore mit Öffnungs- und Schließmechanismen.

„Kleinere" Wadis sind nur wenige Meter breit und entwässern kleine Einzugsgebiete, beispielsweise ein seitlicher Zubringer zum Hauptwadi. Sie führen nur kurze Zeit Wasser, weil die Distanz zum Ort des Niederschlags klein ist. Bei solchen Wadis ist es nicht erlaubt, das Wasser an einer beliebigen Stelle zu entnehmen und auf Felder zu leiten, sondern es wird von einem zentralen Wasserverteiler aus aufgeteilt. Bei einem solchen Wasserverteiler endet das Wadi. Von dort wird das Wasser unter die Anlieger aufgeteilt. Die Größe jedes einzelnen Wassertores und damit der mengenmäßige Wasseranteil hängt von der Größe der Felder ab. Im Luftbild (Abb. 20, hier allerdings aus dem Wadi Marḫa) ist diese Struktur gut sichtbar.

Abb. 20: Kleines vollständig genutztes Wadi im Wadi Marḫa (Luftbild)

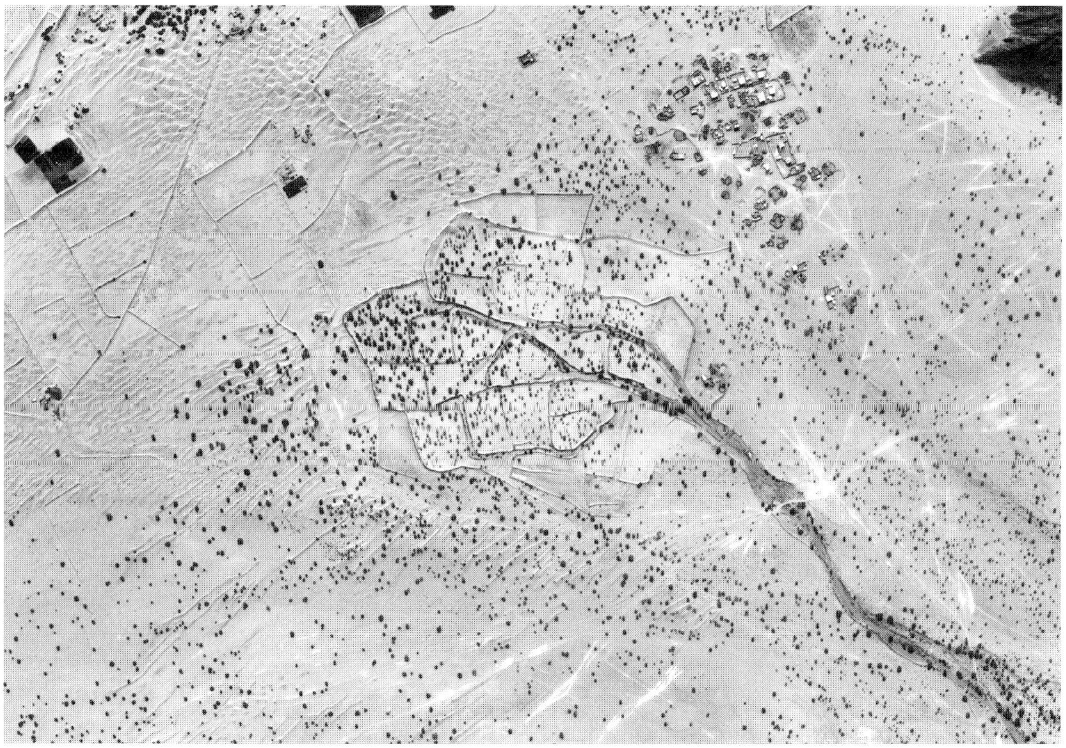

Vom rechten unteren Bildrand führt das Wadi zur Bildmitte. Dessen Wasser wird während der Regenzeit in den eingedämmten Feldern vollständig genutzt.
Quelle: Luftbild Wadi Marḫa Nr. 96 im Eigentum des Staatl. Museums für Völkerkunde, München, Aufnahmedatum 20. Januar 1994, durch MAPS Geosystems, München. Bildmaßstab ca. 1 : 13 000.

Die Logik hinter diesen beiden Regeln besteht im Schutz der Unterlieger vor der Willkür der Oberlieger. Weil das Wadi nur wenig und zudem stark schwankende Mengen von Wasser führt, würde der Oberste möglichst alles Wasser zu seinem Feld leiten, um sein Risiko zu minimieren.

Zusammenfassend kann festgestellt werden, daß die Ausnahmen zum Oberliegerrecht dann auftreten, wenn nicht ohnehin genügend Wasser für alle zur Verfügung steht. Aus der Charakteristik des Sails bei großen Wadis ist eine weitergehende Regelung nicht nötig, weil hier während der kurzen Periode der Flut kein Nutzer zu kurz kommen muß. Beim Ġail und bei kleineren Wadis ist hingegen eine Regelung nötig.

4.3 Regelungen zum Grundwasser

4.3.1 Wasserbesitz

Im Jemen herrschen zum Teil falsche Vorstellungen, was die hydrologischen Eigenschaften betrifft. Dies hat Auswirkungen auf das Rechtsempfinden gegenüber Grundwasser. Beispielsweise ist das Bild noch verbreitet, das Grundwasser werde von einem tiefer liegenden unterirdischen Ozean gespiesen, es sei damit gewissermaßen von „unendlicher“ Ausdehnung mit „unendlichen“ Reserven (SPAANS et al. 1994: 1). Diese Vorstellung steht jeder Forderung zum Schutz des Grundwassers natürlich im Wege.

Die bestehenden rechtlichen Regelungen über die Nutzung von Grundwasser unterscheiden sich von den Regelungen über das Oberflächenwasser. In erster Linie kennt das islamische Wasserrecht nur wenige Regeln für die Nutzung von Grundwasser. Wie beim Oberflächenwasser soll die Erschließung neuer Landwirtschaftsflächen gefördert werden, um für die Gemeinschaft Nahrungsmittel zu produzieren. Diesem Ziel dient die Regelung, daß Landbesitzer durch die Erschließung von Grundwasser automatisch ein Nutzungsrecht erhalten.

> „The waters of wells and springs are considered by most Islamic schools a private property. The justification is that these waters represent an added value to the 'land' or property, just like a crop or a tree would increase the value of a land. According to the Shafii Islamic school, the owner isn't obliged to give the surplus water ... to be used for irrigating a neighbor's land. But he has to give the surplus water if it will be used for human and/or cattle drinking.“ (ERYANI al- et al. 1995: 58)

Die Bevorzugung von Trinkwasser vor der Nutzung zur Bewässerung kommt dabei klar zum Ausdruck. Grundwasser kann de facto also als ein privates Gut des Landbesitzers betrachtet werden. Das Wasser geht mit der Förderung in den Besitz des Nutzers über. Das im Grund verbleibende ungefaßte Wasser bleibt *res nullius*. Für dieses kann lediglich das Recht, es zu nutzen, besessen werden. Diese Unterscheidung ist wichtig, weil damit ein Wasserhandel für *ungefaßtes* Grundwasser ausgeschlossen ist.

4.3.2 Wasserrechte in Abhängigkeit der Besitzverhältnisse von Brunnen

Wenn die Verhältnisse des Bodenbesitzes und die Größe der zu bewässernden Felder es erfordern, können Brunnen im Besitz von einzelnen Bauern oder von mehreren Bauern gemeinsam sein. Der Brunnen und das damit verbundene Wassernutzungsrecht gehört aber immer dem oder den Eigentümern des Bodens, auf dem der Brunnen steht, wer immer auch den Brunnen ursprünglich hat bohren lassen.

Der Brunnen kann damit nicht losgelöst vom Boden verkauft werden. Der Eigentümer des Brunnens ist aber nicht immer der Eigentümer der Anlagen zur Wasserförderung, zum Beispiel der Dieselpumpen.

Die Eigentumsverhältnisse von Brunnen und Pumpanlagen sind oft kompliziert, wenn diese zum Beispiel durch Erbschaften aufgeteilt wurden. Gemeinsame Eigentümer von Brunnen können zudem ihr Wasserrecht untereinander so verteilen, wie es ihren Bedürfnissen entspricht. Wie die Benutzung der Anlagen und damit die Teilung des Wassers geregelt ist, hängt sowohl vom Verhältnis des Eigentums am Brunnen als auch vom Eigentum der Förderungsanlagen ab. Möchte ein Wassernutzer seinen Anteil der Nutzung ändern, müssen sich immer auch die Anteile der Eigentumsverhältnisse ändern. Dies wird im folgenden geschildert:

Wie bei den Regelungen zur Nutzung von Oberflächenwasser gilt das Prinzip, daß das Wasser nicht mengenmäßig, sondern zeitlich geteilt wird. Jeder Partner soll mindestens alle 12 Tage seine Felder bewässern können, weil die meisten Anbauprodukte keine längeren Trockenperioden ertragen. Zwölf Tage dividiert durch die Anzahl der Besitzer ergibt in diesem Fall die Anzahl der Tage, die einer bewässern kann. Bei drei gleichberechtigten Partnern darf jeder vier Tage lang hintereinander bewässern.

Anspruch auf die Wassernutzung haben nur diejenigen Partner, welche einen Beitrag an den Anlagen zur Wasserförderung geleistet haben, unabhängig davon, ob man am Eigentum des Brunnens beteiligt ist oder nicht. Das Wasserrecht jedes Partners ist gewichtet nach dem Anteil, den er für diese Investitionen geleistet hat. Der Anteil bestimmt die Anzahl der Tage, an denen er bewässern darf, ungeachtet des Anteils, den er am Brunnen oder am Land besitzt. Zur Berechnung des Anteils an der Wassernutzung werden die zwölf Tage mit dem prozentualen Anteil an den Investitionskosten multipliziert. Beispielsweise dürfen bei Investitionsanteilen von 50, 25 und 25 % die drei Partner sechs, drei und drei Tage bewässern. Nochmals: Die Anteile, mit denen man am Brunnen selbst beteiligt ist, spielen dabei keine Rolle. Entsprechen diese Anteile denjenigen an den Investitionen, gibt es keine weiteren Regelungen.

Hat ein Partner einen Investitionsanteil geleistet, der kleiner als sein Anteil am Eigentum des Brunnens ist, erhält er im Verhältnis zu seinem Eigentum zu wenig Wasser. Er hat die Möglichkeit, seinen Anteil am Wasserverbrauch bis zu seinem Investitionsanteil zu erhöhen, indem er seinen Partnern den Anteil der Investitionskosten auszahlt, der für das gewünschte Verhältnis notwendig ist. Der Anteil an den Investitionskosten darf ohne das Einverständnis der anderen Partner den Anteil am Brunnen nicht überschreiten. Das folgende Beispiel soll dies illustrieren:

Vier Partner mit Besitzanteilen	... an den Förderungsanlagen (=Investitionskosten)	... am Brunnen
Partner A:	25 %	50 %
Partner B:	25 %	20 %
Partner C:	25 %	15 %
Partner D:	25 %	15 %

Jeder der vier Partner darf drei Tage bewässern. Partner A aber hat die Möglichkeit, sein Nutzungsrecht auf sechs Tage auszudehnen, weil ihm 50 % des Brunnens gehören. Angenommen, er möchte dies tun, muß er seinen Anteil an den Investitionskosten von 25 % auf 50 % erhöhen, indem er von Partner B 5 % und von C und D je 10 % ihrer Anlage „aufkauft".

Eine zweite Möglichkeit, sein Nutzungsrecht zu erhöhen, besteht darin, daß er sich seinen Anteil auszahlen läßt (3 x 8 1/3 %) und anschließend im gleichen Brunnen eine zweite, nur ihm gehörende Pumpe installiert. In beiden Fällen gibt es eine besondere Regelung, wie der Kaufpreis für den Anteil am Brunnen festgesetzt wird. Diese Regelung fällt durch ihre Einfachheit und Gerechtigkeit besonders auf:

Wer einen Wechsel des bisherigen Zustands möchte, setzt auf den von ihm zu verkaufenden Anteil der Anlage einen Preis, den er bereit wäre zu bezahlen, den er aber auch als Bezahlung akzeptieren würde. Die Partner können nun wählen, ob sie sich zu diesem Preis auszahlen lassen wollen (wenn der Preis ihrer Meinung nach genügend hoch ist) oder ob sie den anderen auszahlen (wenn der Preis für sie eher tief ist). Der einen Wechsel Wünschende hat damit ein Interesse, sein Angebot möglichst gerecht zu machen. Er ist aber auch immer im Nachteil; wer den Kuchen schneidet und dem anderen die Wahl des Stückes zugestehen muß, erhält immer das kleinere. Wenn er aus irgendeinem Grund ohnehin eine neue Pumpe für sich kaufen möchte, setzt er den Preis absichtlich tief an. Dann entscheiden nämlich die anderen Partner, die Pumpe zu behalten, indem sie ihn zu einem günstigen Preis auszahlen. Daneben gibt es auch die Möglichkeit, einen außenstehenden Vermittler beizuziehen, der den Preis festsetzt, wenn alle Parteien dies akzeptierten. Dann entscheidet das Los, wer zuerst wählen kann.

Aus der Region Ḥarīb gibt es zu dieser Regelung die folgende Geschichte:[1]

Im Ort ad-Dain betrieben acht Familien zusammen einen Brunnen. Das Wasser wurde mit Kamelen gefördert. Jeder Familie gehörte der gleiche Anteil am Brunnen und an den Kamelen, sie hatten damit den gleichen Anteil am Recht, Wasser zu nutzen (je 1.5 Tage alle 12 Tage). Als man sich für den Kauf einer Pumpe entschied, stiegen 2 Familien aus, weil sie sich die Investitionskosten nicht leisten konnten. Danach hatten zwei Familien je 25 % der Investitionskosten, vier Familien je 12.5 % und zwei Familien keinen Anteil. Alle 8 Familien blieben jedoch zu je 12.5 % Eigentümer des Brunnens. Als die beiden Familien ohne Nutzung nach einigen Jahren zu Geld gekommen waren, wollten sie von ihrem bestehenden Wassernutzungsrecht wieder Gebrauch machen. Die bestehenden Nutzer wehrten sich dagegen, es entstand in der Folge ein Gerichtsfall. Das lokale Gericht entschied letztlich, daß die beiden Familien die Hälfte ihres 25 % –Anteils der Pumpe den beiden Wiedereinsteigern zum aktuellen Wert verkaufen müßten.

[1] Die Geschichte wurde erzählt von einem der Ḥarāṯ im Dorf Ar-Raǧaba, Wadi al-ʿAīn, am 31.12.94.

4.3.3 Mindestabstand bei Brunnen (Ḥaram)

Eine wichtige Regelung zum Schutz des Grundwassers ist der Mindestabstand zwischen zwei Brunnen. Diese Schutzzone um einen Brunnen wird „*Ḥaram*“ genannt, (allerdings bei VARISCO 1982: 253 „*Ḥarīm*“). Sie soll verhindern, daß ein Brunnen zu nahe neben einem bestehenden gebaut wird, weil er ihm sonst das Wasser abgraben könnte. Dieser definierte Abstand ist je nach Gebiet unterschiedlich groß: VARISCO (1982: 254) zählt Beispiele auf mit einem *Ḥaram* von 26 m bis einige Kilometer.

Im Jemen wird heute üblicherweise von einem Abstand von 500 m als Maßeinheit für *Ḥaram* gesprochen. Meist bezieht man sich dabei auf Tiefbrunnen, für Oberflächenbrunnen gibt es keinen eigentlichen *Ḥaram* (mdl. Mitteilung Prof. M.L. al-ERYANI). In der bereits erwähnten Sammlung des ʿUrf („Document of Seventy“ Kap. 4.1.2) ist *Ḥaram* jedoch auf die Distanz festgesetzt, die der Tiefe des Brunnens entspricht (ERYANI al- et al. 1995: 56). In der Region Ṣanʿāʾ findet die *Ḥaram*-Regelung nicht nur zum Schutz der Nachbarn, sondern auch explizit als Schutz des Grundwassers vor Übernutzung Beachtung (SAFADY al- 1992: 34): Laut einem älteren Gesetz gibt es drei Ringe um die Stadt. Im innersten Ring ist es verboten, neue Brunnen für landwirtschaftliche Zwecke zu bohren, außer man hat dafür eine spezielle Bewilligung. Im zweiten Ring müssen die Abstände zwischen den Brunnen 600 m betragen, im dritten Ring darf der Abstand etwas geringer sein.

In den Regionen Maʾrib und Ḥarīb konnte beobachtet werden, daß die *Ḥaram*–Regelung zwar bekannt ist, aber keine Beachtung findet. Es wurde argumentiert, daß der Besitz von Land über dieser Regel stehe, jeder könne auf seinem Land beliebig viele Brunnen bohren. Zudem wurde angeführt, daß die Feldgrößen oft kleiner seien als die Schutzzone selbst. Somit kann der Abstand zwischen zwei Brunnen oft gar nicht größer als 500 m sein. Pragmatisch sah es ein Bauer, auf den kleinen Abstand zwischen seinem Brunnen und demjenigen seiner beiden Nachbarn angesprochen: Als er und sein Nachbar die beiden Brunnen bohrten, hätte es noch genügend Wasser gehabt. Deshalb sei kein *Ḥaram* nötig gewesen.

Durch die Mindestabstände zwischen den Brunnen bedeutet *Ḥaram* faktisch eine Beschränkung der Anzahl Brunnen in einer Region. Es stellt damit ein mögliches Rechtsmittel gegen die Übernutzung des Grundwassers dar. Wie das Beispiel von Ṣanʿāʾ zeigt, kann die Variation der Abstände dem Ausmaß des Problems angepaßt werden. Im Sinne der „commons“-Debatte ist es auch ein Instrument, den offenen Zugang zur gemeinsam genutzten Ressource zu beschränken. Diese Beschränkung findet dann auf eine relativ gerechte und auch einfach zu kontrollierende Weise statt. Weil die Leistungsfähigkeit der Pumpen heute aber nahezu beliebig ausdehnbar ist, muß in der Diskussion über die Anzahl der Brunnen auf jeden Fall auch die pro Brunnen zu schöpfende Wassermenge berücksichtigt werden.

4.3.4 Pachtzinsregelungen und Bewässerung

Das Pachten von Land für die landwirtschaftliche Nutzung ist im Jemen weit verbreitet. Der Pachtvertrag regelt hauptsächlich die Kosten und die Dauer der Nutzung von Land. Die Art der Bewässerung beeinflußt die Pachtkosten wesentlich. Alte Bewässerungstechniken haben ganz direkt zu einem heute noch gültigen Verteilungsschlüssel geführt.

Grundsätzlich kann der Pachtzins als Teil der Ernte oder in bar erfolgen. Dies hängt von den erzeugten Agrarprodukten oder den wirtschaftlichen Verhältnissen des Landeigentümers ab. Werden beispielsweise Cash-crops erzeugt, wird die Pacht üblicherweise in bar bezahlt. Hält sich der Eigentümer des Landes mehrere Jahre im Ausland auf, kann der zurückbleibenden Familie die Pacht in Grundnahrungsmitteln ausbezahlt werden. Sie stellt damit einen wichtigen Teil der Existenzsicherung dar.

Im Jemen ist die Variabilität der Erträge infolge der starken Schwankungen der Niederschläge groß. Indem relative und nicht absolute Pachtzinsen üblich sind, muß das Risiko der allfälligen Mindererträge nicht vom Pächter allein getragen werden. Wären die Pachtkosten auf einen absoluten Betrag oder eine feste Menge fixiert, könnte dies für den Pächter den Ruin bedeuten, falls die Ernte sehr gering ausfallen würde. Fixe Pachtkosten sind deshalb unüblich.

Bei einer prozentualen Regelung wird das Risiko zwischen den beiden Parteien aufgeteilt. Ein *Hadīṯ* im Zusammenhang mit den Pachtkosten sagt aus, ein Vertrag sei nicht gültig, wenn dem Pächter nur ein Drittel oder ein Viertel übrigbleibe (VARISCO 1982: 256). Trotzdem kann die Höhe der Pachtkosten tatsächlich zwischen 10 % und 75 % des Ertrages variieren (KOPP 1982: 142 - 145). VARISCO (1982: 257f.) zählt Beispiele auf mit Pachtzinsen zwischen 25 % und 50 % der Ernte. Grundsätzlich ist die Pacht auf bewässerten Feldern höher als auf unbewässerten. Dabei bestehen große regionale Unterschiede.

Die Pachtkosten am Innenrand des Hochlandes sind abhängig von den Eigentumsverhältnissen am Wasserrecht und an den Anlagen zur Wasserförderung. Im folgenden werden verschiedene Fälle von Pachtzinsen unterschieden. Dabei wird auf die Pumpen-Bewässerung Bezug genommen, die gleichen Zinsen kommen aber auch für Ablenkdamm-Bewässerung zur Anwendung. Dann gelten die Eigentumsverhältnisse statt für die Pumpen einfach für die Dammanlagen.

- Hat der Pächter keinen Anteil am Eigentum des Brunnens, Wassers oder der Pumpen, entrichtet er dem Landeigentümer 50 % des Ertrages. Sowohl das Land, das Wasser als auch die Anlagen für die Wasserförderung gehören dem Grundherrn. Die variablen Kosten wie Saatgut, Dünger und Diesel werden im Verhältnis 50 : 50 geteilt. Der Pächter zieht hier seinen Aufwand direkt von den abzuliefernden Pachtkosten ab.

  Diese Situation ist sehr selten, da normalerweise die Förderungsanlagen dem Pächter gehören. Im Falle der Staudammbewässerung von Ma'rib wird jedoch dieser Ansatz angewendet. Das vom Staat gebaute Kanalsystem kommt hier also dem Landeigentümer und nicht dem Pächter zugute.

- Ein Pachtpreis von 20 % der Ernte kommt zur Anwendung, wenn der Landeigentümer das Land und den Brunnen, also auch die Bohrung, zur Verfügung stellt, der Bauer jedoch eine eigene Pumpanlage hat.

- Es gibt keine Fälle, bei denen der Landeigentümer die Pumpenanlagen besitzt, nicht aber das Wasserrecht.

- Der weitaus häufigste Fall von Pachtverhältnissen ist derjenige, bei denen der Landeigentümer nur das Land zur Verfügung stellt, der Pächter die Investitionen für den Brunnen und die Pumpanlagen aber selbst trägt. Dann bezahlt er dem Landeigentümer etwas mehr als 13 % der Ernte. Genau genommen sind es 1.5 Teile von 11.5 (vgl. nächsten Abschnitt).

- Keine eigentliche Pacht ist die Situation, wenn der Bauer zwar eigenes Land hat, jedoch keine Möglichkeit hat, dieses mit eigenem Wasser zu bewässern. Er bezieht das Wasser dann von einem Fremden und muß in diesem Fall einen Anteil von 10 % der Ernte bezahlen.

Tab. 6: Höhe des Pachtzinses in Abhängigkeit der Eigentumsverhältnisse im „Maš rīq"

	Landeigentümer ist Brunnen- und Wassereigentümer	Pächter ist Brunnen- und Wassereigentümer
Landeigentümer ist Eigentümer der Pumpenanlagen	50 %	—
Pächter ist Eigentümer der Pumpenanlagen	20 %	13.04 %

Bezieht ein Landeigentümer Wasser von einem anderen Bauern beträgt die „Pacht" für das Wasser 10 %.

Aus diesen Angaben können zwei Aspekte herausgelesen werden: Einerseits hat das Wasser einen geringeren Wert als das Land. Während für die Benutzung des Landes (bei eigenem Brunnen) etwas mehr als 13 % bezahlt werden müssen, sind es bei der Benützung des Wassers nur 10 %. Andererseits gibt uns dieses Beispiel einen Indikator für den Wert des Wassers. Der Wasserpreis beträgt hier 10 % der Ernte.

Traditioneller Teilungsschlüssel für Grundwasser-Bewässerung

Wenn der Pächter das Land mit eigenem Wasser und eigenen Pumpen bewässert, kommt normalerweise ein Pachtzins von 13.04 % zur Anwendung. Genau genommen sind es 1.5 Teile aus 11.5. Der Grund für diesen ungewöhnlichen Bruch ist ein Verteilschlüssel der Ernte, der auf frühere Bewässerungstechniken zurückgeht. Nachdem bis etwa Mitte der 60er Jahre das Wasser mehrheitlich mit Tierkraft aus dem Untergrund gehoben wurde, sind in neuerer Zeit nur noch moderne Dieselpumpen im Einsatz. Trotzdem hat sich bis heute der auf die traditionelle Wasserförderung zurückgehende Teilungsschlüssel erhalten können.

In einem traditionellen Pachtbetrieb waren drei Partner in einen Betrieb miteinbezogen:

a) Landbewirtschafter (Pächter)
b) Landeigentümer
c) Besitzer der Tiere für die Wasserförderung

Jeder der drei Partner erhielt den folgenden bestimmten Anteil des Ertrages, abhängig von seinem Aufwand:

a) *Landbewirtschafter:* Für den Unterhalt einer Bewässerungseinheit mit einem Brunnen brauchte es zwei Arbeitskräfte (genannt *as-sānī* „ = „der mit dem Wasser arbeitende"). Die eine arbeitete ständig am

Brunnen mit den Kamelen und war dafür verantwortlich, daß die gewünschte Wassermenge geschöpft wurde und in das Kanalsystem floß. Die andere Arbeitskraft war für die Aussaat, die Wasserverteilung und für die Ernte zuständig. Gemäß dem Verteilungsschlüssel erhielten beide Arbeitskräfte das Gewicht von je einer Einheit, zusammen also **2 Teile**, ungeachtet davon, wieviele Personen tatsächlich diese Arbeit verrichteten.

b) Dem *Landeigentümer* kamen insgesamt **1.5 Teile** zu. Davon gehörte 1 Teil ihm, 0.5 Teile hatte er als eine Art Steuer und Versicherung an folgende Parteien weiterzugeben:

- 0.2 Teile sind als Steuer (zakat) dem Gemeinwohl zu entrichten.
- je 0.1 Teil gingen an den Schreiner (an-naǧār), den Schmied (al-ḥadād) und an den Gerber (al-ḥarān). Dies war die Entschädigung für ihre Arbeit und ihr Material, die sie während des Brunnenbaus kostenlos zur Verfügung gestellt hatten. Ebenso hatten sie etwelche Reparaturen ebenfalls ohne weitere Bezahlung auszuführen.

c) Schließlich gingen **8 Teile** an denjenigen Partner, der am Brunnen mit den Tieren arbeitete. Dieser hohe Anteil wurde damit gerechtfertigt, daß für die Wasserförderung 4 Kamele benötigt wurden. Jeweils zwei davon waren im Einsatz und zwei ruhten sich aus. Weil jedes Kamel doppelt soviel Nahrung wie eine menschliche Arbeitskraft benötigt, hatte ihr Anteil das doppelte Gewicht.

Zusammengezählt ergaben sich 11.5 Teile. Der jeweilige Anteil der einzelnen Partner ließ sich nun berechnen, indem sein Teil durch diesen Wert dividiert wurde. Für die Bauern, die Landeigentümer und die Wasserförderer waren es also 17.4 %, 13.04 % bzw. 69.56 %. Wenn sich eine Partei aus zwei der drei Partnern zusammensetzte, wurden die Teile zusammengezählt. Im häufigen Fall des Bauern, der zugleich auch Wasserförderer war, hatte er eine Pacht von 13.04 % des Ertrags zu entrichten, was genau dem Anteil von 1.5 : 11.5 entspricht.

In neuerer Zeit ist dieser Verteilschlüssel manchmal neuen Verhältnissen angepaßt worden. Mit der Einführung der Dieselpumpe ging der Anteil des Bauern auf 1 Teil zurück (weil nur noch ein *Sānī* benötigt wird), und derjenige des Landeigentümers erhöhte sich auf 2 Teile (weil der Wert des Landes gestiegen ist). Aus dem Kamelbesitzer wurde der Investor, sein Anteil verblieb bei 8 Teilen angesichts der hohen Kapitalkosten. Gesamthaft wird in diesem Fall nur noch durch 11 statt durch 11.5 geteilt.

Seit den 80er Jahren hat sich der Verteilschlüssel in manchen Fällen den neuen wirtschaftlichen Verhältnissen weiter angepaßt. Infolge des Arbeitskräftemangels hat sich der Anteil des Bauern auf 2.5 Teile erhöht, der Anteil des Investors jedoch auf 5.5 Teile reduziert wegen des stark erhöhten Kapitalzuflusses. Der Anteil des Landeigentümers ist bei 2 Teilen geblieben. Gemäß Angaben eines „Ḥarāṯs“ in Ḥarīb / al-ʿAin wird aber trotzdem heute meist noch der alte Schlüssel angewendet.

In allen drei Fällen sind die jeweiligen Anteile nicht immer starr, sondern den Kräften von Angebot und Nachfrage ausgesetzt. Ein Feilschen um die prozentualen Anteile ist üblich. Selbstverständlich werden Landqualität und besondere topographische Verhältnisse in den Pachtpreis miteinbezogen.

Die Pachtzins-Regelungen bei bewässertem Land zeigen eines nochmals sehr deutlich: Die geltenden Institutionen in der Bewässerungs-Landwirtschaft wurden von den traditionellen Techniken geprägt und bestehen heute, trotz moderner Techniken, weiter. Die bestehenden Institutionen zur Grundwassernutzung stammen aus einer Zeit, als noch keine Dieselmotoren zur Verfügung standen. Im

Vergleich zum Oberflächenwasser gibt es hier nur wenige Regelungen. Diese dienen zudem eher der gerechten und regelmäßigen Verteilung des Wassers als dem Schutz vor Übernutzung. Einzig die Bestimmungen im Zusammenhang mit *Ḥaram* könnten angesichts der heute anstehenden Probleme der Übernutzung des Grundwassers helfen, die Anzahl der Brunnen zu limitieren.

4.4 Die wichtigsten Regelungen zum Wasser im Überblick

Die Erläuterungen der traditionellen Wasserrechte wurden zum Teil detailreich ausgeführt, mit der Gefahr, daß dabei das Wesentliche der jemenitischen Regelungen nicht mehr klar erkennbar war. Deshalb werden im folgenden nochmals die wichtigsten im Jemen gültigen Regeln zur Wassernutzung zusammengefaßt.

Grundsätzliche Regelungen

- Der Zugang zu Trinkwasser muß für alle gewährleistet sein.
- Die zeitliche Dauer eines Wasserrechts ist unbegrenzt.
- Wasserrechte sind grundsätzlich mit den dazugehörigen Landrechten verknüpft. Wasser darf nicht losgelöst vom Land gehandelt werden, außer es liegt in gefaßter Form vor.
- Wasserrechte fördern eine möglichst effiziente Wassernutzung. In Verknüpfung mit Landrechten fördern sie das Urbarmachen von Ödland.
- Der Wassernutzer ist verpflichtet, mit dem Wasser sparsam umzugehen.

Regelungen zum Oberflächenwasser

- Ungefaßtes Oberflächenwasser ist *„res nullius“*, durch die Fassung wird es zum Privatbesitz.
- Das Oberliegerrecht ist zentral für Oberflächenwasser. Es bedeutet, daß der Oberlieger sein Wasser nach Belieben verwenden kann. Es existieren aber Ausnahmen.
- Anbau im Wadibett ist verboten, das Land des Wadibetts kann nicht in Privatbesitz sein.
- Beim Bau von Ablenkdämmen bestehen Regeln betreffend Standort und Form.
- Beim Ġail ist die Wasserverteilung hinsichtlich Menge und Zeit genauer geregelt als beim Sail.

Regelungen zum Grundwasser

- Die Grundwassernutzung ist weniger reglementiert als die Nutzung des Oberflächenwassers.
- Wasser in Brunnen geht mit der Förderung in den Besitz des Nutzers über.
- Der Handel von ungefaßtem Grundwasser ist ausgeschlossen.
- Beim Bohren von neuen Brunnen sind die Regelungen des Ḥaram zwar bekannt, sie werden aber oft ignoriert.
- Traditionelle Schlüssel für die Aufteilung des Wassers beim gemeinsamen Wasserbesitz und für Pachtzinsen sind trotz stark veränderter Rahmenbedingungen immer noch gültig.

4.5 Organisationen im Bewässerungssektor

4.5.1 Staatliche Behörden (ohne HWC und NWRA)

Regierung und Parlament

Der Jemen ist eine Präsidial-Republik mit einem Parlament. Der heutige Präsident, ʿAli ʿAbdallāh Ṣāliḥ, ist seit 1978 an der Macht und beendete damals eine unruhige Periode mit vielen Machtwechseln und Militärputschs. Seine Machtposition hat sich trotz innerer und äußerer Spannungen im Laufe der Zeit gefestigt. Allein das politische Geschick zu beschreiben, das er durch Koalitionen, Miteinbezug von Gegnern, Kauf von Sympathien etc. bewiesen hat, würde Bücher füllen. Der Präsident wählt de facto seine Regierung mit einem Ministerpräsidenten und den jeweiligen Ministern.

Das demokratisch gewählte Parlament ist eine Besonderheit im arabischen Raum, weil es tatsächlich aufgrund von freien Wahlen und aus einer Auswahl verschiedenster Parteien zustande kommt. Seine Machtbefugnisse sind aber eingeschränkt, kann doch der Präsident Entscheide des Parlaments umstoßen bzw. vorwegnehmen.

Seit Mai 1997 gibt es ein zweites Parlament, den „Consultative Council" (CC), in Anlehnung an Großbritannien auch als „Oberhaus" bezeichnet (YEMEN TIMES 41, 1997). Dessen 100 Mitglieder werden vom Präsidenten ernannt und stellen eine Auswahl der führenden Persönlichkeiten des Landes dar. Obwohl sie keine eigentlichen Entscheidungsbefugnisse haben, nehmen sie eine wichtige Stellung im öffentlichen Leben ein. Neue Gesetzesvorschläge werden vom CC diskutiert, und dessen Meinung wird in der Presse der Öffentlichkeit vorgestellt.

Ministerien

Im Jemen gibt es 27 Ministerien, deren Minister vom Präsidenten bestimmt werden (JEMEN-REPORT 2/1995: 26). Viele davon haben direkt oder indirekt mit der Bewässerung zu tun. Im Wassersektor direkt tätig sind folgende (nach RoY 1991a: 5):

- *Ministry of Agriculture and Water Resources* (MAWR): Dieses ist verantwortlich für Bewässerungsprojekte. Für die Nutzung der Wasserressourcen ist es das gewichtigste Amt, da über 90 % des Wasserverbrauchs auf Kosten der Landwirtschaft gehen. Das MAWR wurde im Sommer 1997 umbenannt zum *„Ministry of Agriculture and Irrigation"* (YEMEN TIMES 47, 1997).
- *Ministry of Oil and Mineral Resources* (MOMR): Ihm sind die Grundwasserreserven unterstellt. Damit übernimmt es die Verantwortung für die Nutzung dieser Ressource, aber ebenso für Studien im Zusammenhang mit der weiteren Erschließung.
- *Ministry of Electricity and Water* (MEW): Verantwortlich für die Wasserversorgung und –entsorgung in den Städten.
- *Ministry of Housing and Urban Planning:* Ebenfalls im Bereich der Wasserversorgung in den Städten tätig, als ehemaliges „südliches" Ministerium für die südlichen Provinzen.
- *Ministry of Local Government:* Verantwortlich für die Wasserversorgung der ländlichen Gebiete sowie für kleinere Bewässerungsprojekte.

Weitere Ministerien haben mit den Wasserressourcen am Rande zu tun. Beispielsweise engagiert sich bei größeren Projekten auch das Ministerium für Planung und Entwicklung. Die beiden Hauptakteure sind aber die zwei Erstgenannten, das MAWR und das MOMR.

Die Ministerien unterhalten für ihre konkreten Arbeiten eigene Agenturen und Ämter, die sich über Projekte mit einem bestimmten Aspekt der Regionalentwicklung befassen. Diese „Regional Development Agencies" haben zwar eine dezentrale Struktur, sie sind aber vollständig vom jeweiligen Amt in Ṣanʿāʾ abhängig. Es ist zudem kaum überblickbar, in welcher Weise diese Agenturen zusammenarbeiten bzw. konkurrieren. In einzelnen Regionen sind gleich mehrere Ämter parallel aktiv.

Zwei weitere wichtige staatliche Organisationen im Wassersektor waren bzw. sind außerhalb der Ministerien organisiert, nämlich der High Water Council (HWC) und die National Water Resources Authority (NWRA). Ihre Gründung und Etablierung ist vor allem als Reaktion auf die Übernutzung des Grundwassers zu sehen. Deshalb werden sie erst in Kapitel 5.3.3, also nach der Analyse der gegenwärtigen Probleme, diskutiert.

Integrated Rural Development Projects (IRDP)

Im ehemaligen Nordjemen zählt THABET (1994: 61) sieben Projekte auf, die 1987 zusammengefaßt als „Integrated Rural Development Projects" (IRDP) bestanden haben. Für die Landwirtschaft haben die als IRDP bezeichneten regionalen Entwicklungsbehörden bisher eine zentrale Rolle eingenommen. Aufgrund dieser zentralen Bedeutung im Wasserbereich wurden sie an anderer Stelle (RoY 1992b: 29 - 31) auch als „agencies in the water sector" bezeichnet.

> „Das allgemeine Ziel der IRDP besteht darin, den Lebensstandard der Landbewohner, insbesondere der Armen, zu verbessern. Eine vordringliche Aufgabe ist dabei die Steigerung der landwirtschaftlichen Produktion sowie die Suche nach einer Lösung für agrarische Probleme. Als geeignetes Instrument hierfür ist die Errichtung von *agricultural blocs* ... sowie von Bewässerungsanlagen zu sehen. Einige IRDP sind aber auch für die Errichtung von Trinkwasseranlagen ... zuständig." (THABET 1994: 61)

Die IRDP sind dem Landwirtschaftsministerium unterstellt, das Planungsministerium übt eine Kontrollfunktion aus. Sie werden hauptsächlich von ausländischen Organisationen finanziert. Gleichwohl kann die Projektleitung unabhängig agieren (THABET 1994: 62 u. 72). Obwohl die IRDP unter einem gemeinsamen Dach arbeiten, sind sie sehr heterogen, das heißt jedes Projekt hat eigene Methoden zur Verwirklichung seiner Ziele. Die mangelnde Konzeption, Kontrolle und Koordination sind denn auch die Hauptkritikpunkte an den IRDP:

> „Auf jeden Fall weist die Tatsache, daß es keine seriösen Studien über die sozio-ökonomischen Auswirkungen der IRDP gibt, ... daß sowohl die jemenitische Seite als auch die beteiligten ausländischen Organisationen sich nicht eingestehen wollen, daß die Projekte gescheitert sind oder doch die propagierten Ziele zumindest nicht verwirklicht wurden ... [und] daß eine positive Auswirkung auf die Lebenssituation der Kleinbauern sowie Erfolge der IRD-Maßnahmen im Nordjemen in erster Linie von den politischen Gegebenheiten abhängen." (THABET 1994: 69)

Die Heterogenität der IRDP zeigt sich bereits darin, daß nicht alle IRDP als „Projekte" bezeichnet werden, in zwei Fällen sind Agenturen daraus geworden mit entsprechenden strukturellen Änderungen.

In der Tihāmah ist dies die „Tihamah Development Authority“ (TDA) und im Osten des früheren Nordjemens die „Eastern Regional Agricultural Development Authority“ (ERADA).

Zum Teil sind aus ursprünglichen Entwicklungs-Agenturen Ämter entstanden, für welche die Verwaltung bestehender Projekte größeres Gewicht erhalten hat als die Entwicklung neuer. In Maʾrib ist beispielsweise die ERADA für den Betrieb des Staudammes zuständig. Die ERADA wurde 1987 gegründet und hat die bisherigen Landwirtschafts-Agenturen auf der Provinzebene abgelöst (WORLD BANK 1988: 37). Hier ist neben allmählichen Umwandlung von einer Entwicklungs- zu einer Verwaltungs-Agentur auch die politische Bedeutung des Staudammes zu beachten. Weil die ERADA direkt einem Ministerium in Ṣanʿāʾ unterstellt ist, kann die Zentralregierung den Staudamm besser überwachen als wenn die Provinzregierung für den Betrieb zuständig wäre.

Ein anderes Beispiel für die Arbeit eines IRDP ist die aufwendige technische Modernisierung des traditionellen Bewässerungssystems im Wadi Zabīd (vgl. Kap. 4.2.3). Unter der Regie der TDA wurden in den 80er Jahren die aus Schotter bestehenden Ablenkdämme durch neue, aus Beton bestehende, ersetzt (BONNENFANT 1997: 21). Die Arbeit des TDA ist bei der lokalen Bevölkerung aber auf starke Ablehnung gestoßen:

> „Pour la collectivité locale, qui prenait en charge depuis des siècles la gestion des crues de son wâdî, cela signifie l'intrusion de forces nouvelles, extérieures et perçues comme non compétantes pour aménager un oued à crues intermittentes. Les gens de Zabîd reprochent aux techniciens de ne pas les avoir associés à l'élaboration du projet de modernisation de l'irrigation dans leur wâdî, de ne pas s'être appuyés sur leurs expériences, d'avoir fait appel à des compétences étrangères ... originaires de pays dans lesquels les fleuves coulent toujours.“ (BONNENFANT 1997: 15f.)

4.5.2 Gerichte und Schiedsrichter

Im Jemen gibt es zwei sich ergänzende Mechanismen zur Konfliktlösung bzw. Rechtssprechung: die staatlichen Gerichte und die traditionellen Schlichtverfahren.

Das staatliche Rechtssystem ist dreistufig aufgebaut (ERYANI al- et al. 1995: 56). Auf der untersten Stufe sind die „primary courts“ mit einem Qāḍī als Richter. In jeder Provinz gibt es mehrere dieser Gerichte, jeweils in den regionalen Zentren. Auf der zweiten Stufe sind die „appeal courts“, davon gibt es in jeder Provinz einen. Auf der dritten Ebene ist schließlich der „supreme court“ in Ṣanʿāʾ, der sich – analog zum westlichen Rechtssystem – mit zivilen Fällen auseinanderzusetzen hat, sofern diese bis an diese Instanz weitergezogen worden sind, und mit administrativen und verfassungsmäßigen Fällen, wenn der Staat selbst in einen Rechtsfall einbezogen ist.

Daneben gilt das Stammesrecht als zweite Rechtsquelle. Dieses kennt ebenfalls mehrere Stufen, auf der Dorfebene beginnend und bis zum Stammesführer („Sheikh of Sheikhs“) führend (ERYANI al- et al. 1995: 57). Auf der unteren Stufe nimmt dabei der *Ḥarāṯ* bzw. der *ʿAqil* eine sehr wichtige Funktion ein. Der Begriff des *Ḥarāṯ* ist auf den ländlichen Kontext beschränkt, im urbanen Bereich heißt er *ʿAqil*, seine Funktion ist aber dieselbe. In einer Region gibt es meist mehrere Ḥarāṯ. Bei einem Streit zwischen zwei Parteien können sie zunächst zu einem *Ḥarāṯ* ihrer Wahl gehen. Dieser entscheidet den Fall aufgrund der traditionellen Rechte. Der *Ḥarāṯ* arbeitet ehrenamtlich, im Wadi al-ʿAīn beispielsweise waren alle drei besuchten *Ḥarāṯ* gleichzeitig auch selber Bauern. Da diese durch ihre Erfahrung und

Autorität einen hohen Respekt genießen, wird ihr Urteil normalerweise anerkannt, nur in Ausnahmefällen wird der Streit weitergezogen, in der Region Ḥarīb normalerweise an die staatlichen Instanzen (vgl. Beispiel unten). Ein *Ḥarāṯ* wird im Normalfall von der Gemeinschaft gewählt. Trotzdem ist es üblich, daß das Amt mit Zustimmung der Gemeinschaft vom Vater zum Sohn weitervererbt wird.

Gemäß Auskunft eines *Qāḍī* aus Ḥarīb / al-ʿAin sind die beiden Arten der Gerichtsbarkeit stark miteinander verwoben. So ist es für ihn üblich, ein an ihn weitergezogenes Urteil eines *Ḥarāṯ* ohne weitere Erklärung zurückzuschicken. Seine Begründung für die Rückweisung ist, der *Ḥarāṯ* sei schließlich ein besserer Experte in praktischen Dingen. Das folgende Beispiel aus dem Wādī al-ʿAīn zeigt diese Vernetzung und illustriert die Funktionsweise der traditionellen Rechtssprechung.[1]

Im Wadi al-ʿAīn gab es einen Streit, weil ein Unterlieger einen Oberlieger beschuldigte, jedes Jahr mehr Wasser zu nutzen, so daß ihm nun weniger zur Verfügung stehe. Er wandte sich an einen Ḥarāṯ, um zu erwirken, vom oberliegenden Beklagten mehr Wasser zu erhalten. Der Ḥarāṯ entschied gegen das Oberliegerrecht zugunsten des Klägers. Das Urteil eines Ḥarāṯ muß von beiden Parteien akzeptiert werden, sonst wird es zu einem Fall für die staatlichen Gerichte. Der Unterlegene entschloß sich in der Folge, den Fall weiterzuziehen und gelangte schließlich bis an den "appeal court" der damals noch in Baiḥān war.

Interessant ist nun die Reaktion dieses Gerichts: Es wies den Fall wieder zurück, weil es zu diesem Fall keine weiteren Entscheide hinzuzufügen habe: Die drei Ḥarāṯ der Region sollen nochmals darüber diskutieren und gemeinsam entscheiden. Erstens sei es ein Fall, der nur die Interessen der Region betreffe und zweitens wollte das Gericht hier keinen ungewöhnlichen Präzedenzfall zum Oberliegerrecht schaffen, weil dies für die ganze Provinz eine zu delikate Angelegenheit sei.

Der Fall zog sich über weitere Stufen dahin, weil die zwei neuen Ḥarāṯ seine Übernahme ablehnten, und wurde schließlich vom ursprünglichen Ḥarāṯ zugunsten des Klägers entschieden.

Das Beispiel zeigt deutlich, daß das staatliche und das traditionelle Rechtssystem nicht in Konkurrenz, sondern in Ergänzung zueinander stehen: Der traditionelle *Ḥarāṯ* hat zwar keine juristische Ausbildung, er wird jedoch als Experte geschätzt. Deshalb verläßt sich selbst der *Qāḍī* oft auf die Erfahrung des *Ḥarāṯ* und übernimmt sein Urteil.

Eine Änderung der traditionellen Rechtsstruktur wäre durch den neuen, seit 1994 geltenden Verfassungsartikel Nr. 3 zu erwarten: Die Gerichte sind dazu verpflichtet worden, ihre Urteile alleine auf der Basis der *Šarīʿah* zu begründen (vgl. Kapitel 5.3.2). Die lokalen Schiedsrichter benutzen aber neben der *Šarīʿah* nach wie vor auch das *ʿUrf* für ihre Urteile, weil es stärker auf die konkreten Probleme bezogen ist. Beide Strukturen sind zwar miteinander verzahnt, sie haben hingegen eine unterschiedliche Dynamik in ihrer Entwicklung gehabt. Deshalb können Ungleichgewichte entstehen, die das bestehende

---

[1] Aus einem Gespräch mit einem Ḥarāṯ im Dorf Ar-Raǧaba, Wadi al-ÕAīn, am 29.12.94.

Rechtssystem lähmen. Die unterschiedliche Dynamik des *ʿUrf* und der *Šarīʿah* kann Veränderungen in der Interpretation beinhalten. Wenn der Bezug zur *Šarīʿah* nun obligatorisch wird, diese aber keine Regelungen zu einem Problem enthält, gibt es einen rechtsfreien Raum, der unter anderem für das Fortbestehen des Problems verantwortlich gemacht werden kann. Die übermäßige Nutzung von Wasser ist ein Beispiel dafür, denn in der *Šarīʿah* gibt es keine Aussagen, aus denen sich eine Einschränkung des Wasserverbrauchs herleiten ließe.

4.5.3 Nicht-staatliche jemenitische Organisationen

Sobald eine Gruppe von Bauern gemeinsame Bewässerungsanlagen benutzt, wird eine Form von Organisation nötig. Es wurde bereits auf einige derartige Organisationsformen hingewiesen. Zusammenschlüsse von Bauern können nur für die Bewässerung gelten, wie im Beispiel der gemeinsam genutzten Brunnen gezeigt wurde (Kap. 4.3.2), sie können aber auch in die Stammesstruktur eingebettet sein (Kap. 4.2.3). Bei größeren Zusammenschlüssen werden dann der Unterhalt und die Überwachung nötig, eine eigens dazu angestellte Person wird dafür von der Gemeinschaft beauftragt. Dieser wird „wakīl al-māʾ", „wakīl al-Ġail" oder „Dāʿil" genannt (CEDZICH 1989: 10, MUNDY 1989: 102). Ein speziell für einen Primärkanal zuständiger Wächter, der auch für das Öffnen und Schließen der Kanäle zuständig ist, heißt „Šaiḫ al-Šarīǧ" (CEDZICH 1989: 15). Jeder Bauer muß einen Anteil zur Bezahlung der zusätzlichen Arbeitskraft leisten. Üblicherweise geschieht dies in Form von Ernteanteilen oder Geld. Manchmal erhält der „wakīl" auch ein bevorzugtes Wasserrecht oder Arbeitshilfen als Bezahlung, wenn er selber Bauer ist (KOPP 1981: 124f.).

Größere nicht-staatliche Organisationen spielten im Jemen in den 70er Jahren eine wichtige Rolle. Im Agrarsektor waren die „Land Development Associations" (LDA) die wichtigsten davon. Ohne staatliche Initiative und zunächst ohne staatliche Unterstützung wurden diese von Heimkehrern noch in den 60er Jahren als eine Art Selbsthilfeorganisation gegründet, um die Entwicklung des Jemens voranzutreiben (KOPP 1981: 228). Ursprünglich eher für städtische Probleme zuständig, breitete sich diese Bewegung immer mehr in ländliche Gebiete aus. Die LDA übernahmen die Verantwortung für den Ausbau der Infrastruktur (Straßenbau, Schulbau, Elektrifizierung und Brunnenbohrungen) (KOPP 1990: 141).

Finanziert waren die LDA hauptsächlich durch Spenden der eigenen Mitglieder. Diese erzielten im Ausland oder in den Städten ein höheres Einkommen und wollten ihren Angehörigen in den ländlichen Regionen helfen. Zusätzlich wurden die LDA mit staatlichen Zuschüssen und von ausländischer Entwicklungshilfe unterstützt. Die LDA erfreuten sich dank ihres Erfolgs auch der zunehmenden Unterstützung durch die ländlichen Oberschichten (Scheichs und angesehene Familien). Organisiert waren die LDA auf drei Ebenen: auf Distrikt-, Provinz- und Landesebene. Ihre Vertreter wurden in geheimer Wahl bestimmt. 1967 noch als Selbsthilfegruppe gegründet, gelangten die LDA unter staatliche Kontrolle, behielten aber ihre dezentrale Struktur. Am Schluß galt der Staatspräsident als Vorsitzender der Landes-Dachorganisation der LDA (THABET 1994: 98 - 102).

Die LDA lösten sich zu Beginn der 80er Jahre vollständig auf. Nach dem Regierungswechsel von 1977 und der daraus folgenden Erstarkung von konservativen Kräften im Lande paßten die LDA nicht mehr ins Konzept der neuen, auf Zentralismus ausgerichteten Regierung (THABET 1994: 108 - 111). Ihre formellen Nachfolgeorganisationen waren die „Local Councils for Cooperative Development" (LCCD), die aber sehr stark vom Staat unterstützt und kontrolliert wurden und damit schon sehr weit vom Gedanken einer Selbsthilfegruppe entfernt waren (THABET 1994: 112f.).

Nicht-staatliche Institutionen haben in der Vergangenheit eine große Rolle bei der Entwicklung des ländlichen Raumes gespielt. Die früher zentralen LDA sind heute aus politischen Gründen verschwunden. Die Idee von nicht-staatlichen Organisationen zur ländlichen Entwicklung und zur Lösung der Wasserkrise scheint aber wieder in Mode zu kommen. Zum Beispiel verkünden führende Politiker des Landes in öffentlichen Interviews die Haltung, daß Selbsthilfegruppen die Initiative für die Lösung der Wasserkrise ergreifen sollen, indem sie Projekte auf Gemeindeebene aufbauen (YEMEN TIMES Nr. 43, 1997). Diese Diskussion wird in Kapitel 6.2 und 6.3 wieder aufgenommen.

4.5.4 Internationale Organisationen

Deutsche und niederländische Projekte

Seit den 80er Jahren haben sich viele deutsche und niederländische Organisationen im Wasserbereich engagiert. Ein Teil der hier verwendeten Literatur ist im Zusammenhang mit diesen Projekten entstanden (z.B. HUBAISHI al- et al. 1984, THABET 1994, WRAY div. Jahrg.). Die bilaterale deutsch-jemenitische Zusammenarbeit nimmt für beide Staaten eine besondere Stellung ein. Die gegenseitigen Besuche der Staatspräsidenten Mitte der 90er Jahre sind ein Symbol dafür. Die staatliche deutsche Entwicklungsorganisation (GTZ) hat im Jemen einen guten Ruf. Dies liegt unter anderem darin begründet, daß sie sowohl eigene als auch fremde Projekte unterstützt, die auf lokaler Ebene konkrete Probleme im Ansatz lösen.

Im Gegensatz dazu unterstützt die niederländische Entwicklungshilfe vermehrt nationale Projekte. Es werden einzelne Ministerien finanziell und technisch unterstützt, es werden Studien mitherausgegeben, und es werden einzelne Entwicklungsprojekte initiiert und durchgeführt. Beispiele dafür sind die technische Zusammenarbeit des im *Ministry of Oil and Mineral Resources* angesiedelten *General Department of Hydrogeology* (GDH), das lange Zeit eng mit dem *TNO Institute of Applied Geoscience* (Delft) zusammenarbeitete, die Herausgabe der verschiedenen *WRAY*-Studien (z.B. WRAY 1990, 1993, 1995) oder die Unterstützung des Baus neuer Staudämme im Hochland.

Die niederländischen Projekte laufen Gefahr, durch die intensive institutionelle Unterstützung zu viel Verantwortung zu übernehmen. So konnte während der eigenen Untersuchungen mehrere Male beobachtet werden, daß die jemenitischen Behörden sich hinter ihren Partnern „versteckten" und vor allem am Prestigegewinn interessiert waren, welche die Zusammenarbeit für die einzelnen Mitarbeiter brachte. Zum Beispiel reagierte der Direktor eines staatlichen Instituts für „Land and Water Conservation" in der Provinz Laḥaǧ auf die Frage nach der Zukunft seiner Region mit der Bemerkung: Diese hänge ganz davon ab, ob ein Entwicklungsprojekt zur Einführung von neuen PVC-Röhren realisiert werden könne oder nicht.

Innerarabische Entwicklungszusammenarbeit

Die innerarabische Entwicklungszusammenarbeit erfolgt in Form von Projekten und durch finanzielle und personelle Unterstützung. Ein prominentes arabisches Entwicklungsprojekt ist der neue Staudamm von Ma'rib, ein Geschenk des Scheichs von Abu Dhabi. Dieser hatte persönliches Interesse an der wirtschaftlichen Entwicklung der Region und stellte für den Bau 75 Mio. US-$ zur Verfügung (KOHLER 1994: 145f.).

Die Geldflüsse von den arabischen Nachbarstaaten sind aber wegen der schwierigen wirtschaftlichen Lage in den Geberländern unzuverlässig und oft auch stark mit politischen Konzessionen verknüpft. Nach dem Golfkrieg wurde die finanzielle Hilfe aus den reichen Nachbarländern eingestellt, weil der Jemen zur irakischen Besetzung von Kuwait eine differenziertere Stellung bezog als Saudi-Arabien und den Golfstaaten damals recht war. Die finanziellen Zuschüsse von arabischen Ländern gingen von 145.6 Mio. US-$ im Jahre 1990 auf 1.4 Mio. US-$ im Jahre 1991 zurück, 1993 erreichten sie immerhin wieder 11.9 Mio. US-$, 1994 und 1995 betrugen sie nur noch 2.0 bzw. 0.7 Mio. US-$ (OECD 1992: 295 und 1997: 212). Hier mag der jemenitische Bürgerkrieg der Auslöser für die Reduzierung gewesen sein.

FAO, Weltbank, UNDP

Die drei wichtigsten multilateralen Organisationen, die sich im Wassersektor des Jemens engagieren, sind die FAO, die Weltbank und das UNDP. Die FAO ist die größte weltweit tätige Entwicklungsorganisation für Land- und Forstwirtschaft. Sie hat seit mehreren Jahrzehnten verschiedene Projekte im Jemen durchgeführt oder unterstützt. Ein Vorteil der internationalen Tätigkeit der FAO sind die bereits vorhandenen Erfahrungen aus anderen Ländern. Es braucht zum Beispiel nicht erst nach neuen Methoden für die Heuschrecken-Bekämpfung gesucht zu werden, wenn in einem Nachbarland des Jemens die FAO bereits Erfolge mit einem Konzept ausweisen kann. Gleichzeitig birgt diese Größe auch die Gefahr übermäßiger Bürokratie. Wenn die Entscheidungsträger weit weg von den ausführenden Behörden sind, können Maßnahmen fehlschlagen, weil sie zu langwierig oder zu weit von den realen Problemen entfernt sind. Die FAO kann mit anderen bereits genannten Institutionen zusammenarbeiten, indem sie sich gegenseitig unterstützen. Ihr Einfluß auf die hier diskutierten nationalen institutionellen Bereiche ist jedoch klein.

Die FAO hat einen indirekten Einfluß auf den Wassersektor, indem Richtlinien oder Konzepte von jemenitischen Organisationen übernommen werden. Den in Kapitel 4.5.1 diskutierten IRD-Programmen liegt ein 1979 von der FAO erarbeitetes Konzept zugrunde (THABET 1994: 44). Die FAO hat selektiv einzelne Bereiche dieser Entwicklungsprogramme unterstützt, beispielsweise bei der Formulierung von Projektberichten. Sie war auch maßgebend am „National Action Plan for Environment and Development" (NAPED) (FAO 1993) beteiligt, der unter anderem Maßnahmen für eine ausgeglichene Wasserbilanz und ein dezentraleres Wassermanagement forderte (FAO 1993: 42).

Die beiden Bretton-Woods Organisationen Weltbank und Währungsfonds (IMF) haben von allen Entwicklungs-Organisationen den größten Einfluß im Jemen. Über Strukturanpassungs-Programme sollen gemäß der IMF-Politik ökonomische Mißverhältnisse abgebaut werden und der Markt für eine bessere Verteilung des Reichtums sorgen. Beide Institutionen arbeiten eng zusammen, wobei der IMF Aufgaben in der Finanzpolitik, der Weltbank Aufgaben in der Umwelt- und Entwicklungspolitik zukommen. Ein wichtiges Instrument der beiden Institute sind dabei die Konditionen, die sie an einzelne Finanzhilfen koppeln. Ein Beispiel dafür ist die Forderung der Weltbank nach dem bereits erwähnten Aktionsplan für Umwelt und Entwicklung (NAPED). Dieser mußte zuerst erarbeitet und vom Präsidenten unterzeichnet werden, bevor mit dem IMF über ein Umschuldungsprogramm verhandeln werden konnte.[1] Diese Bedingungen können eine Entwicklung in Gang setzen, die sonst nicht oder nur viel langsamer zustande käme.

Im Wasserbereich arbeitet die Weltbank seit Jahren auf den verschiedensten Ebenen. Sie unterstützt andere Projekte und ist selbst federführend bei eigenen Projekten. In Taʿizz hat sie ein großes Projekt durchgeführt, das den Schutz der Stadt vor Überschwemmungen sicherstellen soll. Andererseits stellt sie ausländische Fachleute für die Unterstützung jemenitischer Ämter zur Verfügung. Innerhalb der ERADA werden beispielsweise sudanesische Wasserexperten als Weltbank-Mitarbeiter beschäftigt.

Große Bedeutung hat die Arbeit der Weltbank im nationalen Wasserbereich mit der Erarbeitung der Studie „Yemen: Towards a Water Strategy" erlangt (WORLD BANK 1996). Dieser im Jemen vieldiskutierte Bericht ist ohne direkte Zusammenarbeit mit jemenitischen Behörden entstanden und hat deshalb radikalere und innenpolitisch unangenehme Vorschläge zur Lösung der Wasserkrise machen können. Die Weltbank verfolgt zwei Strategien, um dem Jemen bei der Bewältigung seiner Probleme zu helfen: Erstens werden Projekte mit einem regionalen Schwerpunkt verfolgt, bei denen die technische und finanzielle Zusammenarbeit im Zentrum stehen. Zweitens sind es nationale Projekte, die landesweite Entwicklungen auslösen und mit denen ein großer Einfluß auf die Institutionen im Wassersektor ausgeübt wird. Die Eindämmung des Konsums von Qat spielt für die Weltbank eine Schlüsselrolle bei der Bewältigung der heutigen Probleme.

Das UNDP hat im Jemen viel dazu beigetragen, daß die Wasserkrise von den Behörden zunächst wahrgenommen und anschließend mit Ämtern „institutionalisiert" worden ist. Dies zeigt sich am Beispiel der Etablierung des jemenitischen Wasseramtes (HWC, vgl. Kap. 5.3.3). Diese erste zentrale Wasserbehörde des Landes ist erst 1986 mit einem festen Mitarbeiterstab ausgerüstet worden, nachdem das UNDP dessen Finanzierung sichergestellt hatte. Seither steht die zentrale Wasseragentur des Jemens unter der „Patenschaft" des UNDP, auch die Nachfolgeorganisation des HWC, die NWRA, lebt teilweise von der Unterstützung des UNDP (WELTBANK 1996: Ann. 5). Das UNDP hat mit der Organisation und Unterstützung von Symposien und der Erarbeitung von Berichten die Diskussion über Ursachen und Maßnahmen der Wasserkrise in den letzten 10 Jahren geprägt (z.B. RoY 1991a). Auf nationaler Ebene hat sie aber stets mit einem jemenitischen Partner zusammengearbeitet, sei es nun das bereits erwähnte Wasseramt oder sei es das MOMR. Daneben hat das UNDP, ähnlich wie die Weltbank, auch lokale Projekte unterstützt (z.B. HANDLEY 1996a).

[1] Gemäß Ausführungen von Martino Smits, Environmental Protection Center, Ṣanʿāʾ, am 11.12.94.

4.5.5 Auswirkungen der Organisationen auf den Wassersektor

Viele internationale und nationale Organisationen sind im Jemen vertreten. Diese sind oft auf eine komplizierte und unüberschaubare Weise miteinander verknüpft. Die Unterstützung kann dabei auch wechseln. Das SURDP (vgl. Kap. 4.4.1) ist in den drei Projektphasen von jeweils unterschiedlichen Geldgebern finanziert worden (THABET 1994: 72): In der ersten Phase hauptsächlich von der Weltbank, der „International Development Association“ und von Abu Dhabi, in der zweiten Phase zusätzlich noch vom „International Fund for Agriculture Development“ (IFAD) und der Schweiz und in der dritten Phase schließlich von der IFAD, der Schweiz und der Weltbank. Daneben wird in allen Phasen auch der jemenitische Staat als Finanzquelle aufgeführt. Dessen Ausgaben beinhalten aber nur die Kosten für die einheimischen Projektangestellten. Aufgrund der wechselnden Geldgeber ist anzunehmen, daß auch die jeweiligen Zielsetzungen abgeändert wurden.

Die Aufzählung von Organisationen, die im Bereich Wasser tätig sind, ist hier nicht vollständig, es wurden nur die wichtigsten erwähnt. Die Liste zeigt aber, daß bestehende Probleme im Wasserbereich nicht wegen mangelnder Aufmerksamkeit von jemenitischen oder internationalen Organisationen entstanden sein können. Vielmehr kann man sich fragen, ob die mangelnde Übersicht über den institutionellen Bereich das Lösen der offensichtlichen Probleme geradezu verhindert. Die Vielfalt von Institutionen hat den Prozeß zur Problemlösung nämlich in zweierlei Hinsicht gelähmt:

- Im Jemen gibt es konkurrierende Behörden, die zur selben Frage unterschiedliche Lösungsvorschläge machen. Ein Beispiel dafür sind das MAWR und das HWC, die sich zu Beginn der 90er Jahre um die Verantwortung um ein neues Wasserrecht stritten. Beide Ämter haben ausführliche Vorschläge für ein neues Wassergesetz gemacht, mit ihrem jeweiligen Amt als Schlüsselamt (vgl. Kap. 5.3.4). Dabei hat sich die Diskussion immer mehr vom eigentlichen Problem entfernt und zu einer Machtfrage der jeweiligen Minister entwickelt. Durch die Verlagerung auf die politische Ebene wurde die nötige Zusammenarbeit gelähmt und hat auch andere Bereiche betroffen, zum Beispiel die Schaffung des zentralen Wasseramtes.
- Die Unterstützung der jemenitischen Ämter durch internationale Organisationen birgt die Gefahr, daß die Verantwortung für Lösungen an die unterstützenden Organisationen übertragen wird. So konnte auf lokaler Ebene folgendes Beispiel beobachtet werden: Ein ähnlich den IRDP organisiertes jemenitisches Projekt in der Provinz Laḥaǧ heißt „Project of Implementation Unit of Land & Water Conservation“ (PIU). Es ist offiziell dem Landwirtschaftsministerium unterstellt und wird von der Weltbank und der Deutschen Entwicklungsagentur (GTZ) unterstützt.[1] Mit dessen Projektleiter im „Extension Sector“[2] kam im Verlaufe eines Gesprächs das Thema auf die dringendsten Maßnahmen gegen den steigenden Salzgehalt in seiner Region. Der Projektleiter und lokale Bewässerungsexperte meinte dazu lapidar: Ob und wann Maßnahmen ergriffen würden, hänge ganz von der Zusammenarbeit mit der GTZ ab.

  Eine Organisation wie die GTZ darf die Verantwortung für einen Entscheidungs-prozeß aber ebenso wenig tragen wie die UNDP, die Weltbank oder die FAO. Erstens sind bei allen Maßnahmen auf lokaler Ebene Erfolge nur gewährleistet, wenn lokales Know-how ein

---

1 Gemäß Ausführungen von Anwar Abdel-Karim, Director for Irrigation Sector, PIU, Laḥaǧ.

2 Gespräch mit Mohammed al-Gadi, Director for Extension Sector, PIU, Laḥaǧ, am 20. 3. 1997.

> Projekt von der Planung bis zur Implementierung mitprägt. Zweitens muß die Verantwortung bei lokalen Fachleuten sein, sonst fühlen sich die Betroffenen fremdbestimmt. Und drittens verstärkt sich die pessimistische Einschätzung der Lage durch die jemenitischen Ämter, wenn die Verantwortung in fremden Händen liegt. Schließlich bleiben die ausländischen Projekte länger in ihrem Bereich und erhöhen das damit verbundene Prestige und die Verdienstmöglichkeiten, solange die Situation sich nicht verbessert.

Im Jemen hat die Anwesenheit von internationalen Institutionen im Wasserbereich dem Land eher geschadet als genützt. Aus der Beobachtung der Diskussion der letzten 20 Jahre wird klar, daß das Problem der Wasserübernutzung schon seit langem erkannt wurde, nur kam wenig Wissen über dessen Ursachen und Maßnahmen dazu. Ohne allzu stark auf die entwicklungpolitische Diskussion eingehen zu wollen, wird hier die Forderung nach „Subsidiarität“ unterstützt:

> „In der Entwicklungshilfe müßte das Subsidiaritätsprinzip angewendet werden. Die von außen kommende Hilfe soll die Eigenanstrengungen des Entwicklungslandes nur auslösen und unterstützen. Externe Hilfe darf nicht Ersatz werden für Eigenanstrengungen. In der Größenordnung soll sie die Eigenanstrengungen nicht erdrücken. Sie darf auch die Absorptionskapazität des Entwicklungslandes nicht überschreiten.“ (HAGEN 1988: 328)

Daß diese Haltung zum Teil auch von den internationalen Organisationen selbst geteilt wird, geht aus einer beiläufigen Erwähnung in einem Report zur Wassergesetzgebung hervor:

> „The UNDP/DTCD Project ... will terminate its major activities by the end of August, 1992. Future support by UNDP will depend on the outcome of government actions on institutional set-up and water sector organization.“ (RoY 1992a: 32)

Diese Formulierung erinnert an die oben erwähnte Konditionalität der Weltbank-Strategie, sie ist aber auch als Warnung oder Drohung zu verstehen. Aus der Tatsache, daß auch nach 1992 die UNDP sehr aktiv im Jemen tätig war, ohne daß es zu sehenswerten Resultaten im Wassersektor gekommen wäre, wird jedoch die geringe Ernsthaftigkeit der genannten Drohung ersichtlich.

5. DIE ÜBERNUTZUNG DES WASSERS DURCH DIE BEWÄSSERUNGS-LANDWIRTSCHAFT

5.1. Identifikation und Ausmaß der Übernutzung

5.1.1 Landesweite Beobachtungen

Die Übernutzung des Wassers wurde bisher einige Male angesprochen. In welchem Ausmaß der Grundwasserspiegel sinkt und ob dies überhaupt ein Problem darstellt, muß zuerst noch schlüssig dargelegt werden. Das Ausmaß der Übernutzung wird je nach Quelle und den jeweiligen Bezügen anders abgeschätzt, die ungefähren Dimensionen sind jedoch gleich (Tab. 7).

Tab. 7: Angaben zum Wasserhaushalt im Jemen

Einheit	*Zuwachs pro Jahr in Mio. m^3*	*Entnahme pro Jahr in Mio.m^3*	*Jährliches Defizit in Mio. m^3*	*Verhältnis Entnahme/ Zuwachs*	*Quelle [Bezugsjahr]*
Wasserbilanz für den ehemaligen Nordjemen	1'300	2'600	1'300	200 %	RoY 1991a: II-3 [1991]
Wasserbilanz für den Gesamtjemen	2'000	2'900	900	145 %	WRAY 1995: 56f / 103 [1990]
Grundwasser der vier wichtigsten Aquifer-Einheiten	1'525	2'110	585	138 %	WRAY 1995: 88 [?]
Wasserbilanz für den Gesamtjemen	2'100	2'800	700	133 %	World Bank 1996: 1 [1994]
Wasserbilanz für den Gesamtjemen	2'500	3'400	900	135 %	WRI 1996: 307 [1987]
Prognose zum Verbrauch im Gesamtjemen 1990 / 2010	*keine Angaben*	1'717 2'438	*keine Angaben*	*keine Angaben*	RoY 1991c: 36 [1990 / 2010]
Wasserbilanz für den ehemaligen Nordjemen	1'000	1'350	350	136 %	Gleick 1993: 377 [1987]
Wasserbilanz für den Gesamtjemen	4'100 *	2'932	700 *	71.5% 131 % *	FAO 1997 [1994]

* *Der Zuwachs wird hier als „Total der erneuerbaren Wasser-Ressourcen pro Jahr" angegeben und liegt damit höher als die tatsächlich auch nutzbaren Ressourcen. Deshalb wird trotz höherem Zufluß ein Wasserdefizit ausgewiesen.*

Für den ehemaligen Nordjemen beläuft sich das jährliche Wasserdefizit für 1990 auf 1'300 Mio. m^3 Wasser (RoY 1991: II-3). Diese Zahl beruht auf der Schätzung, daß das erneuerbare Wasserangebot etwa 1'300 Mio. m^3 betrage, der jährliche Verbrauch jedoch bei 2'600 Mio. m^3 liege. Gemäß der gleichen Quelle sollte im ehemaligen Südjemen Wasserangebot und Wasserverbrauch noch im Gleichgewicht stehen (S. II-6). Eine andere Abschätzung von Wasserangebot und Wasserverbrauch (hier das ganz Land umfassend) kommt für 1990 auf Zahlen von 2'000 Mio. m^3 bzw. auf 2'900 Mio. m^3 (WRAY 1995: 56f/103) und damit auf ein Defizit von 900 Mio. m^3. Der Unterschied der beiden Angaben zeigt, daß es zwar keinen Sinn macht, sich auf eine genaue Zahl festzulegen, daß aber die Dimension der Übernutzung sehr gravierend ausfällt, welche Quelle man auch benutzt.

Ein weiteres Zahlenpaar gibt einen Anhaltspunkt über das Ausmaß der Grundwasserbilanz. Die jährlichen Entnahmen aus den vier wichtigsten Grundwasser-Speichern belaufen sich auf 2'110 Mio. m^3, der natürliche Zufluß auf 1525 Mio. m^3, woraus sich ein rechnerischer Verlust von 585 Mio. m^3 ergibt (WRAY 1995: 88). Regional sind aber deutliche Unterschiede festzustellen: Während in den Ebenen des Hochlandes das Verhältnis zwischen Entnahme und Zufluß rund 500 : 100 Mio. m^3 beträgt, ist dieses in der südlichen Küstenebene westlich von Mukalla' gerade umgekehrt, nämlich 225 : 375 Mio. m^3. Damit fließt dort Grundwasser in den Indischen Ozean ab.

Wird der totale Wasserverbrauch in die einzelnen Sektoren gegliedert sowie deren Wachstum betrachtet, ergibt sich das folgende Bild: Der Verbrauch hat 1990 im ehemaligen Nordjemen in der Landwirtschaft 1'500, in der Industrie 77.5 und in den Haushalten 108.9 Mio. m^3 betragen. In der Projektion für das Jahr 2010 wird mit einem Anstieg auf 1'900, 81.9 und 406.2 Mio. m^3 gerechnet (RoY 1991c: 36). Zusammen mit dem Verbrauch im Südjemen (30 Mio. m^3 für 1990 und 50 Mio. m^3 für 2010) summiert sich der Gesamtverbrauch des Landes auf die in der Tabelle angegebenen 1'717 Mio. m^3 Wasser für 1990 und 2'438 Mio. m^3 für das Jahr 2010 (RoY 1991c: 36). Die FAO (1997) rechnet für ihre Erhebung von 1994 mit einem jährlichen Defizit von 700 Mio. m^3, trotz einem Wasserangebot von 4'100 Mio. m^3 und einem Verbrauch von 2'932 Mio. m^3. Der scheinbare Widerspruch erklärt sich durch die im Zuwachs enthaltenen, aber bereits früh wieder verdunstenden Regenfälle.

In internationalen Sachbüchern zum Thema „Wasser" werden ebenfalls verschiedene Angaben über das Ausmaß der Übernutzung der Wasserressourcen des Jemens gemacht. Dazu sind in der Tabelle 7 zwei Beispiele aufgeführt. Nach GLEICK (1993: 377) rangiert der Jemen mit 136 % an viertletzter Stelle, was den prozentualen Wasserverbrauch im Verhältnis zu den sich erneuernden Vorräten betrifft. Nur gerade Libyen, Qatar und die Vereinigten Arabischen Emirate haben einen noch höheren Anteil als der Jemen (vgl. Kap. 1). In einem Vergleich von SMIL (1993: 79) liegen die Zahlen für den Jemen leicht tiefer: Die absolute Entnahmemenge liegt bei 1'150 m^3 pro Kopf und Jahr und entspricht dort 130 % des jährlich verfügbaren Angebotes.

Alle anderen Zahlen sind jeweils offiziellen Dokumenten entnommen, welche von jemenitischen Behörden in Zusammenarbeit mit internationalen Organisationen veröffentlicht wurden. Die aufgeführten Zahlen zeigen, daß es keinen Sinn macht, sich auf eine mengenmäßige Wasserübernutzung festzulegen, weil die Unterschiede zwischen den einzelnen Abschätzungen zu weit auseinander liegen. Unterschiede können zum Teil damit erklärt werden, daß der Teil des Niederschlags, der von der natürlichen Vegetation aufgenommen wird oder direkt transpiriert, manchmal mitgezählt wird und manchmal nicht. Daneben gibt es auch organisatorische Probleme für die Messung der Wasserbilanz. Die unterschiedlichen Ämter und Organisationen haben unterschiedliche Meßmethoden und Zeitreihen, die sie für die Erstellung ihrer Daten heranziehen. Wie bei den unterschiedlichen Niederschlagsmengen gleicher Stationen (vgl. Kap. 2.1.1) schwanken die Angaben der einzelnen Quellen erheblich.

Daß die bestehenden Wasserressourcen des Jemens übernutzt werden, ergibt sich also mehr aus einem Gesamtbild heraus als aus einer „nationalen Wasserbilanz". Das Wasserproblem wird dadurch am stärksten verdeutlicht, daß an vielen Orten des Landes ein Absinken des Grundwasserspiegels stattfindet. Die Übernutzung des Wassers ist deshalb vor allem ein regionales Problem. Aus diesem Grund wird in den nächsten Kapiteln auf die speziellen Probleme einzelner Regionen eingegangen.

Bisher wurde das jährliche Wasserdefizit durch die leicht zugänglichen Grundwasser-Reserven aus der jeweiligen Umgebung gedeckt. Andere potentielle Bereiche der Wasserherkunft wie Meerwasser-Entsalzungsanlagen oder die Wasser-Wiederverwertung sind zu teuer und mengenmäßig zu bescheiden. Sie werden aber beispielsweise für die Wasserversorgung der Stadt Ṣanʿāʾ als Alternative zumindest diskutiert (ERYANI al- et al. 1995). Eigentlich wären die gesamten Grundwasserreserven im Jemen ausreichend groß, um das heutige nationale Wasserdefizit noch über Jahrhunderte, wenn nicht sogar Jahrtausende zu decken. Allein der in der Ramlat as-Sabaʿtain und Rubʿ al-Ḫālī gelegene Aquifer „Extended Mukalla Complex" enthält nach einer Schätzung 10'000'000 Mio. m^3 Süßwasser (WRAY 1995: 88). Könnte er gesamthaft genutzt werden, würde allein dieses Aquifer ausreichen, den heutigen totalen Wasserverbrauch des Landes während 3'000 Jahren zu decken. Die Erschließung dieses Grundwassers für die stark defizitären Gebiete im Hochland wäre wirtschaftlich und rechtlich aber mit etlichen Problemen verbunden (vgl. dazu Kap. 5.4), so daß für die Deckung des nationalen Defizites nicht mit diesen Vorräten gerechnet werden darf.

Der Wasserhaushalt des Jemens wird betreffend früherer Zeiten mit Attributen wie „im Gleichgewicht stehend" oder *„the people of Yemen have managed their water resources superbly"* (RoY 1991: II-1) beschrieben:

> „In Yemen, for many centuries there has been an equilibrium between demand and supply of water. The beneficiaries maintained their natural resources in a way lead to physical, social and economical sustainability. Later, when man's interference increased without giving con sideration to the fact of water scarcity, many problems became evident such as incapability in keeping up the existed balance between human activities and available natural resources. ..." (al-ARIGHI 1995)

Die „nachhaltige Wassernutzung" muß aber im Zusammenhang mit den früher vorherrschenden Rahmenbedingungen gesehen werden: Noch vor wenigen Jahrzehnten betrug die Bevölkerung weniger als ein Drittel der heutigen Bevölkerung, die damalige Produktepalette bestand aus weniger wasserintensiven Pflanzen, Subsistenzwirtschaft war vorherrschend und – vielleicht als wichtigster Unterschied – Hunger und Mangelernährung waren damals noch weiter verbreitet als heute. Zudem war Qat ein Luxusprodukt, das den priviligierten Schichten vorbehalten war und eher an den Wochenenden konsumiert wurde. Eine allfällige Übernutzung der vorhandenen Wasserressourcen kann damit auch als Preis betrachtet werden, der für diese Veränderungen zu bezahlen war.

5.1.2 Übernutzungsprobleme im Becken von Ṣanʿāʾ

Die Übernutzung des Grundwassers im Becken von Ṣanʿāʾ gehört zu den meistdiskutierten und wohl auch„renommiertesten“ Problemen des Jemens, weil die Trinkwasserversorgung einer mittlerweile über eine Million Einwohner zählenden Großstadt bedroht ist. Das Absinken des Grundwasserspiegels wird generalisiert mit Raten von 3 m pro Jahr angegeben (RoY 1991a: II-4). Eine detailreichere Angabe, die sich auf russische Quellen bezieht, gibt die durchschnittliche jährliche Absenkrate je nach Standort mit maximal sechs, sieben und acht Metern an (WRAY 1995: 78). Auch hier macht es keinen Sinn, die Übernutzung in Kubikmetern zu quantifizieren; einzelne Indikatoren der Übernutzung genügen, um das Ausmaß der Problematik zu verstehen.

Ein aussagekräftiger Indikator mit „Langzeitgedächtnis“ ist das seit mehreren Jahrzehnten beobachtete Versiegen der Qanate um Ṣanʿāʾ (vgl. Kap. 2.4.1). Während die Qanate früher noch Wasser aus höheren Grundwasserspiegeln fassen konnten, sind sie heute gänzlich versiegt. Der letzte noch funktionstüchtige Qanat war der von Süden nach Ṣanʿāʾ führende *Ġail al-Asuad*, der bis 1973 in Betrieb war. Der Zeitpunkt seines Versiegens entspricht dem Beginn des allmählichen Aufkommens der Dieselpumpen. Dieser Zusammenhang ist nicht zwingend, andere Qanate mußten bereits in den Jahrzehnten davor aufgegeben werden. Ein zweiter möglicher Grund für den sinkenden Grundwasserspiegel kann nämlich auch die bereits länger anhaltende Intensivierung der Landwirtschaft im Umland von Ṣanʿāʾ sein. Wird Wasser, das früher ins Becken geflossen ist und dort den Grundwasserspiegel angereichert hat, neu im Einzugsgebiet selbst genutzt, fehlt dieses Wasser im Becken. Dies mag für das Einzugsgebiet des *Ġail al-Asuad* ebenso gelten wie für die anderen früheren Qanate. JUNGFER (1987: 54) gibt als Grund für das Versiegen der Qanate neben der „generellen Grundwasserabsenkung“ auch „Verstürzungen im Rahmen des Ausbaus der Stadt“ an.

Das Becken von Ṣanʿāʾ ist durch sehr komplizierte geologische Formationen charakterisiert, welche das Grundwasser-System prägen (JUNGFER 1987: 47). Vereinfachend kann gesagt werden, daß die quartäre Schotterformation im Zentrum des Beckens lange Zeit der wichtigste Grundwasserträger war, inzwischen wird vom darunter liegenden bzw. anstoßenden Sandstein-Aquifer (Tawilah/Mejd-Zir-Formation) wesentlich mehr Wasser geschöpft. Die Neubildung von Grundwasser in den Sandsteinen kann aber nur viel langsamer stattfinden als in den quartären Alluvial-Formationen:

> „... nur ein geringer Prozentsatz der aus den Sandsteinen geförderten Wässer kann dort auch nachgebildet werden. Der größte Teil der momentanen Wasserentnahmen wird vielmehr durch den Zustrom aus den von Vulkaniten überdeckten Gebieten kompensiert. Bevor das Wasser aber von den Vulkaniten ... in die Sandsteine gelangen kann, muß es erst den Aquitarde im Grenzbereich zu den Sandsteinen überwinden, was nur langsam vor sich geht. Eine forcierte Wasserentnahme wird daher zu ganz erheblichen Absenkungen des Grundwasserstands führen.“ (JUNGFER 1987: 95)

Diese Aussage geht auf Erhebungen anfangs der 80er Jahre zurück. Die erheblichen Absenkungen haben in der Zwischenzeit die erwähnten Ausmaße von mehreren Metern pro Jahr erreicht.

Die Bewässerungs-Landwirtschaft in der weiteren Umgebung von Ṣanʿāʾ hat dank der hohen Profite aus dem Qatanbau ihre Brunnen bisher stets tiefer bohren können und ihre Nutzung eher intensiviert. Der Wasserverbrauch der Landwirtschaft im Becken von Ṣanʿāʾ wird auf 190 Mio. m^3 pro Jahr geschätzt und liegt damit über dem Sechsfachen der Menge der städtischen Nutzung (WORLD BANK 1996:

5.1/2). Die Verantwortung für die Übernutzung des Wassers liegt also bei der intensiven Landwirtschaft und nicht beim Wasserverbrauch der Haushalte. Für die Zukunft ist jedoch zu erwarten, daß beide Nutzer ihren Wasserverbrauch einschränken müssen.

Die Wasserversorgung der Stadt wird in Zukunft auf Wasser aus der weiteren Umgebung zurückgreifen müssen, ähnlich wie es heute schon in Taʿizz geschieht. Studien über die rechtliche und sozio-ökonomische Durchführbarkeit liegen bereits vor (ERYANI al- et al. 1995). Das zusätzliche Wasserangebot wird den vorhandenen und noch steigenden Bedarf als Folge des Bevölkerungswachstums aber nicht decken können (WORLD BANK 1996: 5.1/3). Obwohl von der „Austrocknung von Ṣanʿāʾ" bereits seit Jahrzehnten gesprochen wird, scheint die Situation jetzt sehr gefährlich zu werden.

> „It is evident that supply options can do no more than postpone the drying up of Sana'a. Only demand management measures can resolve the crisis - and then only vigorous ones."
> (WORLD BANK 1996: 5.1/3)

In Ṣanʿāʾ wird das Problem der gefährdeten Wasserversorgung zudem durch die völlig ungenügende Wasserentsorgung verstärkt. Obwohl man in den 90er Jahren einen nach Norden verlaufenden Abwasserkanal gebaut hat, versickert immer noch bei etwa 90 % der Haushalte das Abwasser im Untergrund (WRAY 1995: 93). Überdurchschnittlich hohe Konzentrationen von verschiedenen Schadstoffen treten bereits auf. Da die Absorptionsfähigkeit des Bodens mit zunehmender Belastung kleiner wird, ist zu erwarten, daß die Schadstoffkonzentration plötzlich sehr schnell zunehmen wird.

5.1.3 Übernutzungsprobleme in anderen Becken des Hochlandes

Das Becken von Ṣaʿdah

Im Becken von Ṣaʿdah ist der Grundwasserspiegel bereits in den frühen 80er Jahren um vier bis sechs Meter pro Jahr gesunken (VAN DER GUN 1985, zit. in: LICHTENTHALER 1996: 121). Die Umweltbedingungen von Ṣaʿdah sind gekennzeichnet durch relativ geringe Niederschläge (ca. 110 mm pro Jahr) mit hoher Variabilität und eine Beckenlage mit einem 30 m bis 60 m mächtigen Alluvialschotter als guter Grundwasserspeicher. Unter diesem Grundwasserspeicher liegt ein mächtiger Sandstein, der ebenfalls viel Grundwasser enthält. Die erwähnte Absinkrate des Grundwassers hat bis heute angedauert, und der Grundwasserspiegel der Region lag 1992 durchschnittlich 40 m tiefer als 1983 (WRAY 1995: 77).

Gemäß einer anderen Quelle hat die Tiefe der Brunnen in der Periode von 1983 bis ca. 1995 von etwa 120 m auf 200 – 250 m zugenommen, während die Kapazität der Brunnen von 6.5 l pro sec. auf 3.0 l pro sec. abgenommen hat (LICHTENTHALER 1996: 122). Damit haben sich die Kosten für das Bohren der Brunnen und das Heraufpumpen des Wassers stark erhöht. Daß der Trend zu einer Intensivierung der Bewässerungs-Landwirtschaft trotzdem immer noch anhält, kann mit den folgenden besonderen Rahmenbedingungen in Saʿdah erklärt werden (LICHTENTHALER 1996: 122 – 124):

- Die Nähe zur saudi-arabischen Grenze macht einige Agrarprodukte lukrativ, besonders den Export von Vieh. Durch die höheren Preise im Nachbarland werden mehr Tiere als üblich gehalten. Deren Fütterung macht wiederum den wasserintensiven Anbau von Alfalfa zur Bedingung.

- Die bestehenden Stammesstrukturen fördern eine irrationale und ineffiziente Wassernutzung: Für die jeweiligen Scheichs ist es wichtig, eine möglichst hohe kultivierte und damit bewässerte Fläche zu haben, obwohl die Produkte meist nur geringe Erträge einbringen.
- Der Anbau von ökonomisch zwar uninteressanten, für das Prestige der Bauern aber wichtigen Produkten fördert eine ineffiziente Wassernutzung. Dazu gehören vor allem Weintrauben und Granatäpfel.
- Hohe Einkommen aus den Gastarbeiter-Überweisungen und ein Anreiz zur Intensivierung der Qatproduktion spielen eine wichtige Rolle für die Übernutzung des Grundwassers (vgl. dazu die Diskussion der landesweiten Ursachen in Kap. 5.2).

Es ist zu erwarten, daß sich die Entwicklung in der Region Ṣaʿdah weiterhin verschlechtern wird. Die Haltung der lokalen Stammesführer läßt erwarten, daß ihr Wasserverbrauch weiterhin hoch bleiben wird und daß allfällige Maßnahmen von seiten der Regierung nicht beachtet werden. Deshalb ist die Region Ṣaʿdah auch aus einer Liste von Städten gestrichen worden, die von der deutschen Entwicklungshilfe unterstützt worden sind. Allenfalls werden lokale Selbsthilfe-Gruppen die Rolle als Akteure für Maßnahmen zum Schutz des Grundwassers übernehmen (LICHTENTHALER 1996: 124).

Die Becken von Radāʿ und Ḏamār

In der Region von Radāʿ und Ḏamār ist die Problematik um die sinkenden Grundwasserspiegel bereits früh aufgetreten. Bei beiden Städten ist die Situation weniger „prominent" in der landesweiten Debatte um die Wasserressourcen. Dargestellt werden normalerweise die beiden Großstädte Ṣanʿāŝ und Taʿizz. Es gibt deshalb nur wenige schriftliche Quellen, die auf die Problematik verweisen. Aus dem WRAY-Report (1995: 79) geht hervor, daß die Grundwasser-Aquifere im Becken von Ḏamār von hervorragender Produktivität gewesen sein müssen. Neben den zum Teil mehr als 100 m mächtigen Schottern haben selbst die vulkanischen Gesteine als ergiebige Speicher gegolten. Bereits seit den frühen 80er Jahren wurde das Wasser aber stark übernutzt.

In Radāʿ haben die Aquifere einen ähnlichen Charakter, sie gelten aber als etwas weniger ergiebig. Seit den 80er Jahren wurden dort an zwei Stationen Messungen des Grundwasserspiegels gemacht. Das Niveau des Grundwassers ist dabei im Zeitraum von 1984 bis 1991 von 20 m auf 80 m gesunken.

In Gesprächen über Wasserprobleme wird von jemenitischen Fachleuten immer wieder auf die beiden Regionen Radāʿ und Ḏamār aufmerksam gemacht. Sie gelten dabei als Beispiele für die Übernutzung infolge der ständigen Ausweitung des Qatanbaus. Selbst nach dem Versiegen des Grundwassers soll an einzelnen Orten der Qatanbau derart lukrativ geblieben sein, daß sich der Transfer von Wasser aus anderen Gebieten gelohnt haben soll. Mittels Zisternen wurde das Wasser in die Region gebracht, um dort Qatplantagen zu bewässern. Daneben wurden in Radāʿ auch Wasserleitungen für die Versorgung der Stadt gebaut. Die dort getroffene Regelung gilt als institutionelles Fallbeispiel in der Diskussion um die geplanten Wassertransfers für die Versorgung von Ṣanʿāʾ (vgl. Kap. 6.2.3).

5.1.4 Die Situation im Gebiet Ma'rib / Ḥarīb

Stellvertretend für die zwischen dem inneren Vorland und der Wüste gelegenen Bewässerungsebenen wird die Situation um die Übernutzung hier aufgrund der Literatur und eigenen Beobachtungen in den Gebieten von Maʾrib und Ḥarīb erläutert. Über Maʾrib besteht durch diverse Studien (u.a. WRAY 1990, 1993) eine umfangreiche Literatur zum Thema, in Ḥarīb konnte dank eigenen Untersuchungen die Situation erfaßt werden.

Aufgrund der hydrologischen Rahmenbedingungen ist in dieser Region der Grundwasserspiegel größeren Schwankungen ausgesetzt als beispielsweise im Hochland. Die Niederschlagsmenge ist geringer und unzuverlässiger, das Einzugsgebiet hat ein stärkeres Relief, und die Schuttfächer, die eigentlich gute Grundwasserspeicher wären, weisen ein Gefälle auf, so daß Wasser aus den Speichern abfließen kann.

In der Region von Maʾrib ist der Grundwasserspiegel in der Vergangenheit um etwa 1.5 m pro Jahr gesunken (RoY 1991a: II-4). Die Absinkrate war nicht überall in der Region gleich hoch. Der Bau des Staudammes hat die Situation im oberen Teil verbessert, dort füllt der größte Teil des versickernden Wassers die Grundwasserspeicher. Im unteren Teil ist die Absinkrate jedoch größer geworden. Dort fehlt der Sail, um die Speicher von der Oberfläche her wieder aufzufüllen (WRAY 1990: 75).

Mitte der 70er Jahre gab es in Maʾrib etwa 400 Brunnen mit einer Fördermenge von zusammen 29 Mio. m^3 Wasser pro Jahr. 1988 gab es aber bereits 2'360 Brunnen mit einer geschätzten Fördermenge von 136 Mio. m^3, und für 1994 wurde die Entnahmemenge auf 180 Mio. m^3 geschätzt (WRAY 1990: 80 - 86). Der Netto-Zufluß in den See beträgt durchschnittlich 87 Mio. m^3. Diese verfügbare Wassermenge wird durch Verdunstungs- und Versickerungsverluste aber um etwa ein Drittel weiter vermindert (vgl. Kapitel 3.4.7). Die jährlich geförderte Wassermenge aus dem Grund ist damit etwa dreimal höher als die sich erneuernde Menge aus dem Zufluß.

Die großen Veränderungen der Grundwassernutzung lassen sich einerseits mit dem Bau des Staudammes erklären. Während des Baus sind die Bauern zunächst zur Grundwassernutzung gezwungen gewesen, weil kein Oberflächenwasser zur Verfügung stand. Von der Regierung sind sie in ihrem Tun zudem noch unterstützt worden:

> „During the construction of the dam, surface water supply was not possible, so the government supplied free wells to the farmers who could no longer irrigate from surface water."
> (WRAY 1993: 1)

Da bis heute nur ein kleiner Teil der landwirtschaftlich genutzten Fläche mit Seewasser gespeist wird, hat sich diese Situation auch nach der Fertigstellung des Dammes nicht wesentlich verändert. Für die Übernutzung des Grundwassers kann der neue Damm mitverantwortlich gemacht werden, obwohl sein Zweck gerade in der Verhinderung der Übernutzung gewesen wäre. Ein zuverlässiges Wasserangebot während des ganzen Jahres hätte die Bauern von der Abhängigkeit vom Grundwasser befreit. Aus drei Gründen wurde dieses Ziel aber nicht erreicht: Erstens hat die Projektleitung die jährlich zur Verfügung stehende Wassermenge um etwa 250 % überschätzt, zweitens sind nur wenige Bauern mit dem See durch ein Kanalsystem verbunden, und drittens hat der Damm die wirtschaftliche Entwicklung der Region zusätzlich beschleunigt.

Trotzdem: Wie die Situation in Maʾrib heute ohne den Staudamm aussähe, läßt sich nicht sagen. Hätte die landwirtschaftlich genutzte Fläche ebenso zugenommen, wäre der Grundwasserspiegel in einem ähnlichen Ausmaß gesunken, mit dem Unterschied, daß die Abnahme im unteren Teil geringer wäre, im oberen Teil dafür größer. Deshalb ist primär die wirtschaftliche Entwicklung als Ganzes für den sinkenden Grundwasserspiegel verantwortlich. Weil der Damm diese wirtschaftliche Entwicklung aber wesentlich mitgefördert hat, ist er für die Übernutzung wesentlich mitverantwortlich.

In der Region Ḥarīb / al-ʿAin sieht die Situation anders aus. Etwa in der Mitte der Region verlief bis 1990 die Grenze zwischen den beiden jemenitischen Staaten, heute ist sie immer noch Grenze zwischen den beiden Provinzen Maʾrib und Šabwa und gleichzeitig Stammesgrenze (vgl. Abb. 19 in Kap. 4.2.2). Die Situation um das Grundwasser ist unterschiedlich, abhängig davon, ob man sich im unteren oder oberen Teil der Region befindet. Im unteren Teil der Region sinkt der Grundwasserspiegel stark, und die Bevölkerung leidet darunter ganz besonders. Während der Untersuchung im Dezember 1995 beklagten sich alle befragten Bauern über die Situation. Innerhalb der letzten sieben Jahre ist der Spiegel in der Größenordnung von 40 m auf 85 m Tiefe gesunken.

Gleichzeitig hat auch die Menge, die aus dem Untergrund geschöpft werden kann, stark abgenommen. Entweder stellen die Bauern ihre Pumpe nach einer gewissen Zeit ab, um im Brunnen wieder Wasser nachfließen zu lassen, oder sie lassen sie nur mit einem Teil der üblichen Kapazität laufen. Eine dritte Möglichkeit ist, daß sie mehrere Brunnen in kleinem Abstand bohren und daraus dann abwechselnd Wasser pumpen, was jeodch eine Mengeneinbuße in der Größenordnung von 66 bis 75 % pro Brunnen zur Folge hat.

Der abnehmende Grundwasserspiegel ist in Ḥarīb die Folge eines Teufelskreises, der durch die verbesserte Nutzung von Oberflächenwasser im oberen Teil initiiert wurde. Im oberen Teil wurde die Nutzung derart optimiert, daß nur noch bei sehr starkem Sail das Wadi bis in den unteren Teil Wasser bringt. Deshalb sind die Unteren gezwungen, vollständig auf die Nutzung von Grundwasser umzustellen. Der Aquifer im unteren Teil wird aber nur noch zu einem kleinen Teil nachgefüllt, weil kaum noch Oberflächenwasser versickert. Auch die unterirdische Grundwasserbewegung vom oberen in den unteren Teil ist kleiner geworden, weil oben die Nutzung intensiviert wurde. Den Bauern im unteren Teil bleibt deshalb nichts anderes mehr übrig, als ihre Lebensgrundlage zu übernutzen, wenn sie ihre landwirtschaftliche Tätigkeit aufrechterhalten wollen. Im oberen Teil ist der Grundwasserspiegel wesentlich höher, und es gibt auch keine Anzeichen von Übernutzung. Je nach Nähe zum Wadibett waren im Winter 1995/96 die Brunnen zwischen 20 und 30 m tief.

Nach den katastrophalen Überschwemmungen vom Sommer 1996 ist der Grundwasserspiegel wieder überall stark angestiegen. Der Preis dafür war sehr hoch, denn die tagelang andauernden Regenfälle haben verheerende Schäden angerichtet und landwirtschaftliche Nutzflächen entlang dem Wadibett weggeschwemmt.

Die Übernutzung der bestehenden Grundwasservorräte in den östlichen Regionen des Landes ist auch Gesprächsthema in anderen Tälern wie dem Wadi Marḫa oder dem Wadi Baiḥān. Infolge der speziellen hydrologischen Verhältnisse muß die Zukunft hier aber weniger pessimistisch beurteilt werden als an anderen Orten, denn die Übernutzung kann man sich hier gewissermaßen leisten: Durch die Nähe zum ausgedehnten Grundwasserkörper des „Mukallaʾ-Komplexes“ hat man große Vorräte vor der Haustüre.

Die Erschließung dieses Wassers und der Transport in die Bewässerungsebenen des Ostens ist im Gegensatz zur Nutzung im Hochland durchaus realistisch. Es ist deshalb zu erwarten, daß in Zukunft vermehrt auf diese Vorräte zugegriffen wird.

5.1.5 Städtische und ländliche Nutzungskonflikte in der Region Taʿizz

Von allen Großstädten des Jemens war Taʿizz als erste von der akuten Wasserkrise betroffen. Diese Stadt gilt heute im Jemen als Beispiel dafür, wie sich die Menschen in einer Stadt mit der Situation arrangieren, wenn ihnen nur noch wenige Male pro Monat Wasser aus dem öffentlichen Leitungssystem zur Verfügung steht. Wie in Ṣanʿāʾ wird auch in Taʿizz die Situation verschlechtert, weil neben dem stark gewachsenen Wasserbedarf der Haushalte eine intensive Bewässerungs-Landwirtschaft in unmittelbarer Nachbarschaft besteht.

Die Stadt hat eine hydrologisch ungünstige Lage. Sie befindet sich an den mächtigen Ǧabal Ṣabir anlehnend in einer Hanglage. Deshalb fehlt ihr ein Becken, das die relativ reichen Niederschläge von durchschnittlich 658 mm pro Jahr fassen und Grundwasser liefern könnte. Mit einem allmählich wachsenden Radius hat die Stadt bereits seit den 60er Jahren Wasser aus der Nachbarschaft beziehen müssen (HANDLEY 1996a: 29f.). Nachdem die Aquifere in der Nähe ausgeschöpft waren, wurden in der weiteren Umgebung neue erschlossen. Dieser Prozeß ist bis heute im Gang, mit der Folge, daß immer längere und aufwendigere Pipelines gebaut werden müssen. In Taʿizz läßt sich die Übernutzung des Grundwassers also nicht alleine am sinkenden Grundwasserspiegel ablesen; die immer weiter werdenden Transportwege sind ein ebenso aussagekräftiger Indikator.

Organisiert werden die Wassertransfers von der „National Water and Sewerage Authority" (NWSA), einem staatlichen Amt innerhalb des „Ministry for Water and Electricity" (MWE). Ungefähr zwei Drittel der Haushalte von Taʿizz sind an deren Verteilsystem angeschlossen. Sie beziehen das Wasser zu einem sehr tiefen Preis. Die drastische Reduktion des Wasserangebotes hat aber dazu geführt, daß aus dem öffentlichen Netz nur noch alle 14 bis 40 Tage einige Stunden lang Wasser zur Verfügung steht. Zudem ist die Qualität des Wassers derart schlecht, daß es als Trinkwasser nicht mehr genutzt werden kann (WORLD BANK 1996: 3). Deshalb sind die Haushalte auf ein alternatives Wasserangebot angewiesen. Private Firmen haben zusätzlich ein dichtes Versorgungsnetz geschaffen. Wasser kann von Zisternenwagen bezogen werden, es kann von „Wasserhändlern" in ihren Verkaufsläden gekauft werden, oder es kann bei privaten Brunnen direkt bezogen werden. Die Preise für dieses Wasser sind normalerweise sehr hoch. Arme Familien sind auf das Wohlwollen reicher Wasserbesitzer angewiesen oder können das Wasser zeitweise von den Moscheen beziehen.

Drei Gründe können vordergründig für die Übernutzung von Grundwasser in der Region Taʿizz verantwortlich gemacht werden: Erstens die ungünstige hydrologische Lage, zweitens der hohe Wasserverbrauch der Großstadt und drittens die intensive landwirtschaftliche Nutzung in der Umgebung. Alle drei Gründe zusammen haben dazu geführt, daß in der Region Taʿizz Wasser zu einem äußerst knappen Gut geworden ist.

Die Landwirtschaft nutzt das Wasser hauptsächlich für den Anbau von Sorghum und Qat. Der Kaffee, der Früchte- und der Gemüseanbau sind wegen des Wassermangels stark zurückgegangen (HANDLEY 1996a: 21). Getreide und Gemüse werden notwendigerweise mehrere Male pro Saison bewässert.

Obwohl Qat eigentlich mit nur einer Bewässerung pro Jahr auskäme, wird es weit mehr bewässert. Solange genügend Wasser zur Verfügung steht, wird Qat intensiv bewässert, in einzelnen Fällen bis zu zweimal pro Monat (HANDLEY 1996a: 20f.).

Der akute Wassermangel konnte in der Stadt Taʿizz etwas abgedämpft werden, indem Wasser aus der Umgebung in die Stadt transferiert wurde. In den Einzugsgebieten versiegte das Grundwasser jedoch allmählich, so daß die Transfers auf andere Gebiete ausgeweitet wurden. Nachdem diese Strategie einige Male wiederholt werden mußte, hat sich in den betroffenen Regionen immer mehr Widerstand gegen den weiteren Ausbau des Wassereinzugs geregt. Konflikte sind bisher ausgeblieben, weil die jeweiligen Regionen gegenüber der NWSA zu wenig Macht hatten (HANDLEY 1996a: 31). In der nächsten für den Bau von Pumpen und Pipelines vorgesehenen Region Habīr (ca. 25 km nordwestlich von Taʿizz) sind die Erbauer der Anlagen aber gezwungen, den Wasserverlust der betroffenen Bevölkerung zu kompensieren. Solche Kompensationen beinhalten den Bau von Anlagen zur Wasserversorgung der Region, zum Beispiel Staudämme für den besseren Rückhalt des Wassers, daneben aber auch Schulen und Straßen (WORLD BANK 1996: 19). Diese Entschädigungen stellen aber keine ebenbürtige Kompensation für den Verlust der angestammten Wasserversorgung dar.

5.1.6 Die Situation im ehemaligen Südjemen

In den südlichen Provinzen wurde die Situation um die Wasserübernutzung lange Zeit als nicht problematisch eingeschätzt. „*In the southern part of Yemen, in general, the groundwater levels are not dropping, ...*“ (RoY 1991: II-6). Ein wichtiger Grund für die gegenüber dem Nordjemen ausgeglichenere Wasserbilanz war dabei die bessere Kontrolle des Staates über die Wassernutzung. Die Kolonisation der Engländer und ab 1967 der Einfluß der Sowjetunion hat in einzelnen Regionen ein weitläufiges System von Kanälen hinterlassen, das die Ablenkdamm-Bewässerung effizienter gemacht hat. Damit war dort der Anreiz zur Pumpenbewässerung kleiner. Daneben hat die stärkere Kontrolle des Staates über die landwirtschaftliche Produktion und den Bodenbesitz eine ebenso wichtige Rolle gespielt, so daß die Grundwassernutzung nicht derart stark zugenommen hat wie in den nördlichen Gebieten. Im unteren Teil des Wadi Tuban wurde 1979 ein Moratorium für das Bohren neuer Brunnen erlassen und durchgesetzt (PDRY 1987: 12).

In den südlichen Bewässerungsebenen ist das Wasserangebot zudem günstiger als im Norden. Die drei wichtigsten Wadis des Südens – das Wadi Tuban, das Wadi Banā und das Wadi ʾAḥwar – führen mehr Wasser als die meisten Wadis des Nordens. Ihre jährliche Abflußmenge beträgt 109.4, 169.9 und 70.9 Mio. m^3, diejenige des Wadi Ḏana im Norden beträgt vergleichsweise 87.5 Mio. m^3 (WRAY 1995: 3.4-1). In der bereits erwähnten Wasserbilanz für alle westlich von Mukallaʿ gelegenen südlichen Bewässerungsebenen wird ein jährlicher Wasserüberschuß von 150 Mio. m^3 (Zufluß 375 Mio. m^3; Entnahme 225 Mio. m^3) ausgewiesen (WRAY 1995: 88).

All diese Gründe zusammen haben wohl dazu geführt, daß die Wasserbilanz des Südens längere Zeit im Gleichgewicht war. Die Situation in den Bewässerungsgebieten der Südküste hat sich in den letzten Jahren aber stark verschlechtert, in einzelnen Regionen hat diese Verschlechterung bereits in den 80er Jahren begonnen. Aus Gesprächen mit Landwirtschafts-Funktionären in der Provinz Laḥağ war zu erfahren, daß dort die Abnahme schon seit einigen Jahren spürbar ist. Der Sail erreicht den unteren Teil der Oase von Laḥağ nur noch bei extremen Hochwassern, was seit 1982 nicht mehr vorgekommen ist. Dafür gibt es keine abschließende Erklärung. Während die Betroffenen Veränderungen im Einzugs-gebiet des Wadi Tuban dafür verantwortlich machen, kann als mögliche Erklärung auch die verbesserte Effizienz der Ablenkdämme im oberen Teil der Oase von Laḥağ gelten.

Im unteren Teil wurde seit Ende der 70er Jahre zunächst auf Grundwassernutzung umgestellt. Seit Mitte der 80er Jahre ist der Grundwasserspiegel aber derart tief, daß einzelne Betriebe aufgegeben haben. Die Übernutzung des Wassers in der Oase von Laḥağ läßt sich aufgrund mangelnder Daten kaum quantifizieren, es ist aber von allen befragten Bauern bestätigt worden, daß bei ihnen der Grundwasserspiegel stark sinkt. Im unteren Teil lag der Grundwasserspiegel 1997 bereits 90 m tief, während er noch 1990 nur 20 m tief gelegen haben soll. In Gebieten, die nahe am Wadi liegen, ist die Abnahme weniger groß.

Die Übernutzung des Wassers durch die Landwirtschaft wird in der Provinz Laḥağ durch die Nähe zu Aden verstärkt. Aden wird aus der nördlichen Nachbarprovinz mit Wasser versorgt. Ein System von Pumpen und Röhren bringt das Wasser von den Stationen südlich der Provinzhauptstadt al-Ḥaūṭah direkt in die Stadt. Weil an diesem Ort der Grundwasserspiegel sehr stark gesunken ist, wird ein neues Einzugsgebiet für die Wasserversorgung in Erwägung gezogen. Dieses wird weiter nördlich, also oberhalb des heutigen Standortes liegen.[1]

5.1.7 Das Versalzungsproblem

Im Jemen ist die Übernutzung des Grundwassers eine Tatsache, und eine allmähliche Verringerung des Wasserangebotes wird von Seiten der Behörden und betroffenen Wassernutzern allmählich als Problem erkannt. Neben dem quantitativen Rückgang des zur Verfügung stehenden Wassers birgt die Übernutzung noch eine andere Gefahr: Ein Absinken des Grundwasserspiegels ist normalerweise mit einer Erhöhung des Salzgehaltes im verbleibenden Wasser verbunden. Weil durch die Pflanzen fast nur reines Wasser, aber kaum Salze aufgenommen werden, bleibt das Salz im Boden zurück und reichert sich dort an. Der sinkende Grundwasserspiegel führt auch ganz direkt zu einer Erhöhung der Salzkon-zentration, weil stark salzhaltiges Wasser ein höheres spezifisches Gewicht hat als weniger salzhaltiges Wasser. Aus diesem Grund wird mit zunehmender Tiefe der Brunnen das Wasser salzhaltiger.

Die führenden Bewässerungsnationen sind mit Versalzungsproblemen konfrontiert. Namentlich in Indien, China, Pakistan, Ägypten, in den USA und in der ehemaligen Sowjetunion werden Ernteein-bußen bis zu 30 % verzeichnet (POSTEL 1993b: 58). Im Jemen wird die Problematik um die Versal-zung der Böden noch wenig diskutiert. Diese Haltung ist verständlich, denn bisher ist Versalzung nur lokal aufgetreten. Zudem stehen genügend Ausgleichsflächen zur Verfügung. Mit den traditionellen Methoden der Wasserverteilung ist zudem einer Versalzung bisher vorgebeugt worden: Das Überstauen der Flächen ist zwar eine ineffiziente Bewässerungsmethode, es schwemmt die gelösten Salze hingegen wieder weitgehend weg. In verschiedenen Küstengebieten ist die Versalzung des Grundwassers ein häufig auftretendes Phänomen, das mit dem Eindringen von Meerwasser in die Grundwasser-Körper zu

[1] Aus einem Gespräch mit Mohammed al-Gadi, Director for Extension Sector, PIU, Laḥağ, am 20.3.97.

erklären ist (WRAY 1995: 68f). Qualitätseinbußen sind aber auch durch die Anreicherung von Schadstoffen in urbanen Gebieten zu beobachten, was vor allem im Becken von Ṣanʿāʾ zunehmend wahrgenommen wird (WRAY 1995: 93).

In der Region von Taʿizz ist der hohe Salzgehalt des Grundwassers durch die ungenügende Behandlung des Abwassers der Großstadt zu erklären: Ein Teil des Abwassers fließt in ungeklärter Form wieder im alten Wadibett. Sowohl das versickerte als auch das als Oberflächenwasser genutzte Wasser weist dann einen Salzgehalt auf, der weit über der Toleranzgrenze der Pflanzen liegt. In der Nähe des etwa 15 km nördlich von Taʿizz liegenden Abwasser-Auffangbeckens nutzen die Bauern ihre Felder mit Wasser aus diesem Becken, weil kein anderes Wasser mehr zur Verfügung steht. Nach Aussagen eines Bauern wächst aber schon nach zwei Jahren nichts mehr auf den Feldern. Ausweichmöglichkeiten hat er keine, weil er seine Felder nicht einfach gegen andere tauschen kann.

In Maʾrib beklagen sich einige Bauern über die Qualitätsverminderung ihrer Böden infolge zunehmender Salinität. Das Agrar-Unternehmen Aḍban, das eigene Messungen des Salzgehaltes durchführt, stellte eine Erhöhung der elektrischen Leitfähigkeit des Grundwassers fest. Ihre Brunnen sind mit etwa 70 m verhältnismäßig tief. Gemäß Untersuchungen der WRAY (1993: 77 – 80) läßt sich der hohe Salzgehalt dort aber auch mit den besonderen geologischen Verhältnissen erklären. Bei oberflächennahem Grundwasser gibt es noch keine Anzeichen von höherem Salzgehalt.

Im Gebiet von Ḥarīb wurde der zunehmende Salzgehalt des Wassers auch mehrere Male von Bauern beklagt. Ein Bauer im unteren Teil des Tales erläuterte im Dezember 1995 die Situation wie folgt: Vor sieben Jahren war der Brunnen noch 40 m tief, seither hat er ihn auf 85 m Tiefe graben müssen. Neben dem viel langsameren Nachfließen des Wassers spürt er auch den höheren Salzgehalt: Gemäß seinen Angaben kann Alfalfa nicht mehr angebaut werden, für Zitrusbäume aber reicht es noch.[1]

5.2 Ursachen der Übernutzung

5.2.1 Bevölkerungswachstum

Der 1975 im Nordjemen durchgeführte Zensus gab erstmals Hinweise auf die ungefähre Bevölkerungszahl. Die Zählung des „Swiss Technical Co-Operation Service“ kam auf 4.7 Mio. Einwohner, was die jemenitische Regierung aber als zu tief empfand (WENNER 1991: 19). Der eigene Zensus von 1981 ergab bereits 7.15 Mio. Einwohner. Dieser Unterschied kann nicht allein mit dem Bevölkerungswachstum erklärt werden, denn selbst bei einer für damals großzügig gerechneten jährlichen Bevölkerungswachstumrate von 2.2 % ergäbe der Zensus von 1975 auf das Jahr 1981 hochgerechnet nur 5.35 Mio. Einwohner. Wird die Zählung von 1975 als die objektivere betrachtet, ist anzunehmen, daß die offizielle Bevölkerungszahl des Jemens seither stets als zu hoch angegeben wird. Die Bevölkerungszahl des Südjemens war immer geringer als diejenige des Nordens. Der Zensus von 1988 ergab eine Bevölkerung von 2.08 Mio. Einwohner.

[1] Diese Aussage steht im Widerspruch zur Tatsache, daß die Salztoleranz von Zitrusbäumen eigentlich geringer ist als diejenige von Futterpflanzen (TIVY 1993: 259).

Das Bevölkerungswachstum des Jemens ist in den vergangenen Jahrzehnten sehr hoch gewesen. Es hat dazu geführt, daß sich die Bevölkerung in den letzten 20 Jahren verdoppelt hat. Die jährlichen Wachstumsraten sind zudem von 2.4 % auf 3.6 % angestiegen. Für den Wassersektor kann das hohe Bevölkerungswachstum eine hohe Belastung bedeuten, denn eine größere Bevölkerung benötigt mehr Wasser. Mehr Menschen müssen ernährt, gekleidet, versorgt und beschäftigt werden. Die größte Bedeutung hätte hier der zusätzliche Wasserverbrauch in der Landwirtschaft, falls der Bevölkerungszuwachs mit eigenen (von der Bewässerung abhängigen) Nahrungsmitteln versorgt werden soll. Die Pro-Kopf-Produktion von Lebensmitteln für die Ernährung der Menschen hat im Jemen in den vergangenen Jahrzehnten aber abgenommen. Während das Land noch in den 60er Jahren praktisch selbstversorgend war, ohne nennenswerte Übernutzung des Wassers, importiert der Jemen heute 70 % seines Nahrungsmittelbedarfs, hauptsächlich Weizen (LICHTENTHALER 1996: 121). Dies wird auch aus der Tatsache deutlich, daß die landwirtschaftliche Nutzfläche von 1976 bis 1990 um 25 % abgenommen hat, trotz der ungefähren Verdoppelung der Bevölkerung.

Das Ausmaß dieses Mehrverbrauchs kann aber nicht so groß gewesen sein, als daß es zur Erklärung für die gegenwärtige Übernutzung allein ausreichen würde. Die Übernutzung des Wassers ist hauptsächlich dem Mehrverbrauch in der Landwirtschaft zuzuschreiben. Immer noch verbraucht die Landwirtschaft mehr als 90 % des Wassers, jedoch nicht mehr für die Produktion von Grundnahrungsmitteln. Deshalb kann nicht das Bevölkerungswachstum alleine für die Wasserübernutzung verantwortlich gemacht werden, sondern es kann höchstens im Zusammenhang mit den wirtschaftlichen und institutionellen Rahmenbedingungen betrachtet werden.

Die zweite Belastung für den Wassersektor als Folge des Bevölkerungswachstums ist der Wasserverbrauch in den Haushalten. Landesweit ist dieser Verbrauch aber gering geblieben; gemessen am gesamten Wasserverbrauch beträgt der Anteil der Haushalte nur etwa 5 %. Nur in den Großstädten kann die lokale Übernutzung der Wasservorräte mit dem Städtewachstum begründet werden. Aber selbst da liegen intensive Bewässerungs-Kulturen in unmittelbarer Nähe der Siedlungen und verbrauchen einen Großteil des Wassers. Selbst in den Regionen von Ṣanʿāʾ und Taʿizz ist das Städtewachstum also nur zu einem kleinen Teil Schuld an der Übernutzung des Wassers.

5.2.2 Wirtschaftliche und politische Veränderungen seit den 60er Jahren

Emigration von Gastarbeitern und Wirtschaftswachstum

Seit den 60er Jahren hat sich die Wirtschaft des Jemens aus ihrer Binnenorientierung gelöst und in die Weltwirtschaft integriert. Die temporäre Arbeitsemigration nach Saudi-Arabien und in die Golfstaaten hat zudem ein Wirtschaftswachstum ermöglicht. Es floß sehr viel Geld in das Land, vor allem aus den Überweisungen aus Saudi-Arabien. Dieses Geld stand dem privaten Sektor zur Verfügung und wurde unter anderem für Investitionen in der Landwirtschaft verwendet. Es läßt sich empirisch nicht feststellen, wieviele von den heute bestehenden 45'000 pumpenbetriebenen Brunnen dank Geld aus diesen Überweisungen gebohrt wurden. Ohne das Geld eines Verwandten aus dem Ausland wäre aber in vielen Fällen das Kapital für die Installation eines Brunnens ganz einfach nicht vorhanden gewesen. Denn das Bohren von Brunnen kann erst in Angriff genommen werden, wenn relativ viel Kapital zur Verfügung steht. Gleichzeitig haben die früher reichlich vorhandenen Arbeitskräfte gefehlt, weil bis zu einem Drittel aller arbeitsfähigen Männer im Ausland weilten. Eine Mechanisierung der Landwirtschaft wurde damit notwendig, und der Anreiz für Investitionen für eine zuverlässige Wasserversorgung war gegeben.

Qatanbau

Der Qatanbau hat in der jemenitischen Landwirtschaft eine überragende Bedeutung erlangt. Auf einem Viertel der bewässerten Nutzfläche werden 50 % des landwirtschaftlichen Endertrages erwirtschaftet, was 25 % des gesamten BSP entspricht (vgl. Kap. 3.3.4). 16 % der Beschäftigten erwirtschaften direkt ihr Einkommen aus dem Qatanbau. Werden die vor- und nachgelagerten Wirtschaftszweige mitgezählt, sind es wesentlich mehr. Qat hat in vielen Regionen eine derart dominante Bedeutung, daß viele Bauern nur dank dem Einkommen aus Qat ihre Landwirtschaft aufrechterhalten können. Die hohen Einkommen aus Qat ermöglichen es den Bauern, eine eigentlich defizitäre Landwirtschaft aufrechtzuerhalten. Beispielsweise wird mit dem Erlös aus dem Qatanbau Wasser gekauft, um Subsistenzprodukte zu bewässern. Diese Art von „Subvention" der Landwirtschaft wird im nächsten Kapitel ausführlich diskutiert.

Die Verantwortung des Qatanbaus für die Übernutzung des Wassers läßt sich daran ablesen, daß je nach Schätzung heute 25 % bis 50 % des landesweiten Wasserverbrauchs auf Kosten der Bewässerung von Qat geht. Dieser hohe Wert muß auch im Verhältnis dazu gesehen werden, daß Qat weder einen Beitrag zur Ernährungssicherung leistet noch irgendwelche Exporterlöse erwirtschaftet. Weil die Erträge aus Qat sehr hoch sind, lohnt sich die Bewässerung auch mit relativ teuer zu beschaffendem Wasser. Ökonomisch gesprochen liegt der Grenzerlös für Qat derart hoch, daß sich auch mit hohen Grenzkosten der Ertrag noch optimieren läßt. Mit „Grenzkosten" ist hier der Aufwand gemeint, der für eine zusätzliche Einheit Wasser geleistet werden muß.

Politisch schwache Führung

Die politische Struktur des Jemens wurde mit der Formulierung „armer Staat, reiche Bürger" treffend charakterisiert (KOPP 1990: 139). Die „Bürger" profitierten vom oben erwähnten Wirtschaftswachstum, der Staat blieb trotz des großen Geldzuflusses arm, weil es ihm nicht gelang, vom privaten Reichtum etwas abzuschöpfen. Nachteile aus dieser Armut erwuchsen dem Staat, indem er von freiwilligen Geldgebern abhängig blieb, seine Beamten auf andere Einkommensquellen angewiesen waren und weil er nur wenige Investitionen selbst tätigen konnte (vgl. Kap. 5.3.1).

Daß im Wasserbereich ein großer Handlungsbedarf nach politischen Lösungen bestand, wird durch die Schaffung von Behörden, „Councils" und dergleichen, seit den frühen 80er Jahren bestätigt. Diese Ämter hatten aber keine Durchsetzungskraft, weil aus verständlichen Gründen wichtigere politische Probleme im Vordergrund standen: In den 80er Jahren waren dies die kräfteraubenden Spannungen mit dem jemenitischen Bruderland, 1990 die Vereinigung der beiden Staaten und 1994 der Bürgerkrieg. Damit war es im Grunde genommen immer unmöglich, einen nationalen Konsens zu finden, um unpopuläre Entscheide im Wasserbereich zu fällen.

5.2.3 Subventionierung der Bewässerungs-Landwirtschaft

Das ökonomische Umfeld der Landwirtschaft hat sich in den vergangenen Jahrzehnten stark verändert. Wirtschaftliches Wachstum und eine Einbindung in den Weltmarkt hätten eigentlich eine Marginalisierung der Agrarwirtschaft erwarten lassen: Solange der Anteil der Wertschöpfung eines Wirtschaftszweiges kleiner ist als der Anteil der in diesem Sektor Beschäftigten, ist ein Abwanderungsdruck bzw. eine Schrumpfung dieses Sektors zu erwarten, wenn nicht Maßnahmen dagegen ergriffen werden (RIEDER 1983: 41). Wie in den meisten Gebieten der Erde ist aber auch im Jemen der landwirtschaftliche Sektor mit einer ganzen Reihe von Subventionen gefördert worden. Dank Subventionen lohnt sich hier die intensive Landwirtschaft trotz ökonomisch und ökologisch ungünstigem Umfeld.

In den reicheren Nachbarländern des Jemens wird eher direkt subventioniert. Beispielsweise wird in Saudi-Arabien der Weizenanbau unterstützt, indem die Regierung den Bauern das Getreide zum Fünffachen des Weltmarktpreises abkauft, dann aber zum Weltmarktpreis an die Konsumenten weitergibt (MAHMOOD 1996: 8). Saudi-Arabien hat als Folge der israelisch-arabischen Kriege in den 60er und 70er Jahren eine Selbstversorgung mit Nahrungsmitteln angestrebt. Bis heute ist das Land zu einem Netto-Getreide-Exporteur geworden. Die Kosten für diese Selbstversorgung belaufen sich auf 2 Mia. US-$ pro Jahr. Langfristig folgenschwerer ist aber die Vernichtung ihrer fossilen Wasservorräte innert weniger Jahrzehnte (IBRAHIM al- 1991: 34). Es wird geschätzt, daß etwa 75 bis 85 % des saudi-arabischen Wasserverbrauchs aus nicht-erneuerbaren Ressourcen stammt und daß die vermuteten Vorräte bei heutigen Übernutzungsraten innert weniger Jahrzehnte ausgehen werden (IBRAHIM al- 1991: 34f.). Mangelhafte Ausbildung, falsche ökonomische Anreize und fehlende Gesetzgebung können als Gründe für die Übernutzung des Wassers identifiziert werden:

> „Local farmers, due to lack of training, economic incentives, and water legislation, have developed a tendency to over-irrigate. It is reported that local farmers in the Arabian Gulf region use three times the amount of water needed by plants and trees." (IBRAHIM al- 1991: 36)

Im Jemen sind ähnliche direkte Subventionen der Landwirtschaft nicht üblich, sondern sie werden auf indirektem Weg gewährt. Die in Kapitel 3.3.2 erwähnten Faktoren der Agrarpolitik des Jemens (Verstaatlichung des Baumwollmarktes, Kreditpolitik, staatliche Agrarprojekte) werden ergänzt mit zwei weiteren: der Verbilligung der Produktionsmittel und der besonderen Finanzflüsse (Abb. 21).

Diesel dient in den meisten Fällen als Energiequelle für die Pumpen. Dieser wird im Jemen auf ein Zehntel des Weltmarktpreises subventioniert (WORLD BANK 1996: 4.1/6). Ein tiefer Dieselpreis fördert den übermäßigen Wasserverbrauch, weil dann Agrargüter bewässert werden, die unter freien Marktbedingungen nicht produziert werden könnten. Ähnliche Auswirkungen haben die Subventionierung von Elektrizität (für den Betrieb der Dieselpumpen), die vergünstigten Agrarkredite und Subventionen zum Kauf von Pumpen. Alle drei Maßnahmen sind im Jemen weit verbreitet (WORLD BANK 1996: 1.1/4). Die „Cooperative and Agriculture Bank" gewährt einen Zinsfuß für Agrarkredite von 9 bis 11 % pro Jahr, gegenüber einer jährlichen Inflationsrate von über 50 % in den vergangenen Jahren (WORLD BANK 1996: 4.1/6). Unter diesen Umständen lohnt sich der Kauf einer Pumpe auf Kredit auch dann, wenn die erzielten Erträge aus dem Betrieb minimal sind. Nach wenigen Jahren beträgt der Wert des Kredits nur noch ein Bruchteil der ursprünglich gewährten Summe.

Abb. 21: Subventionsformen in der Landwirtschaft in Saudi-Arabien und im Jemen

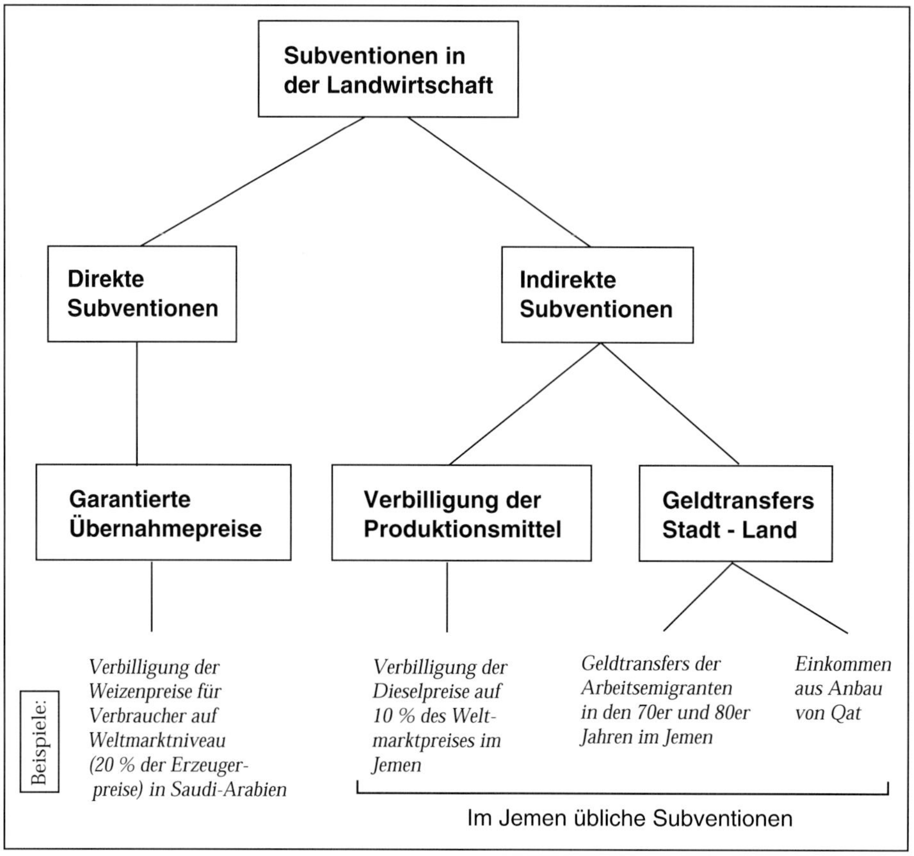

Die zweite Art von indirekter Subvention der Landwirtschaft ist der Geldtransfer von urbanen Gebieten aufs Land. Im Jemen drückt sich dies durch zwei Phänomene aus: Erstens die Arbeits-Emigration und zweitens die relativ hohen Agrarpreise. Die bereits ausführlich beschriebene Arbeits-Emigration vom Land in die Städte im In– und Ausland führt zu hohen Geldüberweisungen in die ländlichen Gebiete. Dort wird das Geld von der verbleibenden Bevölkerung dann unter anderem auch in ökonomisch unrentable, aber für das Prestige wichtige Bewässerungsprojekte investiert, was dann wiederum für die Absenkung des Grundwasserspiegels mitverantwortlich gemacht werden kann. Weil die Beziehung zur Landwirtschaft für die abgewanderten Männer nach wie vor wichtig ist, wird beispielsweise die Getreideproduktion zusätzlich privat subventioniert. Verdeutlicht wird die Vernetzung der urbanen Tätigkeiten und der landwirtschaftlichen Produktion durch die folgende Schilderung eines Weltbank-Mitarbeiters in der Region Taʿizz:

> „ Many people manage to do more than one job either through absenteeism (especially those in government posts) or job sharing (such as a brother standing in ...). Many city workers return to the village at harvest to help work on what is in fact their own land but is tended the rest of the year by a relative. Thus many people would be able to state that they are farmers from the village and at the same time claim to work in the city.“ (HANDLEY 1996a: 13)

Besondere Marktbestimmungen haben einen Zusammenhang mit dem sinkenden Grundwasserspiegel. Dies soll am Beispiel des Qatanbaus illustriert werden und gilt ähnlich für die anderen geschützten Agrargüter, vor allem Früchte und Gemüse. Mit dem Anbau von Qat werden für die Landwirtschaft sehr hohe Einkommen erzielt: Zwischen dem 75fachen (gegenüber Mais) und dem 13fachen (gegenüber Trauben) der Hektarerträge (REVRI 1983: 8). Die hohen Erträge, die mit dem Qat erzielt werden, lassen sich durch verschiedene Faktoren erklären. Erstens ist hier die Vermarktung kompliziert strukturiert, da die jungen Triebe noch am Tag der Ernte konsumiert werden müssen.

Zweitens hat der Anbau und Handel einen „Graumarkt-Charakter", der sich in der ambivalenten Haltung der Regierung zum Qat ausdrückt (vgl. Kap. 3.3.4). Und drittens ist der Import von Qat verboten. Der Qatanbau wird hier als Subventionierung der Landwirtschaft betrachtet, weil der Preis, den die Konsumenten bezahlen, nicht einem wirklich freien Preis entspricht. Zudem wird das Einkommen aus dem Qat oft für die Produktion von anderen unrentablen Agrargütern benutzt. So gibt es Bauern, die ihr eigenes Wasser für die Produktion von Qat verwenden, aus dem Erlös aber zusätzlich Wasser kaufen, um ihre Maisfelder zu bewässern.

Üblicherweise werden Subventionen in der Landwirtschaft meist wegen ihrer finanziellen Auswirkungen für den Staat oder die Konsumenten kritisiert. Daß aber auch ökologische Auswirkungen auftreten, wurde bisher zu wenig beachtet. Im Jemen sind die Auswirkungen auf den Wasserverbrauch sehr groß (Tab. 8).

Umgekehrt können aber auch Maßnahmen gegen die Übernutzung an Bedingungen für Subventionen geknüpft werden. Mit einer Änderung der Subventionspolitik, also mit wirtschaftlichen Instrumenten, kann eine Verminderung der Ressourcen-Übernutzung erreicht werden. Über eine künstliche Verknappung des Wassers durch die Erhöhung der Kosten sollen Anreize zur effizienteren Nutzung des Wassers geschaffen werden. Zwei der wichtigsten Forderungen der Weltbank zur Lösung des Wasserproblems sind die Importfreigabe von Qat und die massive Erhöhung des Dieselpreises (WORLD BANK 1996: 12f.). Damit sollen die erwähnten beiden Hauptfehler der Subventionspolitik in Zukunft vermieden werden (vgl. Kap. 6.2).

Tab. 8: Auswirkungen der Subventionierung der Landwirtschaft

Art der Subvention	*Beabsichtigte Auswirkung*	*Auswirkung auf Wasserververbrauch*
Staatliche Unterstützung des Baumwollanbaus	höhere Erträge und damit verbesserte Exporterlöse	keine nennenswerten Auswirkungen
Verbilligte Kredite der Cooperative and Agriculture Bank	Verbesserung der finanziellen Rahmenbedingungen der Bauern	Mehrverbrauch wegen höherem Anreiz zum Kauf von Dieselpumpen
Entwicklungshilfe im Landwirtschaftsbereich	Verbesserungen im ländlichen Bereich	unterschiedliche Auswirkungen
Staatlicher Bau von Bewässerungs-Infrastruktur	erleichterter und zuverlässigerer Zugang zum Wasser	Mehrverbrauch, vor allem von Oberflächenwasser
Geldfluß Stadt-Land wegen Arbeitsemigration	Unterstützung der zurückbleibenden Bevölkerung	Mehrverbrauch wegen Weiterführung ökonomisch unrentabler Betriebe
Geldfluß Stadt-Land wegen hoher Qatpreise	Hohe Preise wegen Schutz der inländischen Qatproduzenten	Anreiz zu intensivem Wasserverbrauch
Verbilligung der Dieselpreise	Unterstützung der Landwirtschaft	Mehrverbrauch von Grundwasser

5.2.4 Moderne Technologien der Wassernutzung

Neue Technologien in der Landwirtschaft stehen mit der Übernutzung in einem direkten Zusammenhang und wurden durch die neuen wirtschaftlichen und politischen Rahmenbedingungen seit 1970 gefördert. Mit moderner Technologie wurde die Wasserentnahme durch Dieselpumpen wesentlich erleichtert. Erst seit der Verfügbarkeit von moderner Technologie kann Wasser in nahezu beliebiger Menge geschöpft werden. Drei technische Neuerungen haben dabei zu einer „Revolution in der Grundwasser-Erschließung" (WRAY 1995: 99) geführt: Leistungsfähige Motorpumpen, neue Bohrmaschinen und moderne Explorationsmethoden. Schätzungsweise 45'000 pumpenbetriebene Brunnen existierten 1995 bereits im Jemen (WORLD BANK 1996: 4.1/3). Für den weiteren Ausbau der Grundwasserförderung gibt es 200 Bohreinrichtungen im Lande. Die hydrogeologische Forschung zur Erschließung von weiterem Grundwasser bedient sich computergestützter Methoden mit Hilfe von radar- und elektromagnetischen Messungen (RoY 1993).

Vor einigen Jahrzehnten war es technisch sehr aufwendig, tief liegendes Grundwasser zu erschließen. Damit waren die Kosten für das Bohren der Brunnen und das Fördern des Wassers im Vergleich zu den billigen Agrarprodukten sehr hoch. Diese relativen Kosten haben sich in den vergangenen drei Jahrzehnten zugunsten der Technologien verändert. Kleine Pumpenanlagen sind bereits ab umgerechnet 300 US-$ erhältlich, größere Anlagen kosten um die 10'000 US-$. Angesichts der hohen Erträge, die mit dem Anbau von Qat erzielt werden können, sind solche Investitionen aber durchaus tragbar. Man kann sogar noch weiter gehen und einen zwingenden Zusammenhang zwischen dem sinkenden Grundwasserspiegel und der Notwendigkeit zur Einführung von Technologie postulieren (Abb. 22).

Abb. 22: Sinkender Grundwasserspiegel und moderne Technologie: Ein Teufelskreis

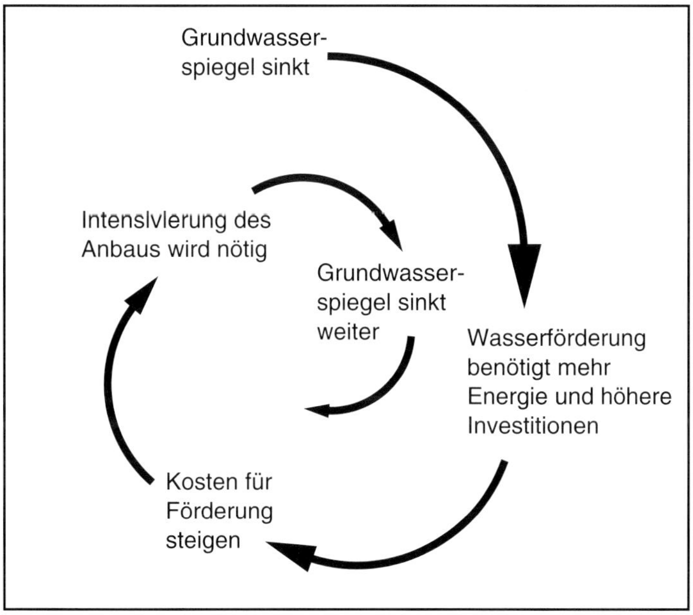

Bei einem sinkenden Grundwasserspiegel werden die Energiekosten höher, weil das Wasser aus tieferliegenden Schichten an die Erdoberfläche gefördert werden muß. Zudem benötigen tiefer reichende Brunnen höhere Investitionen. Weil damit die variablen Kosten für den Landwirtschaftsbetrieb steigen, wird der Druck nach Intensivierung größer. Damit ist die Gefahr groß, daß das Grundwasser stärker genutzt wird, zum Beispiel, weil länger und intensiver bewässert wird oder weil zusätzliche Brunnen gebohrt werden.

Diesen sich selbst verstärkenden Prozeß zu durchbrechen, benötigt Anreize, damit die Intensivierung des Anbaus nicht zwangsweise zu einem Mehrverbrauch von Wasser führt. Solche Anreize haben an verschiedenen Punkten gleichzeitig anzusetzen (vgl. Kap. 6.2), um trotz einer weiteren Intensivierung des Anbaus den Verbrauch von Grundwasser zu reduzieren.

Neben den erwähnten Veränderungen im Bereich der *Wasserförderung* sind auch die veränderten Systeme der *Wassernachfüllung* für den sinkenden Grundwasserspiegel mitverantwortlich: Die Terrassierung der steilen und niederschlagsreichen Gebiete des Jemens hat den schnellen Wasserabfluß nach einem Niederschlagsereignis verhindert und damit einen günstigen Einfluß auf den Grundwasserhaushalt gehabt (KOPP 1981: 51). Das Wasser wird im oberen Teil der Wadiläufe gestaut, ein Teil versickert und fließt unterirdisch allmählich in weiter unten liegende Gebiete. Von dort kann es zu einem späteren, für die Bewässerungs-Landwirtschaft günstigeren Zeitpunkt wieder entnommen werden, zum Beispiel in der Trockenzeit.

Mit der Aufgabe der Terrassenbewässerung und dem Zerfall der Terrassen fehlen diese Puffer im Wasserhaushalt. Das Wasser fließt nun schnell und oberflächlich ab. Damit ist es einerseits erst in wesentlich tieferliegenden Gebieten wieder nutzbar und andererseits etwas länger der Verdunstung ausgesetzt. Ein direkter Zusammenhang zwischen zerfallenden Terrassen und sinkendem Grundwasserspiegel kann empirisch nicht bewiesen werden, weil es kaum Gebiete gibt, wo sich nur dieser Faktor verändert hat, die Wasserentnahme aber gleich geblieben ist.

5.2.5 Traditionelle Institutionen und moderne Technologie

In Kapitel 2.2.4 wurde die These erarbeitet, daß Ressourcen-Degradation dann auftritt, wenn Institutionen mit den Technologien und den wirtschaftlichen Rahmenbedingungen der Ressourcennutzung nicht übereinstimmen. Für das Verstehen der beobachteten Probleme im Jemen hilft diese Optik: Sind die Besitzverhältnisse beziehungsweise die Regelungen für die Nutzung gemeinschaftlich genutzter Ressourcen unklar, so ist eine Übernutzung zu erwarten. Die übermäßige Grundwassernutzung stößt auf keinen institutionellen Widerstand (weder von den traditionellen noch von den modernen Rechten), weil es dafür keine rechtlichen Grundlagen gibt. Eine Untersuchung in der Region Ṣaʿdah zeigt folgendes:

> „A combination of local customary practices and legal Islamic principles form the basis for water rights, allocation and use in the Sa'dah area. In a resource scarce environment, where access to water is crucial, traditional water rights denote ‚a multitude of obligations arising from contracts between parties and from moral and ethical standards.' Whereas some of these principles constrain individual freedom for the benefit of all, others appear to lead to inequality. Upstream users of water, for example, ... , leave downstream users in much uncertainty about volumes of water and yield. Groundwater exploitation offered a way out and appeared to provide a new measure of freedom, independence and certainty beyond the reach of customary and Islamic water rights." (LICHTENTHALER: 1996:122)

Interessant ist hier der letzte Satz im Zusammenhang mit dem Grundwasser. Bei der Nutzung von Oberflächenwasser werden mit den bestehenden Institutionen die Unterlieger benachteiligt. Deshalb wird vermehrt Grundwasser genutzt, weil dieses gewissermaßen außerhalb des Machtbereichs der traditionellen und islamischen Wasserrechte liegt.

Für Oberflächenwasser gilt ähnliches: Wie in Kapitel 4.2.2 aufgezeigt worden ist, beschränkt sich das Oberliegerrecht auf große Wadis, jede Einheit der Wassernutzer kann so viel Wasser ableiten, wie sie vermag. Diese Rechtssprechung geht auf einen *Hadīṯ* zurück und besteht demnach seit der Zeit des Propheten Muḥammad. Dieses Recht macht für die damaligen Verhältnisse einen Sinn, weil mit einfachen technischen Hilfsmitteln und unter einer dezentralen Sozialstruktur von jeder Einheit nur ein kleiner Teil des zur Verfügung stehenden Wassers abgeleitet werden kann. Die Erddämme werden während des Sails zerstört, und es bestehen viele kleinere Ablenkdämme, die durch ein eigenes System von Kanälen die Felder speisen. Die dem Wadi entnommene Wassermenge bleibt deshalb jeweils klein.

Eine zentrale Wasserfassung, welche die Menge des Durchflusses wesentlich verändert, muß von einer starken zentralen Organisation getragen werden. Solche Strukturen waren im Jemen weitgehend fremd. Zwar hat es während einzelner Epochen zentrale politische Organisationen gegeben, ihr Einfluß auf die Bewässerungsstruktur war aber gering. Das Oberliegerrecht hat die Unterlieger nicht benachteiligt, weil während eines normalen Sails genügend Wasser für alle Anlieger vorhanden ist. Dieses Argument hat Gültigkeit für eine Gesellschaft, deren landwirtschaftliche Produktion keine großen Veränderungen erfährt. Die Produktionsflächen bleiben dann relativ stabil. Vor allem bleibt hier die Art und Weise, wie die Ablenkdämme gebaut werden, gleich.

An verschiedenen Orten des Landes hat man jedoch damit begonnen, das Oberflächenwasser zentraler zu fassen, auf größere Flächen zu verteilen und die Ablenkdämme stabiler zu bauen. Solche Verbesserungen gehen sowohl auf private als auch auf staatliche Inititative zurück (WORLD BANK 1996: 4.1/3). Beispiele dafür gibt es aus dem ehemaligen Nord– und dem Südjemen: Mit dem Bau des Staudamms von Maʾrib wollte man die Agrarproduktion intensivieren. Die Dreiteilung des Wadis in Ḥarīb / al-ʿAin hat als Hintergrund eine sozialistische Landreform (vgl. Kapitel 4.2.2). Am zweiten Beispiel läßt sich die Gleichzeitigkeit von traditionellen Rechten und modernen Elementen mit daraus folgenden ökologischen und sozialen Problemen besonders gut aufzeigen:

Seit der 1980 erfolgten Dreiteilung des Wadis fließt das Wasser des Sail neben dem alten Wadibett in zwei zusätzlichen Kanälen und vergrößert die Feldfläche im oberen Teil des Tales um etwa das Dreifache. Bei einem normalen Sail wird alles Wasser im oberen Teil genutzt. Der Bau der beiden Ablenkdämme hatte die moderne sozialistische Landreform als Eltern, während das traditionelle Oberliegerrecht für das Projekt Pate stand: Die Verteilung von Land an bisher landlose Bauern war die politische Grundlage, das Oberliegerrecht legitimierte es. Ermöglicht wurde der Bau aber erst mit der Verfügbarkeit moderner Maschinen für den Bau der Dämme und vor allem der Kanäle. Den unteren Teil des Tales erreicht der Sail nur noch alle paar Jahre. Abgesehen vom fehlenden Oberflächenwasser hat das Projekt auch Auswirkungen auf das Grundwasser. Die Anreicherung geschieht in einem viel kleineren Ausmaß als früher.

Weil die Abhangigkeit von Grundwasser angesichts des fehlenden Sails größer geworden ist, gibt es wiederum einen sich selbst verstärkenden Kreislauf vom Zwang zu mehr Grundwassernutzung bei sinkendem Grundwasserspiegel. Auf die Frage, ob er sich dieser Problematik bewußt sei, antwortete ein Bauer aus Ḥarīb:

> „Natürlich, aber was soll ich machen: Es besteht ein hoher ökonomischer Druck nach dem Wasser. Jede Familie braucht schließlich einen Brunnen, um zu überleben. Daß es immer mehr Brunnen gibt, ist einerseits dem enormen Bevölkerungswachstum zuzuschreiben, andererseits geben heute drei Brunnen nur noch soviel Wasser wie früher einer, also hat man dreimal soviele Brunnen.
>
> Neue Brunnen bedeuten also nicht die Ausdehnung der Bewässerungslandwirtschaft, sondern die Erhaltung des Status Quo. Die Regierung kann nicht verbieten, neue Brunnen zu bauen, weil sie damit die Region zum Verhungern verurteilen würde."

Alle auf das Problem angesprochenen Bauern im unteren Teil des Tales beklagten sich über den sinkenden Grundwasserspiegel und die geringere Wasserkapazität ihrer Brunnen.

Sowohl Oberflächen– als auch Grundwasser sind Ressourcen, welche keine klaren Eigentumsverhältnisse aufweisen. Dieses zentrale Recht bildete im ariden Raum über Jahrhunderte hinweg den Anreiz, Land zu erschließen. Durch die Nutzung des Wassers wird man zu dessen Eigentümer, das ungefaßte Wasser bleibt öffentliches Gut. Alle drei Faktoren, die gemäß der Spieltheorie Anreiz zur Übernutzung gemeinschaftlich genutzter Ressourcen sind, finden sich für die Bewässerungs-Landwirtschaft im Jemen wieder (vgl. Kap. 2.2.3). Erstens ist der Austausch von Informationen unter den Wassernutzern schlecht. Die dezentralen Stammesstrukturen und die fehlende Kommunikation unter den Bauern verunmöglichen Maßnahmen, weil für eine abgesprochene und gemeinsame Reduktion des Wasserverbrauchs ein gegenseitiger Informationsaustausch nötig wäre. Eine laufende Kooperation braucht den ständigen Kontakt. Zweitens ist die Zahl der Akteure sehr groß. Je größer aber die Anzahl Wassernutzer ist, desto kleiner wird der Schaden aus der Übernutzung für das Individuum. Umgekehrt ist der Anreiz, seinen Wasserverbrauch freiwillig und ohne Kompensation zu reduzieren, sehr klein, weil der Nutzen mit der Anzahl der Mitspieler geteilt, der Schaden aber alleine getragen werden muß.

Der dritte Punkt ist weniger klar. Ob es sich bei der Übernutzung der Wasserressourcen um ein einmaliges Ereignis handelt, hängt vom gewählten Zeithorizont und von den hydrologischen Verhältnissen ab: Wird als Zeithorizont eine Generation gewählt und die Nutzung der fossilen Aquifere mitberücksichtigt, ist die Einmaligkeit des Ereignisses gewährleistet. Damit erfüllen sich auch hier die Bedingungen für die fehlende Kooperation und damit die Übernutzung der Wasserressourcen aus der Optik der Spieltheorie.

Der Zusammenhang zwischen der fehlenden Kooperation und der daraus folgenden Übernutzung des Wassers wird durch die folgenden Auszüge aus Gesprächen mit drei verschiedenen Bauern im unteren Teil von Ḥarīb bestätigt:

Frage: Gibt es ein Forum, wo Sie untereinander die bestehenden Wasserprobleme diskutieren?

Antwort: Nein, wir haben alle auf die Grundwassernutzung umgestellt, es gibt nichts zu diskutieren.

Frage: Führen Sie einen Dialog mit den Oberliegern für eine gerechtere Wasserverteilung?

Antwort: Mit den Oberen ist kein Dialog möglich, weil wir zwei verschiedenen Stämmen angehören.

Frage: Gibt es einen Ort, wo Sie Ihre Probleme mit dem sinkenden Grundwasserspiegel anbringen können?

Antwort: Es gibt keine Kommunikation unter den Bauern. Ich wünsche aber, daß die zentrale und lokale Regierung mehr für die Bauern machen würde, zum Beispiel über Wassergesetze. Ich denke, daß solche Wassergesetze im Prinzip akzeptierbar sind, aber daß es schwierig sein dürfte, diese gerecht zu machen.

Im zweiten Teil der letzten Antwort ist bereits die Forderung nach einem Ersatz für die fehlenden Institutionen enthalten. In diesem Fall soll der Staat die Rolle übernehmen, weil die traditionellen Institutionen der neuen Situation nicht mehr angepaßt sind. Die starke dezentrale Struktur der traditionellen Institutionen wird hier zu einem Hindernis, weil mit modernen Technologien ein überregionales Problem entstanden ist, das nur über die bestehenden Stammesgrenzen hinaus zu lösen ist. Moderne Institutionen sollen deshalb helfen, die Veränderungen im technischen und ökonomischen Bereich tragbarer zu machen.

Zur Illustration der Erwartungen der Bauern zwei weitere Auszüge aus Gesprächen, die im Januar 1996 mit Bauern in Ḥarīb geführt wurden:

Frage: Was denken Sie zu einem neuen Wasserrecht, das die auszubeutende Wassermenge limitieren will?

Antwort: Eine Limitierung für das Bohren von neuen Grundwasserbrunnen existiert bereits [er denkt an die Mindestabstände], aber der Staat ist nicht fähig, diese und auch neue Gesetze durchzusetzen. Ich hätte nichts dagegen und finde, es wäre vernünftig. Wir verstehen die Logik des Gesetzes. Wir haben wirklich nichts gegen einschränkende Gesetze, aber wie soll der Staat sie durchsetzen?

Frage: Welches sind Ihre Zukunftserwartungen?

Antwort: Ich bin sehr optimistisch für die Zukunft. Die Stärke der Region liegt in der Produktion von naturnahen Gütern, weil das Naturpotential optimal ist. Das Land ist fruchtbar, alles wächst. Aber es gibt drei Haupthindernisse:

- **Das Wasser steht nur beschränkt zur Verfügung**
- **Das Marketing für die guten Produkte ist unheimlich schlecht**
- **Die ökonomischen Rahmenbedingungen haben sich ver schlechtert. Eine Pumpe kostet jetzt 1 Mio. Riyal, früher waren es nur 60‘000 Riyal [entspricht ca. 10‘000 US-$ bzw. 600 US-$].**

Wir hoffen sehr auf den Staat, daß er bessere Rahmenbedingungen schafft.

Wie der Staat diese Rolle wahrnehmen möchte, wird in Kapitel 5.3 aufgezeigt werden.

5.2.6 Kausalkette für die Übernutzung der Wasserressourcen

Die Übernutzung der Grundwasser-Vorräte wird in dieser Arbeit mit den sich stark verändernden wirtschaftlichen Rahmenbedingungen und den unflexiblen Institutionen erklärt. Konkret sieht die Kette der Ereignisse folgendermaßen aus (Abb. 23):

Der Jemen ist bis in die 60er Jahre von der Subsistenz geprägt gewesen und hat am weltwirtschaftlichen Handel nur sehr marginal teilgenommen. Seit den 70er Jahren hat das Land einen hohen Geldzufluß aus den Nachbarländern erfahren, vor allem durch die Geldüberweisungen aus der temporären Arbeitsemigration nach Saudi-Arabien. Als Folge davon wurden die landwirtschaftlichen Produktionsfaktoren verändert: die Arbeitskräfte wurden knapp, dafür stand den Bauern mehr Kapital zur Verfügung. Deshalb fand eine Mechanisierung statt, die im Bewässerungs-Sektor vor allem durch die rasche Erschließung des Grundwassers stattfand. Begünstigt wurde diese Entwicklung durch die jemenitische Agrarpolitik. Der hohe Wasserverbrauch in der Landwirtschaft ist intensiviert worden, weil der Anbau von Agrarprodukten teilweise subventioniert wurde.

Während sich die Technologien zur Wassernutzung veränderten, blieben die Institutionen weitgehend gleich. Gegen die Übernutzung von Grundwasser gibt es keine wirksamen Regelungen. Hat eine Übernutzung einmal eingesetzt, gibt es zudem einige sich selbst verstärkende Kreisläufe, die die Übernutzung fördern:

- Solange Wasser zur Verfügung steht, fördern tiefere Grundwasserspiegel den Mehrverbrauch von Wasser, weil der höhere Aufwand mit einer Mehrproduktion kompensiert werden muß.

- Die Haltung der Bauern hat gezeigt, daß bei sinkendem Grundwasserspiegel die Kooperation eher zurückgeht. Jeder sucht seinen persönlichen Verlust zu minimieren, zulasten der Allgemeinheit.
- Technische Verbesserungen in der Nutzung von Oberflächenwasser reduzieren die Anreicherung von Grundwasser und gleichzeitig das Angebot von Oberflächenwasser für die Unterlieger. Deshalb steigt bei diesen der Druck nach mehr Grundwassernutzung doppelt.

Abb. 23: Ursachen der Wasserübernutzung im Jemen

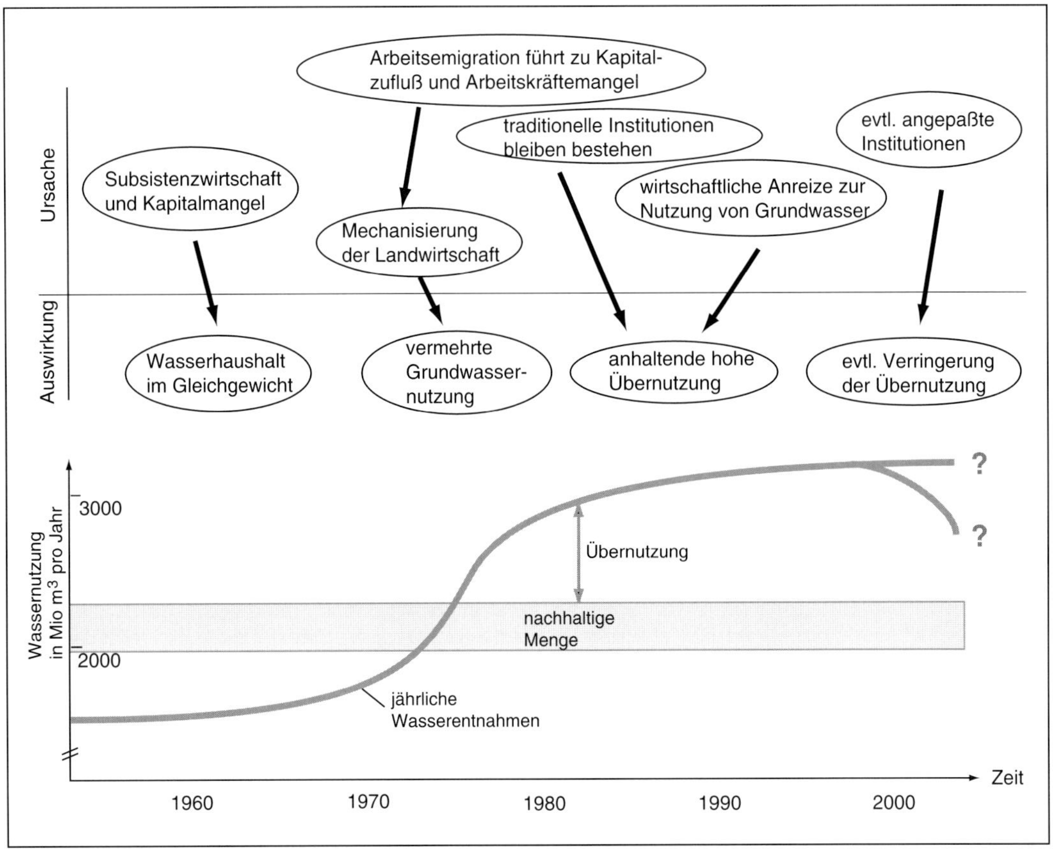

Angaben zum Wasserhaushalt aus: RoY 1991a: II-2; eigene Darstellung.

Ein Ausweg aus der akuten Wasserkrise könnte sowohl mit einer Anpassung der Wasserrechte an die heutige Situation als auch mit einer Stärkung der Wasserbehörden erreicht werden. Dies entspricht der anerkannten Forderung nach mehr Verantwortung der Institutionen bei der Ressourcennutzung und würde im Jemen einen institutionellen Wandel bedingen. Ein solcher Wandel findet aber nur statt, wenn es genügend ökonomischen Druck dafür gibt oder wenn der Staat dazu die treibende Kraft ist (vgl. Kap. 2.2.4). Weil im Jemen noch kein ökonomischer Zwang zur Ressourcenschonung besteht, kommt dem Staat die zentrale Aufgabe zur institutionellen Reform zu. Diese Pflicht hat der Staat bisher nicht erfüllen können, weil er zu schwach war und kein eigenes Interesse zur Lösung der Probleme hatte. Es bestehen zur Zeit aber konkrete Pläne, daß der Staat im Jemen die Verantwortung für die Zukunft der Bewässerungs-Landwirtschaft übernehmen möchte.

5.3 Reaktion des Staates: Der aktuelle Gesetzgebungsprozeß im Wassersektor

5.3.1 Gesetzliche Grundlagen

Gemäß der seit 1991 gültigen Verfassung sieht sich die Republik Jemen als Teil der „Arabischen Nation" und der „Islamischen Welt". Der Islam ist seine Staatsreligion, Arabisch die Landessprache, und die islamische Šarīᶜah wurde als die „Quelle" seiner Gesetzgebung gesehen (GPC 1997). So beschreiben die Artikel 1 bis 3 der Verfassung die politischen Grundlagen des Staates. Während des Bürgerkrieges im Sommer 1994 wurde die Verfassung außer Kraft gesetzt. Die neue, unter dem Einfluß des Machtgewinnes der Islah-Partei leicht überarbeitete Verfassung hält unter anderem fest, daß die Šarīᶜah nun nicht mehr die „Hauptquelle", sondern die „einzige Grundlage aller Gesetzgebung" sei (GPC 1997).

Die Verfassung stützt sich also formell auf die Šarīᶜah. Beide Quellen, Verfassung und Šarīᶜah, bilden zusammen formell die Grundlage für die dritte Stufe der Gesetzgebung, das Zivilgesetz („Civil Law"). Dieses besteht aus 1399 Artikeln und ist dann wiederum selbst die Grundlage für die einzelnen Sachgesetze, also gewissermaßen das „Gesetz der Gesetze" (ERYANI al- et al. 1995: 43).

Das Verhältnis dieser vier Gesetzstufen ist aber nicht so reibungslos wie die offiziellen Formulierungen den Anschein erwecken. Bereits das Beispiel des Wasserbesitzes zeigt Widersprüche. Gemäß der Šarīᶜah kann Wasser, abgesehen von den erwähnten drei Ausnahmen, nicht privat besessen werden (vgl. Kap. 4.1.3). Nach der gültigen Verfassung ist Wasser aber weder „res nullius" noch „res communis", sondern es gehört dem Staat. Der wichtigste, das Wasser betreffende Paragraph der Verfassung legt fest:

> „All natural resources and sources of energy, whether above ground, underground, or in the territorial waters ... are owned by the government, and it will ensure exploitation of such resources for the common good." (Artikel 7 der Verfassung von 1994)

Da die Verfassung in offensichtlichem Widerspruch zur Šarīᶜah steht, interessiert hier die Formulierung des Zivilgesetzes, das auf beiden Quellen aufbaut: In Artikel 1366 heißt es: *„water is originally resnullius for all (Mubāh)"* (ERYANI al- et al. 1995: 46). Das Zivilgesetz bezieht sich hier also auf die Šarīᶜah und nicht auf die Verfassung. Auf der Ebene der spezifischen Wassergesetze ist das Wasser dann wieder Staatseigentum, wie weiter unten aufgezeigt wird.

Man kann darüber diskutieren, ob die Formulierung *„owned by the government ... for the common good"* nicht auch als „res communis" aufgefaßt werden kann, denn Staatseigentum ist im weiteren Sinn auch ein Allgemeingut. Angesichts des Mißtrauens der Bevölkerung dem Staat gegenüber und der bisherigen Unfähigkeit des Staates, die vorhandenen Mittel auch tatsächlich „for the common good" einzusetzen, ist diese Interpretation aber nicht haltbar. Bei Grundwasser sind dem Staat erst recht die

Hände gebunden. Gefaßtes Wasser ist gemäß der Šarīʿah und dem Zivilgesetz Privateigentum, das Bohren eines Brunnens wird da bereits als das Fassen von Grundwasser verstanden:

> „... the drilling of a well to receive water is considered a containment if the water comes from resnullius after passing a waterway." (ERYANI al- et al. 1995: 47)

Gemäß der Verfassung und den Wassergesetzen ist dieses Wasser aber in jedem Fall Eigentum des Staates. Es soll bereits hier festgehalten werden, daß Widersprüche zwischen der Šarīʿah und dem Zivilgesetz einerseits und der Verfassung und den Wassergesetzen andererseits Aus-druck einer Unsicherheit des Gesetzgebers bezüglich der Wassernutzung sind. Gerade die er-wähnten Widersprüche zeigen, daß die modernen Wassergesetze auf wackligen Füßen stehen.

Der moderne Gesetzgebungsprozeß im Wassersektor ist seit einigen Jahren im Gange. Daß die bestehenden institutionellen Rahmenbedingungen den heutigen modernen Techniken der Wasserförderung nicht angepaßt sind, wird in staatlichen Stellungnahmen mehrere Male bekräftigt (z.B.: RoY 1991: 11, RoY 1992a: 4). Die Übernutzung des Grundwassers in weiten Teilen des Landes hat verschiedene internationale Organisationen veranlaßt, eine Modernisierung des institutionellen Sektors im Wasserbereich zu fordern, mit der entsprechenden Bereitschaft, dies zu unterstützen. Diese Faktoren sind die wesentlichen Triebkräfte für die im folgenden beschriebene Neugestaltung der Wasserbehörden und Etablierung eines neuen Wassergesetzes.

5.3.2 Moderne Wasserbehörden

Gemäß den Ausführungen in Kapitel 4.5.1 sind im Jemen verschiedene Ministerien in den Wasserbereich einbezogen. Die drei wichtigsten Stellen sind dabei das Landwirtschafts- und Wasser-Ministerium (MAWR), das Öl- und Mineralressourcen-Ministerium (MOMR) und das Ministerium für Elektrizität und Wasser (MEW). Da die drei Ministerien unterschiedliche wirtschaftliche und soziale Interessen vertreten, ist um die Übernahme der Verantwortlichkeit ein Machtkampf entstanden: Das MAWR nimmt die Interessen der Landwirtschaft wahr und will deren Nutzungsansprüche gesichert haben. Das MOMR sieht vor allem die technischen Möglichkeiten, das Angebot zu erhöhen und die bestehenden Reserven zu schützen. Das MEW schließlich will für die dringende Versorgung der Städte genügend Wasser zur Verfügung haben.

Aus dieser Konfliktsituation heraus hat man sich schon 1981 entschlossen, einen übergeordneten Rat zu gründen, den „High Water Council" (HWC) (RoY 1991a: VI-5). Dieser sollte zwischen den Ämtern koordinieren, eine nationale Wasserstrategie ausformulieren und das dazu nötige Wassergesetz vorbereiten. Der Rat hatte keine festen Mitarbeiter und sollte aus einem unregelmäßigen Zusammentreffen von Vertretern der betroffenen Ministerien bestehen. Dem HWC stand formell der Minister des MEW vor, Mitglieder waren auch die stellvertretenden Minister aller anderen involvierten Ministerien. Trotz dieser beinahe paritätischen Zusammensetzung war der Rat aber nicht fähig, zwischen den Ministerien zu koordinieren und damit ihr Hauptziel auch nur annähernd zu erreichen. Schuld daran war, daß die Leitung des Rates einem ausgesprochenen Interessenvertreter unterstellt worden war.

1986 wurde das HWC dann formell dem Premierminister unterstellt und mit einem „Technical Secretariat" ausgestattet (RoY 1991a: VI-5). Trotz dieser Verbesserungen und der Unterstützung von internationalen Organisationen dauerte es dann nochmals bis 1990, bis ein Vorschlag für ein Wassergesetz ausgearbeitet wurde (vgl. Kap. 5.3.4). Gleichzeitig mit der Diskussion des neuen Wassergesetzes wurde auch die Neuorganisation des HWC angeregt. Das HWC wurde formell von der UNDP unterstützt, großen Einfluß hatte auch das MOMR und dessen „General Department of Hydrogeology" (GDH). Das „Technical Secretariat" des HWC bestand zu einem großen Anteil aus Hydrogeologen mit der oben erwähnten, stark auf die technischen Möglichkeiten ausgerichteten Sicht. Das GDH konnte dank der Unterstützung des niederländischen Instituts (TNO) und der engen Zusammenarbeit mit dem HWC eigene Studien zur Wasserproblematik anfertigen (vgl. WRAY div. Jahre) und übte damit einen großen Einfluß auf die Wasserdebatte im Jemen aus. Dabei hat aus den erwähnten Gründen die Erarbeitung der hydrogeologischen Verhältnisse ein viel zu großes Gewicht gehabt, während die sozioökonomischen Faktoren nur am Rande erwähnt wurden.

Obwohl das MAWR formell bereits im HWC vertreten und damit implizit auch Mitautor der erwähnten Gesetzesvorschläge war, arbeitete es gleichzeitig an einem eigenen Entwurf, den es 1991 zur Diskussion stellte (RoY 1991a: VI-13). Damit kommt das gegenseitige Mißtrauen der beiden Stellen deutlich zum Ausdruck. Begründet wurden die eigenen Aktivitäten des MAWR mit der bereits vorhandenen Erfahrung im Wasserbereich durch die vielen Behörden innerhalb des Ministeriums und dem hohen Anteil der Landwirtschaft am Wasserverbrauch des Landes.

Im Gespräch mit Vertretern beider Organisationen im Dezember 1994 kam die Konkurrenz klar zum Ausdruck. Argumente für und gegen die Verantwortlichkeit des Wassersektors beim jeweiligen Amt waren damals die folgenden:

- Das **MAWR** vertritt die Landwirtschaft als größte Wasserverbraucherin mit einem Anteil von über 90 %. Es hat ein großes Interesse an einer langfristig ausgerichteten Wasserpolitik und damit an einer nachhaltigen Nutzung. Dem wurde entgegnet, daß die Kontrolle über das Wasser gerade deswegen außerhalb des betreffenden Amtes stehen müsse. Für das Wasser gäbe es eine dem Agrarbereich übergeordnete Funktion, nämlich die Versorgung mit Trinkwasser. Die Zusammenlegung des Hauptkonsumenten und des Kontrollorganes im gleichen Ministerium wäre dann, als ob man die Katze und den Speck in denselben Käfig sperren würde.
- Weil der **HWC** aus Vertretern verschiedener Interessengruppen zusammengesetzt war, konnten von ihm ausgewogene und damit für alle akzeptable Lösungsvorschläge erwartet werden. Diese Situation war für eine staatliche Organisation im Jemen aber derart ungewohnt, daß der HWC gerade daran gescheitert ist. Beispielsweise hat der Leiter des HWC vor allem die Interessen seines früheren Amtes durchzusetzen versucht. Daneben sind dem HWC zu wenig Mittel zur Verfügung gestanden, so daß es nie eine wirklich ernstzunehmende Autorität war.
- Das dritte Amt schließlich, das die Verantwortung über ein neues Wasseramt übernehmen wollte, war das **GDH** des MOMR. Dieses argumentierte mit der Tatsache, daß sie als „Nicht-Konsument" von Wasser am ehesten geeignet wäre, einen wirtschaftlich und sozial harten, aber notwendigen Weg zu einer nachhaltigen Wassernutzung einzuschlagen. Gleichzeitig bestand hier aber die Gefahr, daß solche Vorschläge derart realitätsfremd aussähen, daß ihnen die Durchschlagskraft gefehlt hätte.

Welches Amt für die Kontrolle der Wasserressourcen geeigneter ist, hängt schließlich auch von der übergeordneten Zielsetzung ab: Soll mit der neuen Wasserbehörde vor allem das Wasser*angebot* gesteigert werden, ist die Verantwortung für das zentrale Wasseramt innerhalb des MOMR oder des von diesem beeinflußten HWC sinnvoll. Damit würde wohl zunächst nach mehr Wasser gebohrt. Soll aber vor allem der Wasser*verbrauch* effizienter werden, dann wäre die Verantwortung durch die Bewässerungs-Spezialisten beim MAWR sinnvoller. Vom Landwirtschaftsministerium könnte dann eine langfristige Planung verfolgt werden mit der Abfederung wirtschaftlicher und sozialer Härtefälle. Für die Zukunft der Bewässerungs-Landwirtschaft würde dies die bessere Option darstellen.

Die Schaffung einer zentralen Organisation war angesichts des dringenden Bedürfnisses nach einer besseren Koordination nötig. Es mußte zunehmend nicht nur zwischen den Ämtern, sondern auch zwischen den internationalen Organisationen koordiniert werden, weil diese immer mehr mit Projekten im Wasserbereich tätig wurden. Wichtige Ursachen für die lange Blockierung der nötigen Gesetzgebung waren die fehlende Kooperation zwischen den Ämtern und unklare Verantwortungsbereiche als Folge der Vereinigung der beiden Jemen 1990. Eine politisch instabile Situation folgte mit dem Bürgerkrieg von 1994. Dies hat die Aufmerksamkeit auf die unmittelbaren politischen und wirtschaftlichen Probleme gelenkt, das Thema Wasser war weniger aktuell. Dies gilt sowohl für die nationale Diskussion als auch für die internationalen Hilfsorganisationen. Erst 1995 wurde ein weiterer Anlauf zur Neugestaltung der Institutionen im Wassersektor genommen.

Im März 1995 wurde als zentrale Institution die „National Water Resources Authority" (NWRA) gegründet. Dabei wurde die NWRA weder als Nachfolge-Organisation des HWC noch als Teil des MAWR gesehen, sondern sie wurde neu konzipiert. Trotzdem ist sie im weiteren Sinn Nachfolgerin des HWC, weil dieses fast gleichzeitig als nationales Gremium im Wasserbereich aufgelöst wurde. Die NWRA verfügt über eigene Strukturen mit großen Kompetenzen. Alle Projekte des Jemens, die mit Wasser zu tun haben, müssen von der NWRA gutgeheißen werden. Diese Autorität ist die Kernfunktion der NWRA. In den Artikeln 6 und 7 im Dekret zur Gründung heißt es zu den Kompetenzen der Organisation:

> „The Authortiy is the sole governmental agency in the Republic responsible for the formulation of water resources policies and development strategies and the study, planning and management of water resources at national level. ... The Authority has all the powers and jurisdiction necessary to achieve its objectives, ..." (NWRA 1996b: 11)

Konkret heißt dies, daß beispielsweise ein Staudammprojekt des MAWR mit Unterstützung der Weltbank zuerst von der NWRA abgesegnet werden muß. Damit überwacht das Amt die Wasserressourcen und übernimmt ein großes Stück der Verantwortung. Formell wird die NWRA zwar immer noch von einem Ministerium aus präsidiert, im März 1997 war es das „Ministry for Electricity and Water Resources". Weil die NWRA aber über ein eigenes Budget mit Angestellten und Büros verfügt, ist ihre Kompetenz groß. Dem Amt ist ein ausländischer Counterpart von der UNDP zugewiesen, der innerhalb der NWRA eine wichtige beratende und kontrollierende Funktion wahrnimmt. Die NWRA besteht aus drei Abteilungen mit folgenden Aufgaben (WORLDBANK 1996: 2.2/1f):

- Der „Policies and Programming Sector" arbeitet am neuen Wasserrecht, koordiniert die sozio-ökonomische Planung im Bezug auf wasserspezifische Problemkreise und widmet sich der internationalen und nationalen Zusammenarbeit im Wasserbereich.

- Der „Studies and Information Sector“ erarbeitet für die einzelnen Regionen Pläne für ein „zielgerechtes“ Ressourcen-Management und sammelt und analysiert die wasserbezogenen Informationen.
- Der „Implementation and Monitoring Sector“ schließlich ist für die Umsetzung der Wasserpolitik zuständig. Auch er arbeitet auf der regionalen Ebene. Ihm dürfte durch den direkten Kontakt mit den Bauern die Schlüsselaufgabe zukommen.

Aus der Erkenntnis, daß ein Problempunkt vergangener Projekte das fehlende Durchsetzungsvermögen gewesen ist, versucht die NWRA jetzt die lokale Bevölkerung stärker miteinzubeziehen.[1] Dazu soll für jedes Projekt eine Art Vernehmlassung stattfinden, wo mit Vertretern vor Ort über mögliche Auswirkungen diskutiert wird. Werden die lokalen Autoritäten (z.B. der Ḥarāṯ oder Vertreter von Genossenschaften) stärker in den Entscheidungsablauf miteinbezogen, können Maßnahmen zur Verbesserung der Wasserkrise schneller ergriffen werden. Das Schlagwort „community-based-projects“ hat im Vokabular der NWRA jedenfalls Fuß gefaßt.

Die NWRA stellt mit all ihren Kompetenzen ein mächtiges Amt im Wassersektor dar. Aus den gewählten Formulierungen ist anzunehmen, daß sie mit ihrer Macht sinnvoll umgehen wird. Fehler, die beim HWC noch bestanden, wurden hier weitgehend vermieden. Neben ihrer Kontrollfunktion hat die NWRA weitere Aufgaben: sie kann großräumige Wassertransfers veranlassen, und sie kann die Einführung moderner Technologien fördern (NWRA 1996a: 30). Damit trägt sie viel Verantwortung für eine effiziente und ausgewogene Wassernutzung. Die für die langfristige Entwicklung aber bedeutendste Aufgabe ist die Schaffung und Durchsetzung eines neuen Wassergesetzes. Eine weitere Aufgabe der NWRA wäre es, ihren Einfluß auf die Wirtschaftspolitik wahrzunehmen, um die heutigen Rahmenbedingungen, welche die Wasserübernutzung fördern, zu verändern. Ob sie diese Mittel hat und ob sie sich auf ein politisch derart heikles Thema überhaupt einlassen möchte, werden erst die nächsten Jahre zeigen.

5.3.3 Das moderne Wassergesetz

Sowohl der HWC als auch das MAWR haben zwischen 1990 und 1992 Vorschläge zur Einführung eines neuen Wassergesetzes gemacht. Daß die Ämter dabei auch ihre eigenen Interessen verfolgt haben, läßt sich aufgrund der großen Bedeutung, die das neue Gesetz für sie haben wird, nachvollziehen. Im Sommer 1996 wurde ein dritter Vorschlag von Seiten der NWRA gemacht. Eine Gemeinsamkeit aller Vorschläge ist das Bestreben nach einer Modernisierung der Institutionen, sie steht gewissermaßen als Präambel für die Gesetze. Im folgenden werden die zentralen Punkte der drei Vorschläge diskutiert, es wird aber bereits hier vorweggenommen, daß bis zum Sommer 1997 keines der drei Gesetze eingeführt wurde.

[1] Gemäß Ausführungen Choudry Aslam, Counterpart UNDP/NWRA, ṢanÕāʿ am 16.3.97.

Vorschlag HWC vom März 1990 (Quelle: RoY 1992a: Annex B & C):

Noch in den 80er Jahren stellte das HWC für den Nordjemen ein neues Wassergesetz zur Diskussion, die *„National Water Legislation, Draft Law for Regulations of Water Resources & Their Exploitation"*. Dieses Gesetz entstand in Zusammenarbeit mit dem UNDP. Da es in einem engen Kontext mit der erwähnten Umorganisation der staatlichen Wasserbehörde stand, war die Gründung einer „National Water Authority" implizit im Gesetz enthalten. Zusätzlich ist ein Gesetz zur Kontrolle und Regulierung des Grundwassers angehängt, das *„Draft By-Law, Control of Groundwater"*. Das *„Draft Law for Regulations of Water Resources & Their Exploitation"*, das Hauptgesetz, enthält im ersten Teil generelle Bestimmungen zum Schutz der vorhandenen Wasserressourcen und eine Definition von „Water Resources". Bereits in Artikel 3 wird die Frage nach den Eigentumsverhältnissen des Wassers geklärt: *„Water resources are considered State property."* Die Verantwortung für eine nachhaltige Wassernutzung geht damit vom privaten Sektor an den Staat über.

Neue Wasserförderungsanlagen, die Wasserentnahme selbst und Wasserversorgungsanlagen benötigen eine Bewilligung (Art. 4). Für bereits bestehende Anlagen muß eine solche innert drei bis zwölf Monaten eingeholt werden (Art. 5 bis 7). Tätigkeiten im Zusammenhang mit Wasserprojekten sind lizenzpflichtig (Art. 8). Beispielsweise muß, wer beruflich mit Brunnenbohrungen arbeitet, eine staatliche Lizenz dafür besitzen. Mit den Artikeln 4 bis 8 gibt sich der Staat das Kontrollinstrument für die Wasserressourcen, nachdem er sich in der Verfassung bereits das Wasser zu eigen gemacht hat. Der Artikel 9 gibt Auskunft über die Prioritäten der Wassernutzung. Erste Priorität haben die Haushalte. Weiter wird in diesem Artikel dargelegt, daß die Wassernutzung den höchstmöglichen wirtschaftlichen und sozialen Ertrag ermöglichen soll (*„... the use of any water resource would yield the maximum economic and social benefits."*). Bemerkenswert ist die Tatsache, daß die landwirtschaftliche Nutzung, die über 90 % des Wassers konsumiert, hier nicht explizit erwähnt wird.

Im zweiten Teil des Gesetzes sind die Aufgaben der zu schaffenden Wasserbehörde (im Gesetz wird sie „the Authority" genannt) beschrieben. Sie soll ein Inventar anfertigen, nach Regionen gegliedert mit Daten der verfügbaren Wassermenge, der bereits bestehenden Nutzung und des nachhaltigen Ertrages. Dazu sollen auch die etablierten Wasserrechte und die bereits bestehenden Projekte aufgenommen werden. Weitere Aufgaben sind in Artikel 14 festgelegt, wo sich das Amt die Nutzungsrechte für Wasser aneignen kann:

> „The Authority, with approval of the Council of Ministers, is entitled to transfer to it and for its benefit the rights to use water from any of its sources if the public interest so requires, provided that a fair compensation is paid by the Authority to the beneficiary of the said right. ..."

Zusätzlich hat das Amt das Recht, eine Reduktion der Grundwasserentnahme zu veranlassen, wenn diese Entnahme über dem nachhaltigen Ertrag liegt (Art. 16). Das neugeschaffene Amt darf ohne Einschränkungen privates Land nutzen, sei es für Wassertransporte oder für das Ausführen von Arbeiten, wiederum gegen angemessene Entschädigung (Art. 19).

Im dritten Teil werden Bestimmungen betreffend der Verschmutzung von Oberflächen- und Grundwasser ausgeführt. Jegliches Einbringen von Abfällen benötigt eine Lizenz (Art. 21). Die restlichen Artikel erinnern an Gewässerschutzgesetze von Industrieländern; sie regeln den Eintrag von Düngemitteln und Pestiziden aus der Landwirtschaft (Art. 22), die industrielle Produktion in der Nähe von

Wasserkörpern (Art. 24) oder die Kontrolle der Wasserqualität. Auffallend sind auch hier die umfassenden Entscheidungsbefugnisse des neuen Amtes. Insgesamt umschreiben allein 18 der 29 ersten Artikel Aufgaben und Kompetenzen des neuen Amtes (Art. 9 bis 20 und 23 bis 28).

Im vierten Teil werden die Bußen bei Zuwiderhandlungen festgelegt, sie werden hier nicht weiter diskutiert. Schließlich werden im drittletzten Artikel des Gesetzes die unerwähnten Problemkreise geregelt: *„Unless otherwise stated in this law, the provisions of Islamic Sharia shall apply.“*

Dieser Gesetzesvorschlag des HWC enthält als Kern die Regelungen zur Verstaatlichung der Wasserressourcen. Damit möchte das Amt eine zentrale Kontrolle über den Verbrauch einführen. Die gewählten Instrumente haben in der Tradition der Industrieländer einen rechtlich-planerischen Ansatz, sie nehmen keine Rücksicht auf die sozialen und politischen Verhältnisse, insbesondere die föderalistischen Stammesstrukturen des Landes sowie auf die besondere Bedeutung der Bewässerungs-Landwirtschaft. Dies war die Schwäche des Gesetzes und machte es von Beginn an zu einem Papiertiger, weil außerhalb der urbanen Gebiete der Staat keine Zähne hat, um ein derart einschränkendes Gesetz durchzubeißen. Es blieb unwahrscheinlich, daß ein staatliches Amt fähig wäre, derart heikle Maßnahmen wie die Lizenzierung und Limitierung der Grundwasserentnahme allein aufgrund dieses Gesetzes durchzusetzen.

Inhaltlich ähnlich gegliedert wie eine Verordnung nach europäischem Recht ist der Entwurf für das *„By-Law Control of Groundwater“*. Es beginnt mit Einzelheiten über Begriffe im Zusammenhang mit der Grundwassernutzung (Art. 2). Bereits Artikel 3 soll den wohl heikelsten Punkt regeln:

> „The Minister [of Electricity and Water] is hereby empowered, and has total authority to prohibit the drilling of wells for abstraction of water in any area to prevent depletion of groundwater reservoirs when it becomes evident to the Ministry that the rate of water abstraction from it exceeds its sustainable yield. ...“

Ansonsten regelt das Gesetz Einzelheiten über folgende Punkte:

- Sämtliche bereits bestehenden Brunnen müssen registriert werden (Art. 4 und 5).
- Lizenzen sind nötig für das Bohren von neuen Brunnen oder für Erhöhungen ihrer Kapazität (Art. 6).
- Für Pumpen mit einer Kapazität von mehr als $5 m^3/h$ wird eine Lizenz benötigt (Art. 7).
- Das MEW kann für einzelne Regionen die erlaubte Entnahmemenge reduzieren, wenn die Nachhaltigkeit gefährdet ist. Betroffene Wasserverbraucher haben dann kein Anrecht auf Entschädigung, auch wenn sie infolge dieser Maßnahme Mindererträge erfahren (Art. 8).

Im weiteren werden wiederum die detaillierten Aufgaben und Kompetenzen des verantwortlichen Amtes aufgezählt (Art. 9 bis 18). Ein wichtiges Instrument zur Kontrolle des Wasserverbrauchs ist das Anbringen von versiegelten Wasserzählern an den Pumpen (Art. 19 und 20).

Im Hauptgesetz wird vorgeschlagen, eine neue nationale Wasserbehörde zu schaffen („The Authority“). Im Gegensatz dazu werden in den „By-laws“ die Aktivitäten im Wasserbereich aber dem MEW übertragen. Dieser Widerspruch liegt darin begründet, daß man erwartete, die Einführung des „By-Laws“ rasch vollziehen zu können, so daß nicht mehr genügend Zeit übrigblieb, gleichzeitig eine neue Wasserbehörde zu gründen. Durch die vorübergehende Verantwortung für die Aktivitäten innerhalb des MEW sollte die Zeit bis zur Etablierung der „Authority“ überbrückt werden (Anm. am Ende des Gesetzes).

Wie beim Hauptgesetz lassen sich auch bei diesem „By-Law“ ähnliche Hindernisse ausmachen. Der Kernpunkt ist die Limitierung des Grundwasserverbrauchs, welche durch eine Lizenzierung der Pumpen und durch das Anbringen von Zählern erreicht werden soll. Auch hier stehen die gewählten Instrumente in starkem Gegensatz zum traditionellen Rechtsempfinden, sie wären von der betroffenen Bevölkerung nicht ohne weiteres angenommen worden. Der fehlende Einbezug der traditionellen Wasserrechte sollte in einem späteren Gesetz nachgeholt werden. Die benötigten Daten sind in der Studie von SAFADI al-(1992) im Auftrag des HWC erhoben worden. Auf die Widersprüche zwischen den Gewohnheitsrechten und dem modernen Gesetz wird darin jedoch nicht eingegangen.

Unterstützt wurden die Vorschläge des HWC durch das MEW. Nicht ganz zufällig war zu diesem Zeitpunkt der Vorsitzende des HWC gleichzeitig auch der Minister des MEW (RoY 1992a: 15). Das Gesetz und sein „By-Law“ wurden im Frühjahr 1990 zur Diskussion gestellt, kurz bevor sich am 22. Mai 1990 die beiden Jemen vereinigten. Dem MWE stand nach der Vereinigung ein neuer Minister vor. Dieser unterstützte die von seinem Vorgänger gemachten Entwürfe und schlug eine Neuorganisation des HWC vor (RoY 1992a: 16). Es wurden aber keine Beschlüsse gefaßt.

Vorschlag MAWR vom Juli 1992 (Quelle: RoY 1992a: Annex D):

Nach der Vereinigung wurde das Landwirtschafts-Ministerium neu strukturiert und dabei der Wasserbereich stärker gewichtet. Zeichen dafür war die Änderung des Namens; aus dem Landwirtschafts-Ministerium wurde das Ministerium für Landwirtschaft und Wasserressourcen. Vom neuen MAWR wurde anschließend ein unabhängiger Vorschlag für ein nationales Wassergesetz erarbeitet, das *„Draft Water and Irrigation Law“*. Ebenso wurde dabei die gesetzliche Grundlage zur Etablierung einer neuen Wasserbehörde vorgeschlagen. Das Amt sollte hier „Water Authority“ heißen. Auch das MAWR ging dabei von der Maximalforderung aus, selber für sämtliche Angelegenheiten im Wasserbereich zuständig zu sein.

Das Gesetz beginnt mit einem Glossar über die wichtigsten Begriffe: Mit „The Ministry“ ist hier das MAWR gemeint (Art. 2). Die Eigentumsverhältnisse sind wiederum klar umschrieben: *„Water Resources are natural resources owned by the State ... .“* Dazu zählen neben Wasser in Flüssen, Wadis, aus Quellen und im Untergrund nun explizit auch Regenwasser, Wasser in Kanalsystemen, das aufbereitete Abwasser und Wasser in Stauseen, Reservoirs und Sümpfen (Art. 3). Zu beachten ist hier die Tatsache, daß bezüglich Wassereigentum kein Unterschied zwischen gefaßtem und ungefaßtem Wasser gemacht wird. Die Installationen zur Lagerung und Nutzung des Wassers sind öffentliches Eigentum, sofern sie vom Staat gebaut wurden oder natürlich vorhanden sind. Private Installationen können in privaten Händen bleiben (Art. 4).

Oberste Priorität hat die Trinkwasserversorgung (Art. 6). Ein zentraler Unterschied zum HWC-Vorschlag ist die Regelung zur Verbindung von Landeigentum und Wasserrecht (Art. 7): *„The rights to benefit from water resources is directly intertwined with ownership of the land. ...“* Der Wasserhandel ist verboten (Art. 8), und das Ministerium kann einzelne Nutzungen anderen vorziehen, wenn es im öffentlichen Interesse ist (Art. 9 bis 11). Wiederum werden die Aufgaben und Kompetenzen des verantwortlichen Amtes ausführlich umschrieben. Die wichtigsten Punkte davon sind:

- Das Amt trägt Informationen über die Wasserressourcen zusammen (Art. 13).
- Es arbeitet Entwicklungspläne für den Wassersektor aus (Art. 15).
- Es bestimmt eine minimale (sic!) und maximale Grenze der erlaubten Wasserentnahme und regelt die maximale Anzahl von Brunnen pro Region. Basis für den Entscheid soll jeweils der Schutz des Grundwassers vor der Übernutzung sein (Art. 18).
- Es stellt Lizenzen aus für Aktivitäten im Zusammenhang mit der Wassernutzung: für Bohrungen, die durch juristische Personen ausgeführt werden, für Untersuchungen zur weiteren Nutzung, für den Import von Geräten und für den Bau von Kanälen und Dämmen (Art. 19).
- Lizenzen werden annulliert, wenn das „öffentliche Interesse" dies erfordert (Art. 25).
- Das geförderte Wasser darf nach Ermessen des Amtes verrechnet werden (Art. 26).
- Jeder Wasserverbraucher soll einen Wasserzähler installieren (Art. 28).

Trotz vieler Gemeinsamkeiten wird im MAWR-Vorschlag den kritischen Problemen des Wassersektors etwas differenzierter Rechnung getragen. Die Vorgaben für die Vergabe von Wasserrechten lassen mehr Spielraum zu. Statt sich von den Kriterien der „Nachhaltigkeit" leiten zu lassen, entscheidet hier über die Einführung von Bewässerungsverboten jeweils das Ministerium nach eigenem Ermessen (Art. 30 – 39). Das neue Wasseramt ist in jeder Provinz mit einer Behörde vertreten. Diese erhält weitreichende Kompetenzen, ist aber verpflichtet, für ihre Entscheidungen jeweils einen ausgebildeten Juristen oder zwei Wasserspezialisten und einen Vertreter der Bauern beizuziehen (Art. 45). Von dieser Regelung ausgeschlossen sind die Projekte des MEW für die Wasserversorgung der Städte. Damit ermöglicht dieses Gesetz einen Miteinbezug der lokalen Ebene und verhindert eine allzu große Willkür des verantwortlichen Amtes.

Im Zusammenhang mit der neuen Strukturierung der zentralen Wasserbehörde 1995 sind beide Entwürfe für das neue Wassergesetz letztendlich fallengelassen worden.

<u>Vorschlag NWRA vom April 1996 (Quelle: NWRA 1996a: 14 – 39):</u>

Zum Zeitpunkt der Niederschrift dieser Arbeit ist ein neuer Vorschlag für ein Wassergesetz zur Diskussion gestanden. Dieser Vorschlag ist von der NWRA in Zusammenarbeit mit der UNDP erarbeitet worden. Im Frühling 1997 ist es beim Präsidenten zur Unterschrift bereitgelegen bzw. dem Parlament zur Diskussion unterbreitet worden (vgl. weiter unten).

Auch dieses Gesetz definiert vorerst die wichtigsten Begriffe, die vollziehende Behörde wird wiederum „The Authority" genannt, bezeichnet hier aber die NWRA selbst. Dem Gesetz ist eine „National Water Policy" vorangestellt, mit einer allgemeinen Formulierung der Ziele und Prinzipien. Die wichtigsten Punkte sind dabei der Hinweis darauf, daß Wasser als Staatseigentum zu betrachten sei; *„All water resources in the country should be declared as State property ...* ", dann die Dezentralisation der Entscheidungen, der Miteinbezug von Betroffenen und schließlich die Festlegung der Prioritäten der Wassernutzung nach ökonomischen und sozialen Kriterien (NWRA 1996a: 11f.).

Demgegenüber drückt sich Artikel 3 des Gesetzes bereits vorsichtiger aus:

> „ All water resources which exist within the boundaries of the Republic, whether on the land surface or underground, are considered natural resources owned as public property, and the State shall orient and organise their exploitation so as to serve public welfare."

Das Wasser gehört hier nicht mehr explizit dem Staat, aber er hat gemäß diesem Artikel die Vollmacht, darüber zu verfügen. Das Nutzungsrecht auf Wasser wird nur gewährleistet, wenn mit der Nutzung nicht die Ansprüche anderer Nutzer beeinträchtigt werden (Art. 5). Von einer *landesweiten* Wasserplanung ist man abgerückt: Laut Artikel 7 bis 9 wird das Land in einzelne Gebiete aufgeteilt, die durch hydrologische Kriterien definiert sind. Für jedes Becken wird eine unabhängige Wasserplanung entwickelt, welche die jeweiligen sozio-ökonomischen Kriterien mitberücksichtigt. Zuständig für Planung und Monitoring ist ein Wasserkomitee auf der Ebene der Becken, das sich zu jeweils einem Drittel aus Vertretern der NWRA, der betroffenen Ministerien und Vertretern der Region zusammensetzt (Art. 10 bis 12).

Der Rahmen für die regionale Wasserplanung wird im Gesetz festgelegt (Art. 13 bis 21). Den folgenden Elementen muß dabei besondere Beachtung geschenkt werden: ökologische Nachhaltigkeit, Berücksichtigung aller Wassernutzungen im Becken, Anstreben eines effizienten Verbrauchs und Berücksichtigung von ökonomischen Kriterien. Die ökonomischen Kriterien werden gemäß der „National Water Policy" dabei wie folgt verstanden:

> „Considering that water is an economic good, maximizing the value of water use should be a key element of the national water policy. This requires that water should be allocated to its competing uses based on its economic value. The allocation mechanism should ensure that water is transferred without conflict and with fairness from lower value uses to the ones on which society places the highest value." (NWRA 1996a: 11f.)

Weiter müssen in der Planung die bestehende Wasserbilanz und die vorgesehenen Veränderungen zur Steigerung der Effizienz enthalten sein. Die NWRA erstellt auf der Grundlage dieser regionalen Pläne einen 5-Jahresplan, den „National Water Plan". Dieser Plan wiederum hat große Auswirkungen, weil er für alle anderen staatlichen Institutionen verbindlich wird. Schließlich wird die bereits erwähnte Autorität der NWRA im Wasserbereich über alle anderen Behörden geregelt:

> „All government entities as well as legal persons, public and private, shall submit their water development projects, or projects whose operation requires the use of water, ... to the Authority for review and waiving prior to being incorporated into the development plans. ... These projects shall be evaluated according to the criteria of economic and social returns, with priority given to projects which produce the maximum economic and social return per cubic metre of water." (Artikel 20)

Die Wasserversorgung der Haushalte hat vor allen anderen Nutzungen Priorität (Art. 22). Die Artikel 27 bis 36 versuchen, zwischen dem Wunsch nach Einbezug traditioneller Rechte und dem Zwang nach neuen Regelungen einen Kompromiß zu finden: So ist explizit erwähnt, daß die vor dem Inkrafttreten des Wassergesetzes bestehenden Wasserrechte für die Nutzung von Oberflächenwasser bestehen bleiben, daß sie aber von der NWRA auf mögliche Effizienzverbesserungen geprüft werden und daß der Staat diese Rechte gegen Entschädigung erwerben kann, sofern dies im öffentlichen Interesse ist. Zudem müssen sich alle Nutzungen registrieren lassen. Alle anderen Nutzungen von Wasser, insbesondere jede Nutzung von Grundwasser, bedeutet demnach die Nutzung von fremdem Eigentum und ist verboten, außer wenn es vom Staat bewilligt wird.

Dies ist das wichtigste Instrument für die Umsetzung einer restriktiven Wasserpolitik. Das Bohren oder Vertiefen von Brunnen ist durch die NWRA bewilligungspflichtig, dies gilt selbst für die anderen staatlichen Ämter (Art. 37). Das Nutzungsrecht ist standort- und personengebunden, das heißt, kein Wassertransfer von einem Ort zum anderen und keine Übertragung auf andere Personen darf ohne die

Bewilligung der NWRA stattfinden. Die Limitierung der dann förderbaren Wassermenge und eine Registrierung von Wasserzählern ist nur an Orten vorgesehen, an denen dies als nötig erachtet wird (Art. 43).

In den Artikeln 49 bis 66 sind die Aufgaben und Befugnisse der NWRA aufgelistet. Unter anderem werden hier die Bedingungen für einen Wassertransfer von einer Region zur anderen wie folgt geregelt: Das Wasser im Zielgebiet muß für Haushalte genutzt werden, sofern dort eine Wasserknappheit herrscht; im Herkunftsgebiet darf die Wasserversorgung der Haushalte nicht beeinträchtigt werden; und es darf keine ökonomisch tragbare Alternative zum Transfer geben. Es ist dem Ermessen der NWRA überlassen, ob und welche Gebühren für die Nutzungen von Wasser erhoben werden (Art. 69).

Dieser dritte Vorschlag enthält einige neue, vielversprechende Elemente. Er wirkt im Gegensatz zu den beiden vorhergehenden Vorschlägen pragmatisch, weil er moderater in den Formulierungen aber dennoch sehr zielorientiert ist. So ist die vorsichtigere Formulierung des staatlichen Wassereigentums Ausdruck eines Bewußtseins um den Widerspruch zu den traditionellen Eigentumsverhältnissen. Die Abgabe der Verantwortung auf die regionale Ebene ist eine Aufforderung zu mehr Verantwortung der Betroffenen. Schaut man sich die politischen Verhältnisse im Jemen an, so ist gerade die in Artikel 7 bis 12 vorgesehene Dezentralisierung die wohl einzige Chance, sinnvolle Lösungen vorzuschlagen. Gleichzeitig birgt es die Gefahr für Scheinlösungen, Klientelwirtschaft und Korruption.

Für die Bewässerungs-Landwirtschaft bedeutet dieses Gesetz eine Verschlechterung. Weil die Nutzung in Haushalten über diejenige in der Landwirtschaft gestellt ist, dürften mit diesem Gesetz Wassertransfers vom Land in die Stadt in Zukunft einfacher durchzusetzen sein. Unterstützt wird diese Verlagerung auch durch die Priorität der ökonomischen Nutzung. Weil der ökonomische Wert der landwirtschaftlichen Produkte im Verhältnis zum Wasserverbrauch sehr tief ist, wird durch Art. 15 („*economic value of water*") den Haushalten, der Industrie und den Dienstleistungen ein zusätzlicher Wasserverbrauch zugesprochen. Die sozialen Auswirkungen werden dabei nicht berücksichtigt. Der Verzicht auf die Beschränkung der förderbaren Wassermenge und die komplizierte Einführung von Wasserzählern ist mit dem pragmatischen Charakter des Gesetzes zu verstehen. Weil die Limitierung des Wassers nicht praktizierbar ist, hat man darauf verzichtet.

Dieser Gesetzesvorschlag war im Sommer 1997 noch in der Vernehmlassung. Diese kennt im Jemen zwei mögliche Wege: Entweder erklärt der Präsident das Gesetz für besonders dringlich und verabschiedet es alleine, oder er läßt es zunächst vom Parlament diskutieren, was wahrscheinlicher ist, weil der Präsident kaum die Verantwortung über ein derart heikles Thema übernehmen wird. Es dürfte deshalb noch einige Zeit vergehen, bis dieses Gesetz rechtskräftig wird. Zudem dürften in der weiteren Diskussion auch noch Änderungen angebracht werden.

5.3.4 Vergleich der Rechtssysteme in bezug zum Wasser

Tabelle 9 gibt einen Überblick über die in Kapitel 4 und 5 besprochenen Rechtssysteme und ihre Bezüge zum Wasserrecht. Die rechtlichen Grundlagen haben sich von links nach rechts in ihrer Entwicklung beeinflußt. Die Grundlage ist das traditionelle Recht, darauf baut die Verfassung auf und darauf wiederum die vier anderen, sich auf das Wasser beziehenden Gesetze. Dabei können zwei Tendenzen festgestellt werden, wie sich die Haltung des Staates gegenüber dem Wasser allmählich verändert hat: Erstens sind die dezentralen Entscheidungsträger für die Wassernutzung durch zentrale ersetzt worden, mit einer Wiederbelebung in den beiden jüngsten Gesetzesvorschlägen. Zweitens sind bei den Maßnahmen gegen die Übernutzung zunächst zentrale und kompromißlose Vorschläge gemacht worden, nachdem im traditionellen Recht keine direkten Möglichkeiten vorhanden sind. Auffallend ist die einheitliche Priorität der Wassernutzung. In allen Grundlagen wird der Nutzung als Trinkwasser bzw. der Nutzung in den Haushalten das Vorzugsrecht gewährt.

Tab. 9: Vergleich der Rechtssysteme in bezug zum Wasser

	Rechtliche Grundlage					
Bezugspunkte zum Wasserrecht	Traditionelles Recht	Verfassung	Zivilgesetz	Wassergesetz Vorschlag HWC	Wassergesetz Vorschlag MAWR	Wassergesetz Vorschlag NWRA
Formulierung	z.T. herzuleiten, z.T. ungeschriebenes Gewohnheitsrecht	1 von 131 Artikeln	30 von 1399 Art. zu Land-Wasserrecht	Gesetz mit 44 Artikeln und "By-law"	Gesetz mit 50 Artikeln	Gesetz mit 99 Art. mit "Policy"
Bezug zur Šarīʿah	hauptsächlich vorhanden	formeller Bezug, z.T. widersprüchlich	direkter Bezug	kein formeller und inhaltlicher Bezug	kein formeller und inhaltlicher Bezug	kein formeller und inhaltlicher Bezug
Regelung zum Wasserbesitz	"res communis", gefasstes Wasser Privatbesitz	Staatsbesitz	"res nullius"; Wasser gehört allen	Staatsbesitz	Staatsbesitz	"public property" mit staatl. Vollmacht
Körperschaft zur Kontrolle	Landbesitzer Ḥarāṯ	Regierung	*wird nicht geregelt*	National Water Authority	Water Authority im MAWR	NWRA
Dezentrale Entscheidungen	sehr ausgeprägt vorhanden	werden indirekt vernachlässigt	*wird nicht geregelt*	zentrale Kontrolle	teilweise vorhanden	werden ausdrücklich gefordert
Priorität der Nutzung	1. Trinkwasser 2. Wasser für Bewässerung	"The common good" hat Priorität	*wird nicht geregelt*	1. Haushalte 2. ökonomische Kriterien	Trinkwasser	ökon. Kriterien: 1. Haushalt 2. Industrie & DL 3. Landwirtschaft
Massnahmen gegen Übernutzung	keine direkte Kontrolle	*wird nicht geregelt*	*wird nicht geregelt*	rechtlich-planerischer Ansatz ohne Kompromisse	rechtlich-planerischer Ansatz mit Kompromissen	dezentrales Management und Permits

Es wurde an verschiedenen Stellen auf Widersprüche zwischen den modernen Institutionen und den traditionellen Wasserrechten hingewiesen. Die unterschiedlichen Eigentumsverhältnisse für Grundwasser werden in Zukunft noch viel zu diskutieren geben: Während die moderne Gesetzgebung alles Wasser als Staatseigentum erklärt, gelten nach traditionellem Recht differenziertere Eigentumsverhältnisse. Nach diesem Recht ist Wasser eine Ressource, die niemandem beziehungsweise allen Moslems gemeinsam gehört. Aus der *Šarīʿah* läßt sich ableiten, daß Landbesitz den Besitz von allem, was darüber und darunter liegt, miteinschließt. Das Recht zur Grundwassernutzung ist damit an Landbesitz geknüpft. Dies schließt das Eigentum des Wassers durch fremde Privatpersonen ebenso aus wie durch den Staat, weil im Jemen der Staat weniger als eine gemeinsame übergeordnete Institution betrachtet wird, sondern eher als etwas Außenstehendes, dem man mit Mißtrauen begegnet.

Die Frage, welches Recht nun Priorität hat, wird aus der Sicht einer (staatlichen) Studie zum Wasserrecht folgendermaßen beantwortet:

> „However; the legal power of article (8) of the constitution, which vests the ownership of water as a natural resource with the State, supersedes that of civil law's article. Nevertheless, though the State owns the water, being in desparate need for the water doesn't annulate the right of current users to a fair compensation. The legal rule which applies in this case is: ‚need doesn't annulate the right of others'." (ERYANI al- et al. 1995: 75)

Es ist aber zu bezweifeln, ob diese Meinung von den betroffenen ländlichen Wassernutzern geteilt wird. Widersprüche in der Auffassung, ob Wasser dem Staat oder der Gemeinschaft gehört, können Ausdruck davon sein, daß es gemäß dem traditionellen Recht den Staat als solchen nicht gibt. Im Zivilgesetz von 1992, das sich unmittelbarer an die Verfassung und an die Wassergesetze in der *Šarīʿah* anlehnt, heißt es noch:

> „lands which are not privately owned ... are resnullius (mubah) and may become privately owned by ‚bringing life to it / or reclaiming it'." (ERYANI al- et al. 1995: 50)

Dieser Artikel mutet eigenartig an, läßt sich jedoch mit dem starken Einfluß der Traditionen des Stammeswesens erklären. Obwohl es unter den heutigen Rahmenbedingungen – und wohl auch unter denjenigen der vergangenen Jahrzehnte – unvorstellbar ist, daß nicht privat genutztes Land durch Urbarmachung automatisch zu Eigentum wird, ist diese Idee hier stets noch vorhanden.

Eigentlich besteht hier eine ähnliche Situation wie bei der Technologie und den Institutionen: eine „Gleichzeitigkeit von Ungleichzeitigem". Während traditionelle Institutionen ihren festen Platz im Rechtssystem haben, gibt es seit einigen Jahren moderne rechtliche Grundlagen mit bemerkenswerten Widersprüchen zu den bestehenden Regelungen. Diese Gleichzeitigkeit von zwei Rechtsauffassungen wirkt auf die Lösung der Probleme lähmend. Während sich nämlich die einen auf altes Recht berufen und Grundwasser als ihr Eigentum betrachten, das nach ihrem Ermessen und ihren Bedürfnissen benutzt werden kann, können die staatlichen Organisationen und ihre ausländischen Donatoren sich darauf berufen, ein auf dem Papier wirksames Gesetz erlassen zu haben. Damit sei ihre Arbeit getan.

5.3.5 Die geplanten Maßnahmen aus der Sicht der „common-property"-Diskussion

Mit dem neuen Wassergesetz versucht der Staat, durch eine Neuformulierung der Institutionen den Wasserverbrauch zu reduzieren. Kernpunkt ist dabei die Verstaatlichung des Wassers, basierend auf dem Artikel 8 der Verfassung. Entsprechend hat man in den Gesetzesvorschlägen diese Argumentation aufgenommen.

Der Staat rechtfertigt seine Eigentumsansprüche auf Wasser mit seiner besonderen Aufgabe, für das Wohl der Gemeinschaft zu sorgen. Begründen kann er dies mit islamischem Recht, wo es heißt, daß der größere Schaden durch einen kleineren Schaden behoben werden darf. Gibt es Streit zwischen einem, der sein Leid vermeiden, und einem, der seinen Wohlstand mehren möchte, dann hat die Minderung des Leides Priorität (ERYANI al- et al. 1995: 66). Daraus ließe sich ein Recht des Staates zum Eingreifen in die traditionellen Wasserrechte ableiten. Die bereits stattfindenden und in Zukunft geplanten Wassertransfers vom Land in die Städte sind ein Beispiel dafür:

> "Averting the spoilage arising from water shortages (desertion of the city, spread of diseases, etc.) takes precedence over availing the benefits of irrigation.“ (ERYANI al- et al. 1995: 66)

Die Beanspruchung des Wassers durch den Staat kommt in einer gewissen Weise einer Enteignung der früheren „Eigentümer“ oder zumindest einer Annullierung ihrer früheren Nutzungsrechte gleich. Dies kann nach der *Šarīʿah* aber nur gerechtfertigt werden, wenn das Wasser zu Trinkwasserzwecken oder für das Waschen vor dem Gebet benutzt wird.

Die wesentlichen Elemente der „common-property“-Diskussion finden sich hier wieder: Die einzelnen Wassernutzer haben in der Vergangenheit ihre individuellen Interessen zu Lasten der Allgemeinheit maximieren können, weil keine Eigentumsverhältnisse des Wassers und keine mengenmäßigen Beschränkungen vorhanden sind. Der Staat versucht diese Lücken zu schließen, indem er anstelle der „open-access“-Ressource eine „state-property“ macht und gleichzeitig die Menge der Wasserentnahmen beschränkt. Er setzt damit neue Normen, um die fehlende Verantwortlichkeit des Einzelnen gegenüber der Gesellschaft zu kompensieren.

Nun kann natürlich die Frage gestellt werden, ob der Staat überhaupt die Macht hätte, seinen Anspruch auf das Wasser durchzusetzen. Die sozialen und politischen Verhältnisse reduzieren den Machtbereich des Staates auf die wichtigsten Zentren, in den ländlichen Regionen muß er sich die Unterstützung mit Konzessionen erkaufen. Dem Staat wird es schwer fallen, ein Wassergesetz gegen den Willen der Bevölkerung durchzusetzen. Deshalb müssen verschiedene Instrumente seine Institutionen unterstützen.

Das neue Wassergesetz stellt eine Schlüsselfunktion für die zukünftige Entwicklung im Bereich der Wasserressourcen dar. Zusätzlich beeinflussen aber andere Faktoren das zukünftige Angebot und die Nachfrage nach Wasser. Der Einfluß dieser Faktoren und die konkreten Auswirkungen auf die Bewässerungs-Landwirtschaft werden im folgenden Kapitel 6 diskutiert.

6. DIE ZUKUNFT DER BEWÄSSERUNGS-LANDWIRTSCHAFT

6.1 Zukünftige Rahmenbedingungen

Fünf Faktoren haben auf die zukünftige Bewässerungs-Landwirtschaft wesentliche Auswirkungen: Das Bevölkerungswachstum, die Wirtschaftsentwicklung, die politischen Rahmenbedingungen, allfällige klimatische Änderungen sowie die direkten Maßnahmen gegen die Wasserübernutzung. Die ersten beiden Faktoren beeinflussen die Wassernachfrage, der dritte ist wichtig für das Umfeld und der vierte verändert das Wasserangebot. Diese vier Faktoren werden in Kapitel 6.1 beleuchtet. Der fünfte Faktor, die direkten Maßnahmen, hat den größten Einfluß auf die Landwirtschaft, er wird in Kapitel 6.2 eingehend diskutiert.

6.1.1 Bevölkerungsentwicklung und Urbanisierung

1995 hatte der Jemen ungefähr 16 Mio. Einwohner. Das jährliche natürliche Bevölkerungswachstum ist von 2.4 % im Jahre 1975 auf 3.1 % 1986 angestiegen. Im Jahre 2000 wird es voraussichtlich 3.6 % betragen (RoY 1992c: 6), wobei die Städte überdurchschnittlich schnell wachsen werden. Das hohe Bevölkerungswachstum kann zunächst mit der „demographischen Transformation“ erklärt werden (HAUSER 1974: 131 - 133). Der Jemen befindet sich zur Zeit in der mittleren Transformationsphase mit einer bereits niedrigen Sterblichkeitsrate, aber einer nach wie vor hohen Geburtenrate. Das relativ kleine Bevölkerungswachstum von etwa 2 % pro Jahr in den 70er Jahren war noch eine Folge der hohen Sterblichkeit. Gemäß dieser Theorie sollte im Laufe der Zeit als Folge der sozio-ökonomischen Entwicklung die Geburtenrate auf ein tieferes Niveau sinken, gemäß dem Modell der heutigen Industrieländer. Im Jemen ist die hohe Geburtenrate aber noch mit der kulturellen Komponente verknüpft. Die vom Islam eingebrachten Vorbehalte gegen Familienplanung und die allgemeine Wertschätzung von Familien mit sehr vielen Kindern fördern das Bevölkerungswachstum zusätzlich. Das Beispiel der wirtschaftlich weiter entwickelten islamischen Staaten zeigt, daß die Erklärung der „demographischen Transformation“ nicht ausreicht. Für den Jemen ist mittelfristig ein Absinken der Geburtenrate nicht zu erwarten. Und selbst wenn die Geburtenrate allmählich auf ein langfristiges „Null-Wachstum“ stabilisiert werden könnte, würde die Bevölkerung aus demographischen Gründen kurz- und mittelfristig absolut weiter ansteigen. Mit oder ohne Maßnahmen zur Senkung der Geburtenrate: Die Bevölkerung wird in absehbarer Zeit weiterhin mit über 3 % pro Jahr anwachsen.

1991 fand in Ṣanʿāʾ eine nationale Bevölkerungskonferenz statt, auf der die Nachteile des hohen Bevölkerungswachstums diskutiert wurden. 1992 erschien eine „National Population Strategy“ (RoY 1992c). Dabei wurden drei Hauptprobleme als Folge des hohen Bevölkerungswachstums identifiziert: Soziale, ökonomische und ökologische Schwierigkeiten; Beeinträchtigung der Lebensqualität; und die erhöhte „Verwundbarkeit“ der armen Bevölkerung. Schritte, die das Wachstum abbremsen sollen, wurden ins Auge gefaßt, sind aber höchstens im Kontext mit anderen Zielen, die nicht direkt zur Bevölkerungspolitik gehören, zu realisieren. Dazu gehören die Verbesserung der Gesundheit von Frauen und Kindern, bessere Bildung von Frauen, Aufklärung und Entwicklungsplanung (RoY 1992c: 22 - 26). Es ist nicht bekannt, ob die Staatsführung nach dem stärkeren Miteinbezug der Islah-Partei seit 1994 an den genannten Zielen zur Stabilisierung der Bevölkerung festgehalten hat.

Das Bevölkerungswachstum und die Verstädterung führen dazu, daß der relative Anteil des Wasserverbrauchs in der Landwirtschaft kleiner, der Anteil in der Industrie und den Haushalten jedoch größer wird. Die Nutzung von Wasser in den Haushalten hat vor der Nutzung in der Landwirtschaft Priorität (vgl. Kap. 4.1.2). Damit werden Wassertransfers vom Land in die Stadt immer häufiger. Unterstützt werden die Wassertransfers durch die islamische Rechtsdoktrin, die besagt, daß der gesellschaftliche Schaden auch für die Verteilung des Wassers möglichst klein bleiben muß.[1] Der Prozeß der Verlagerung des Wasserverbrauchs von der Landwirtschaft zu den wachsenden Großstädten wird deshalb in Zukunft weitergehen.

Das Bevölkerungswachstum kann nicht direkt für die bisherige Übernutzung des Wassers verantwortlich gemacht werden. Der Wasserverbrauch hat hauptsächlich wegen der angestiegenen Produktion von Cash-crops zugenommen und nicht wegen des Mehrverbrauchs von Wasser in den Haushalten und auch nicht wegen einer allfälligen erhöhten Produktion von Nahrungsmitteln für die zunehmende Bevölkerung. Die weiterhin stark wachsende Bevölkerung wird auch in Zukunft die Ressource Wasser nicht direkt bedrohen, weil der Wasserverbrauch in den Haushalten weiterhin eine untergeordnete Rolle spielen wird. Indirekt wird das Bevölkerungswachstum dagegen die Nachfrage nach Wasser erhöhen, weil eine höhere Bevölkerungszahl eine intensivierte Landwirtschaft braucht, um daraus ein Einkommen zu erzielen und ihren eigenen Nahrungsmittelbedarf zu decken.

6.1.2 Wirtschaftsentwicklung und politische Rahmenbedingungen

Die Verlagerung von der Subsistenzproduktion zur Marktproduktion hat die wirtschaftliche Bedeutung der Landwirtschaft in der Vergangenheit gestärkt. Diese Entwicklung wird auch in Zukunft weitergehen. Der Druck auf die weitere ökonomische Integration der Landwirtschaft wird sich verstärken und damit den Wasserverbrauch aus folgenden Gründen zusätzlich erhöhen. Wenn in Zukunft eine ländliche Region die wachsende Bevölkerung beschäftigen und ernähren will, muß sie ihr agrarwirtschaftliches Potential nutzen. Dies liegt vorwiegend in der Produktion von Cash-crops für den nationalen und in Zukunft vielleicht auch für den internationalen Markt.

Die Landwirtschaft war über Jahrzehnte der prägende Sektor in der jemenitischen Ökonomie. Der Anteil des landwirtschaftlichen Sektors am Bruttosozialprodukt und an den Beschäftigten lag über 30 % bzw. über 50%. Auch der Außenhandel ist abgesehen von den Ölexporten vom Agrarsektor dominiert worden. Seine Bedeutung wird in Zukunft jedoch abnehmen. Der wichtigste Grund dafür sind die Veränderungen im Qatanbau. Der Anbau und der Konsum von einheimischem Qat wird in Zukunft nicht mehr die überragende Bedeutung für die Volkswirtschaft haben. Erstens werden ausländische Importe die einheimische Produktion konkurrieren und zweitens wird der Konsum langfristig eher zurückgehen aufgrund des internationalen Druckes und einer zunehmenden Aufklärung über die wirtschaftlichen Folgen des Qatkonsums. Kein anderes Agrarprodukt wird jedoch die Bedeutung von Qat ersetzen können. Aus diesen Gründen ist anzunehmen, daß sowohl die wirtschaftliche Bedeutung als auch der Wasserkonsum der Landwirtschaft mittelfristig zurückgehen werden.

---

[1] *„Larger harm is to be averted by smaller harm."* (ERYANI al- et al. 1995: 66)

Der industrielle Sektor wird weiterhin unbedeutend bleiben, sein Anteil am landesweiten Wasserverbrauch bleibt gering. Der tertiäre Sektor wird hingegen wachsen, aber auch hier bleibt der Einfluß auf die Wassernutzung gering. Allenfalls führt die Zunahme des Tourismus zu einer Erhöhung des Wasserverbrauchs, derartige Änderungen bleiben aber auf einzelne Regionen beschränkt. Die Wirtschaftsentwicklung hat den Wasserhaushalt bisher nur beeinflußt, weil sich der Agrarsektor sehr stark veränderte. Die große Bedeutung der Landwirtschaft für den landesweiten Wasserkonsum wird weiterhin bestehen bleiben. Für die Zukunft der Landwirtschaft werden dabei die folgenden drei Faktoren eine wichtige Rolle spielen: die Agrarpolitik des Staates, die Einflüsse auf den Agrarsektor und die eigene Dynamik des Agrarsektors.

Die Agrarpolitik kann zwei verschiedene Veränderungen auslösen. Mit zunehmender wirtschaftlicher Entwicklung werden wasserintensive Kulturen durch die Subvention der Produktion und der Produkte gezielt gefördert, wie das Beispiel der Nachbarstaaten zeigt (vgl. Kap. 5.2.3). Diese Gefahr besteht auch im Jemen, angesichts der knappen Mittel des Staates ist sie aber gering. Die aktuelle Agrarpolitik läßt sogar eher das Gegenteil erwarten. Für die heute noch durch Importverbote geschützten Agrarprodukte wie Qat, Obst und Gemüse werden vermehrt wieder Importe möglich sein, so daß hier die einheimische Produktion infolge der fallenden Preise und der sinkenden Nachfrage nach inländischen Produkten zurückgehen wird.

In der Vergangenheit hat die Arbeitsemigration die jemenitische Wirtschaft stark beeinflußt, weil Arbeitskräfte relativ knapp waren, jedoch viel Kapital zur Verfügung stand (Kap. 5.2.2). Deshalb fand eine Mechanisierung der Landwirtschaft statt, und dies hat die Wasserförderung im großen Stil begünstigt. Seit dem Zusammenbrechen der Arbeitsemigration anfangs der 90er Jahre fehlen diese Faktoren. Es ist noch ungewiß, ob die temporäre Auswanderung wieder einsetzen wird. Weil die Bevölkerung in jüngster Zeit stark zugenommen hat und die jemenitischen Gastarbeiter auf den saudi-arabischen Arbeitsmärkten durch süd- und südostasiatische Gastarbeiter konkurrenziert werden, wird die Arbeitsemigration in der jemenitischen Wirtschaft ihre große Bedeutung aber kaum mehr erlangen. Aus diesem Grund wird der Druck nach einer weiteren Mechanisierung der Landwirtschaft abnehmen.

Eine weitere marktwirtschaftliche Integration des Agrarsektors ist auf jeden Fall zu erwarten. Es werden vermehrt Cash-crops produziert werden (wobei die oben erwähnte einseitige Ausrichtung auf Qat reduziert wird), während der Anbau von Food-crops zurückgehen wird. Weil Cash-crops ein zuverlässiges und erhöhtes Wasserangebot benötigen, wird weiteres Grundwasser erschlossen werden müssen. Gleichzeitig dürfte dieser Mehrverbrauch aber durch den erwähnten Rückgang im Qatanbau kompensiert werden. Deshalb ist zu erwarten, daß der gesamte Wasserverbrauch innerhalb des Agrarsektors etwa gleich bleiben wird. Insgesamt lassen wirtschaftliche Veränderungen in Zukunft einen leichten Rückgang des Wasserverbrauches erwarten, weil die wasserintensiven wirtschaftlichen Tätigkeiten zurückgehen werden. Dieser Rückgang wird jedoch nicht ausreichen, um die nationale Wasserbilanz wieder in ein Gleichgewicht zu bringen.

Die instabile politische Situation hat in der Vergangenheit verhindert, daß dringende Maßnahmen im Wassersektor eingeführt und durchgesetzt worden sind. Die Konflikte mit den Nachbarländern und der Bürgerkrieg von 1994 haben das Interesse auf der politischen Ebene absorbiert. Seit dem Ende des Bürgerkriegs von 1994 hat sich die politische Situation stabilisiert. Es erstaunt deshalb nicht, daß der

Staat seither mehr Initiative für den Wassersektor aufbringt. Die politische Lage wird aber nach wie vor durch die ungelösten Grenzprobleme mit Saudi-Arabien beeinflußt. Es ist jedoch nicht zu erwarten, daß aus diesen Spannungen größere Konflikte entstehen werden. Innenpolitisch ist die Lage relativ stabil. Die Freiheiten, die das Pressewesen und die politischen Parteien genießen, zeigen unter anderem die Selbstsicherheit der Regierung und sind Gewähr für eine politisch relativ stabile Entwicklung.

Durch die politische Stabilisierung sind allerdings keine direkten Auswirkungen auf den Wasserverbrauch zu erwarten. Indirekte Auswirkungen ergeben sich aus der stärkeren Position der Regierung, der es jetzt möglich ist, auch teilweise unbeliebte Entscheide durchsetzen zu können. Wirtschaftliche Reformprogramme sind seit 1995 in Zusammenarbeit mit dem Internationalen Währungsfonds (IWF) eingeführt worden und haben vor allem staatliche Subventionen für Grundnahrungsmittel gestoppt (JEMEN-REPORT 2/1997: 8). Es ist daher zu erwarten, daß auch im Wassersektor bestehende Subventionen gestrichen werden, beispielsweise für die Energie zur Wasserförderung oder für Kredite zum Kauf von Dieselpumpen.

6.1.3 Globale Klimaveränderung und Wasserverfügbarkeit

Die zunehmende Konzentration von CO_2 und anderen Gasen in der Atmosphäre wird sich in den kommenden Jahrzehnten auf das Klima auswirken, weil diese Gase den natürlich vorhandenen Treibhauseffekt verstärken. Weil das Wasserangebot den kritischen Minimumfaktor in der jemenitischen Landwirtschaft darstellt, stellt sich hier die Frage hauptsächlich nach den zu erwartenden Veränderungen der Niederschlagsmenge und -verteilung. Man ist sich heute weitgehend darüber einig, daß die mittlere Erdtemperatur im nächsten Jahrhundert um etwa 0.3°C pro Jahrzehnt zunehmen wird (BUWAL 1994: 25). Diese Klimaänderung wird den globalen Wasserkreislauf intensivieren, wobei hier die semi-ariden Gebiete stärker betroffen sein werden als die feuchten Tropen oder die gemäßigten Breiten.

> „One can expect particularly profound impacts of climate change on water resources and water management systems in zones of transition from one type of water regime to another, in other words, in zones with considerable gradients of hydrological parameters. Such is, for example, the situation in Sahel." (GOLUBEV 1993: 131)

Die Reaktion von hydrologischen Faktoren auf Klimaveränderungen sind nicht linear, und zudem bestehen eine Reihe von positiven und negativen Rückkoppelungen zwischen einzelnen Klimafaktoren (BUWAL 1994: 26). Dazu zwei Beispiele:

- Eine Erwärmung bewirkt bei gleichem absolutem Wassergehalt in der Luft eine tiefere relative Luftfeuchtigkeit und damit eine höhere potentielle Evaporation. Diese Evaporation kann durch zusätzliches Auftreten von Winden verstärkt werden.
- Eine Erhöhung der Niederschlagsmenge um einen bestimmten Faktor erhöht den Jahresabfluß überproportional. Umgekehrt führt eine Abnahme des Jahresniederschlags zu einem deutlich reduzierten Abflußvolumen, was den Druck auf die noch vorhandenen Wasserressourcen verstärkt, weil zusätzliche Flächen länger bewässert werden müssen.

Bei Aussagen über die Konsequenzen des Klimawandels auf den Wasserhaushalt müssen folgende Überlegungen mitberücksichtigt werden: Eine Zunahme der Temperatur führt

- zu einer Intensivierung des globalen hydrologischen Zyklus in dem Sinne, „daß sich seine Komponenten [Verdunstung und Aufnahmefähigkeit der Atmosphäre für Wasserdampf] im Laufe von 100 Jahren um 5 % bis 15 % verstärken werden“ (BOLLE 1995: 16f.),
- zu einem Anstieg der Temperaturen der Meeresoberflächen,
- zu einer Erhöhung der Variabilität der Niederschläge und damit zu einer Zunahme von Trockenperioden und Überflutungen (ARNELL 1995: 443).

Ein mögliches Szenario für die Arabische Halbinsel läßt sich mit folgenden drei Parametern abstecken: Erstens Beobachtungen über Klimaschwankungen aus den letzten 100‘000 Jahren, zweitens Überlegungen, die sich auf die bekannten Modelle stützen und drittens eine zeitliche Fortführung der Veränderungen von 1930 bis 1990.

Paläo-klimatische Untersuchungen zeigen eine schwankende Nordgrenze des Sommermonsuns. Zeitweise soll diese bis in den Sinai gereicht haben (PETIT-MAIRE 1994: 7). In der Zeit zwischen 7‘000 und 4‘000 BC herrschte ein relatives Feuchteoptimum. Erst seit 3‘000 BC ist die Region derart arid wie heute. Angaben über die Bildung der ausgedehnten Grundwasserspeicher sind widersprüchlich. Während IBRAHIM al- (1991: 34) die Bildung der Wasserreservoirs in die Zeit zwischen 30‘000 und 15‘000 vor heute datiert, mit dem Hinweis auf die damals hohen Niederschläge, bezeichnet PETIT-MAIRE (1994: 7) die Epoche zwischen 22‘000 und 14‘000 vor heute als sehr trocken. Erst gegen Ende der Eiszeit um 14‘000 bis 12‘000 gab es gemäß der zweiten Quelle eine kürzere Feuchtezeit. Diese Quelle bezieht sich auf aktuellere und breiter abgestützte Untersuchungen und wirkt damit glaubhafter.

Im Jemen spricht man von einem perennierenden Fluß, der noch in historischer Zeit vom Wadi Ḏana durch die Ramlat as-Sabaʿtain in den Ḥaḍramaut und schließlich ins Arabische Meer geflossen sein soll (vgl. dazu: DOE 1970: 81). Dabei beruft man sich unter anderem auf eine Beschreibung des römischen Historikers Plinius. Daß es in Maʾrib früher mehr Wasser gegeben hatte, weil das Einzugsgebiet weniger intensiv genutzt war, ist möglich. Und daß dort das Wasser als perennierender Fluß erschien, ist ebenfalls möglich, weil das Einzugsgebiet stärker bewaldet war. Daß es sich dabei aber um einen großen Fluß mit der erwähnten Mächtigkeit gehandelt hat, ist unwahrscheinlich. Die bestehende Vorstellung ist am ehesten mit einer Mythologisierung der Vergangenheit zu erklären.

Für das mit jemenitischen Niederschlagsverhältnissen verwandte Klima des indischen Subkontinents wird eine Zunahme der Sommerniederschläge erwartet (BOLLE 1995: 17). Zusammen mit der Erhöhung der Variabilität lassen sich verschiedene Veränderungen des Wasserhaushaltes als Folge der Klimaveränderungen erwarten. Für eine Erhöhung der Niederschläge in Südarabien sprechen die beiden bereits erwähnten Anhaltspunkte: Der Sommermonsun wird eher zunehmen, und das Feuchteoptimum in der Zeit zwischen 7‘000 und 4‘000 BC korreliert mit einer vergleichbaren globalen Erwärmung von etwa 3°C (BURDICK 1994: 203f.). Die Erhöhung der Niederschläge wird sich durch einen höheren langjährigen Mittelwert ausdrücken. Die ebenfalls erwartete Zunahme von Extremereignissen mit besonders viel Niederschlag in einem Jahr bzw. Mit länger anhaltenden Trockenperioden werden für die Bewässerungs-Landwirtschaft aber entscheidender sein als die höheren Durchschnittswerte.

Eine Untersuchung von HULME et al. (1992, zit. in: EVANS 1996: 25 – 29) zieht für den südlichen Teil der Arabischen Halbinsel einen anderen Schluß: Werden die beobachteten Veränderungen der beiden Meßperioden 1931 bis 1960 und 1961 bis 1990 auf das Jahr 2050 hochgerechnet (durch die Komplexität des globalen Zirkulationsmodells sind die Veränderungen nicht linear), folgt daraus eine Abnahme der durchschnittlichen Niederschlagsmenge im Jemen um 0 bis 0.5 mm/Tag. Aus dieser Angabe kann nicht herausgelesen werden, wie stark das relative Ausmaß der Abnahme sein wird: Da die absolute Niederschlagsmenge im Jemen sehr unterschiedlich ist, kann beispielsweise 0.1 mm/Tag, also 36 mm/Jahr, 51 % der Niederschlagsmenge bedeuten wie in Maʾrib oder auch nur 5.5 % wie in Taʿizz. Deshalb können daraus keine Folgerungen über die Auswirkungen auf die Bewässerungs-Landwirtschaft gezogen werden. Eine Veränderung der Niederschlagsmenge um 5 oder 10 % ist jedoch nicht gleichzusetzen mit einer Veränderung des Wasserangebotes um diesen Prozentsatz. Nur ein Teil der Niederschlagsmenge steht dem Menschen tatsächlich zur Verfügung, der Rest geht durch Versickerung und Verdunstung verloren. Weil diese Verluste eher absolut als relativ von der Niederschlagsmenge abhängen, steht bei Zunahme der Niederschläge ein höherer Anteil Wasser zur Verfügung, bei weniger Niederschlag käme es zu einer überproportionalen Abnahme.

Im Jemen wird in Zukunft also mit mehr Extremereignissen zu rechnen sein. In Jahren mit extrem hohen Niederschlägen wird das Kulturland vor Überschwemmung und Erosion geschützt werden müssen, teilweise wird dies mit der Terrassierung in Steillagen und dem Bau von speziellen Ablenkdämmen bereits gemacht. Gegen längere Dürreperioden muß auf Wasser aus zusätzlichen natürlichen und künstlichen Reservoiren zurückgegriffen werden können. Hier können die bereits gebauten oder geplanten Stauseen einen Beitrag leisten, die Grundwasserspeicher zu ergänzen.

Ebenso wichtig wie die Klimaänderung selbst ist die Fähigkeit der Wassernutzer, mit den Veränderungen umzugehen. Mehr Wasser kann nämlich nur genutzt werden, wenn die dazu notwendige Organisation funktioniert und ein kleineres Wasserangebot durch Effizienzverbesserung kompensiert wird. Hier werden also wiederum die Institutionen eine wichtige Rolle spielen müssen. Angesichts der bestehenden Probleme, welche die Zukunft der Bewässerungs-Landwirtschaft auch ohne Klimaänderung bereits bedrohen, sind die zusätzlichen Aspekte infolge des sich abzeichnenden Klimawandels aber eher marginal.

6.1.4 Zukünftiges Wasserangebot und zukünftige Wassernachfrage

Insgesamt ist mit einem langfristig leicht zunehmenden Wasserangebot und einer ebenfalls leicht zunehmenden Wassernachfrage zu rechnen (Tab. 10). Angesichts der bestehenden hohen Wasserübernutzung geht aus diesen veränderten Rahmenbedingungen aber keine neue Situation hervor.

Tab. 10: Veränderungen des zukünftigen Wasserangebots und der Wassernachfrage

Ursache der Veränderung	*Folge für das Wasserangebot*	*Symbol*
Klimawandel	leichte Zunahme, höhere Variabilität der Niederschläge	~
Erschließung neuer Grundwasserspeicher	starke Zunahme, vor allem durch die Erschließung des „Mukalla'-Aquifers"	++
Wassertransfers und Bau von Entsalzungsanlagen	unbedeutend kleine Zunahme	~
	Folge für die Wassernachfrage	
Bevölkerungswachstum	Zunahme; mehr Menschen brauchen mehr Wasser	+
Verstädterung	Abnahme infolge der geringeren Bedeutung der Landwirtschaft	–
Veränderte Agrarpolitik	Weniger Subventionen für die Landwirtschaft, auf bessere Wassereffizienz ausgerichtet	–
Wirtschaftsentwicklung	höherer Wasserverbrauch im sekundären und tertiären Sektor	+

Erklärung der Symbole:
++ = *starke Zunahme;* + = *Zunahme;* ~ = *ungefähr gleich;* – *Abnahme*

6.2 Maßnahmen zur Veränderung der Situation

Im folgenden werden Maßnahmen vorgestellt, welche die bestehende Wasserübernutzung mildern sollen. In Kapitel 5.2 wurde als Ursache dieser Übernutzung die Gleichzeitigkeit von traditionellen Institutionen und modernen Technologien identifiziert. Maßnahmen müssen letztlich immer darauf abzielen, für die Technologien adäquate Institutionen zu schaffen oder Technologien einzuführen, die den bestehenden Institutionen angepaßt sind. Dies schließt nicht nur Schritte ein, die den direkten Verbrauch von Grundwasser verkleinern, sondern auch Maßnahmen, die den Verbrauch von Oberflächenwasser effizienter machen. Es soll bereits hier festgehalten werden, daß jede der vorgestellten Maßnahmen alleine wenig ausrichten kann, sondern erst in Verbindung mit anderen zum Erfolg führen wird. In der Diskussion in Kapitel 6.2.4 wird die Beziehung der verschiedenen Maßnahmen untereinander beleuchtet.

Maßnahmen gegen die bestehende Übernutzung werden die wirtschaftliche Bedeutung der Bewässerungs-Landwirtschaft schmälern. Bereits aus diesem Grund werden neue Institutionen in der Bevölkerung auf Widerstand stoßen. Der Sinn von Maßnahmen zur Verminderung der Übernutzung liegt jedoch darin, daß erstens Ansprüche von zukünftigen Generationen für eine ausreichende

Wasserversorgung berücksichtigt werden und zweitens für die heutige Generation keine Engpässe entstehen. Wie in der Region Taʿizz bereits seit 1995 beobachtet werden kann, führen Wasserknappheiten zu sozialen Spannungen und wirtschaftlichen Problemen. Mittel- und langfristig profitiert auch die jemenitische Landwirtschaft von den Maßnahmen gegen die Übernutzung, weil diese ihre wichtigste Lebensgrundlage, das Wasser, schützen.

6.2.1 Politische Maßnahmen

Die Modernisierung der Landwirtschaft, die in den vergangenen Jahrzehnten stattgefunden hat, ist vor allem dem privaten Sektor zu verdanken. Die wirtschaftlichen Rahmenbedingungen, die diese Modernisierung ermöglicht haben, entstanden ebenfalls hauptsächlich ohne die Hilfe des Staates. Der Staat hat die Bewässerungs-Landwirtschaft höchstens durch die anhaltende Passivität beeinflußt. Angesichts der großen Probleme, die infolge der Veränderungen entstanden sind, ist es verständlich, daß der Staat in Zukunft eine wichtigere Rolle einnehmen möchte. Deshalb sind verschiedene staatliche Institutionen geschaffen worden, mit der NWRA als zentraler Behörde und dem zur Diskussion stehenden neuen Wassergesetz als Rechtsmittel.

Angesichts der in Kapitel 5.3.5 dargestellten Widersprüche in der heutigen Gesetzgebung wird die Durchsetzung von politischen Maßnahmen auf viele Widerstände stoßen, hauptsächlich wegen der Unvereinbarkeit von traditionellen Wasserrechten mit den von der Regierung geplanten Gesetzen. Deshalb werden die zentralistischen politischen Maßnahmen scheitern. Andere Mängel sind bereits innerhalb der modernen Gesetze auszumachen, vor allem die erwähnten Widersprüche in der Frage des Wasserbesitzes. Die *Šarīʿah* und die traditionellen Wasserrechte stehen mit den neuen Wassergesetzen teilweise im Widerspruch. Dabei handelt es sich gerade um die zentralen Punkte, von denen eine Verbesserung im Wassersektor des Landes zu erwarten ist. Deshalb dürfte ein Wassergesetz, das entgegen dem allgemeinen Rechtsempfinden und den religiösen Regelungen den Wasserbesitz zentralisieren und verstaatlichen möchte, keinen Rückhalt finden und damit ein Papiertiger bleiben.

Die sozio-ökonomische Struktur des Jemens ist nach wie vor von der Landwirtschaft geprägt. Ein Gesetz, das diesen Wirtschaftszweig stark verändern soll, wird nur nach einem langen Entscheidungsprozeß erfolgreich eingeführt werden können, außer es gibt wirtschaftliche Zwänge dafür. Institutioneller Wandel findet vorzugsweise unter wirtschaftlichem Druck statt (vgl. Kap. 2.2.4). Die bestehende liberale Wasserpolitik und die indirekte Subventionierung von Agrarprodukten mit hohem Wasserverbrauch hat die Agrarwirtschaft bis anhin stark begünstigt. Deshalb wird es für den Staat sehr schwierig werden, bestehende Institutionen zu verändern, solange sie für die bestehende Wirtschaft günstig sind.

Sollen Maßnahmen eingeführt werden, welche die laufende wirtschaftliche Entwicklung behindern, dürfte der Widerstand gegen restriktive Gesetze noch größer sein. Zudem ist die Beziehung der Menschen zum Land noch sehr stark: Viele Städter besitzen Land, das sie weiter bewirtschaften lassen wollen, und sind dabei nicht von ökonomisch-rationalen Argumenten zu überzeugen, denn oft ist dieser Anbau ohnehin nicht rentabel. Für sie ist die Landwirtschaft ein Mittel, den Identitätsverlust durch die Umsiedlung in die Stadt ein Stück weit zu kompensieren. Solange das Land der Väter noch kultiviert wird, hat man den endgültigen Schritt zum Städter noch nicht vollzogen.

Die politische Struktur ist vom Stammeswesen geprägt. Deshalb werden politische Entscheide langfristig nur Erfolg haben, wenn ein hoher Grad von Dezentralität bei der Entstehung und der Durchsetzung dieser Entscheide vorhanden ist. Ein Beispiel dafür ist die Haltung des offiziellen Vertreters des Ministeriums für Landwirtschaft in der Provinz Laḥağ. Auf die Frage, ob er Lizenzen für das Bohren und Betreiben von Grundwasser-Brunnen akzeptieren würde, entgegnete er, daß diese Regelung in seiner Provinz bereits bestehe und aus der früheren sozialistischen Epoche übernommen wurde. Die Bauern würden sich aber nicht daran halten. Er sei zwar verantwortlich für die Durchsetzung des Gesetzes, er bemühe sich aber nicht darum, weil er die Haltung der Bauern gut verstehe. Ihnen gehe es schließlich um ihre Existenz.

Während Gesprächen mit Bauern ist diese Haltung mehrere Male aufgefallen: Es wurde akzeptiert, manchmal sogar gewünscht, daß der Staat „etwas tun muß", um die Übernutzung des Grundwassers zu stoppen. Gleichzeitig wurde aber auch geäußert, daß man dem Staat dazu kaum eine Chance gebe, denn seine Macht reiche eben nicht bis in ihre Region hinein, um beispielsweise ein Verbot für das Bohren weiterer Brunnen durchzusetzen.

Die Vorschläge für politische Maßnahmen zur Lösung der Wasserkrise gingen bisher davon aus, daß die Regierung von der Hauptstadt aus Bestimmungen erlassen und diese zu verwirklichen versucht hat. Das schwache Durchsetzungsvermögen des Staates und die große Bedeutung des Wassers in allen Lebensbereichen erschweren solche staatlichen Maßnahmen außerordentlich. Eine große Chance bietet sich deshalb für den Staat, wenn er versucht, die bereits vorhandenen dezentralen Strukturen zu nutzen. Anstatt die Probleme von Ṣanʿāʾ aus zu lösen, könnte er versuchen, diese auf tiefere Ebenen zu delegieren. Indem er allgemeine Zielsetzungen formuliert, kann er immer noch auf den Bewässerungssektor Einfluß nehmen. Er muß aber nicht mehr als Fremdkörper bis weit in die Provinzen hinein den Alltag regeln. Diese Dezentralisation hätte viele Vorteile, vor allem, weil die Umsetzung von Zielen und Maßnahmen auf lokaler Ebene viel schneller und reibungsloser stattfinden könnte als auf nationaler Ebene.

LICHTENTHALER (1996: 124) beschreibt eine Initiative von Bauern aus der Region Ṣaʿdah, die sich darauf geeinigt haben, die Grundwassernutzung zu vermindern. Mit der Einigung wird gewährleistet, daß es keine Trittbrettfahrer gibt, die Kooperation wird durch die relativ geringe Anzahl der betroffenen Bauern begünstigt. Eine zweite Selbsthilfegruppe hat in Ṣaʿdah gemeinsam einen Brunnen bohren lassen, um zuverlässig Wasser für die Haushalte zur Verfügung zu haben. Interessant ist in diesem Zusammenhang der Kommentar des Beobachters:

> „Looking at these developments from the perspective of the tribal people of the Ṣaʿdah area one might perhaps be led to the conclusion that the central government and not the tribes underrate the value of water." (LICHTENTHALER 1996: 124)

Wer an einer Verbesserung der Situation interessiert ist, soll auch Verantwortung für Lösungen übernehmen dürfen. Deshalb sind die Betroffenen für Maßnahmen stärker miteinzubeziehen, was wiederum dezentral organisierte Strukturen bedingt:

> „ ... in the tribal political economy of the Ṣaʿdah basin, where central government influence and control is marginal, it is doubtful whether the National Water Resource Authority ... can fulfil its mandate to legislate, monitor and manage the country's scarce water resources." (LICHTENTHALER 1996: 124)

In Kapitel 5.2.5 wurde jedoch am Beispiel von Ḥarīb aufgezeigt, daß dezentrale Strukturen zur Lösung eines regionalen Wasserproblems nicht immer vorhanden sind. Wenn Stammesgrenzen durch eine hydrologisch zusammenhängende Region verlaufen, kann die fehlende Kommunikation dazu führen, daß die notwendige Zusammenarbeit innerhalb der Region unmöglich ist. Auch in Ma'rib oder im Wadi Marḫa sind die Stämme teilweise so verfeindet, daß regionale Institutionen keine gemeinsame Basis bilden könnten. Gerade deshalb erwarten dort einzelne Bauern vom Staat mehr Initiative. Diese Erwartung darf aber nicht so verstanden werden, daß der Staat die Verantwortung zur Lösung des lokalen Konfliktes zwischen Ober- und Unterlieger übernehmen soll, weil er dies nicht kann. Vielmehr muß der Staat dort den Dialog zwischen den einzelnen Parteien fördern.

Zusammenfassend kann gesagt werden, daß politische Maßnahmen notwendig sind, um bevorstehenden wirtschaftlichen und sozialen Problemen als Folge der Übernutzung vorzubeugen. Solche Maßnahmen dürfen in der Bevölkerung aber nicht den Eindruck erwecken, daß der Staat vor allem eigene Interessen verfolgt und beispielsweise darauf aus ist, durch die neue Wassergebühr Einnahmequellen zu erschließen. Dies wird durch dezentrale Lösungen, das heißt durch den Einbezug der Regionen mit eigener Verantwortung, am ehesten gewährleistet. Staatliche Maßnahmen sollen Anreize für dezentrale Lösungen geben, beispielsweise durch die Forderung nach einer allmählich nachhaltigeren Wassernutzung, einer gezielten Förderung wassersparender Technologien oder einer auf Wassersparen ausgerichteten Agrarpolitik. Die Umsetzung müßte aber regional geschehen.

6.2.2 Wirtschaftliche Maßnahmen

Wirtschaftliche Maßnahmen enthalten eine breite Palette von Strategien, die unter den Stichworten Markt, ökonomische Anreize, Internalisierung etc. diskutiert werden. Im Rahmen der weltweiten Umweltdebatte sind solche Maßnahmen seit den 80er Jahren sehr populär und werden im Jemen vor allem innerhalb von Weltbankprojekten gefordert. Es wurde in der Arbeit einige Male auf die große Bedeutung der wirtschaftlichen Rahmenbedingungen für die Über-nutzung des Wassers im Jemen hingewiesen. Deshalb ist es naheliegend, daß eine Veränderung dieses Rahmens eine wichtige Maßnahme gegen die Übernutzung des Wassers darstellt.

Verringerung des Qatanbaus

Eine Schlüsselfunktion für die kurzfristige Verbesserung der Situation ist die Reduktion des Qatanbaus. Weil Qat für die Landwirtschaft das bedeutendste Produkt geworden ist und einen relativ hohen Wasserkonsum hat, kann das Sinken des Grundwasserspiegels vor allem im Hochland dieser Entwicklung zugeschrieben werden (vgl. Kap. 5.2.3). Der massiven Ausbreitung des Qatanbaus kann mit drei Mitteln begegnet werden: Erstens durch die Freigabe von Importen für Qat aus Ostafrika, so daß die einheimische Produktion zurückgehen dürfte, weil die Preise für Qat im Jemen vergleichsweise hoch sind (WORLD BANK 1996: 4.1/10); zweitens durch die Einschränkung des Konsums, wobei hier noch viel Aufklärung über die wirtschaftlichen und gesundheitlichen Folgen geleistet werden muß; und drittens mit einer konsequenten Besteuerung von Qat, wobei hier die Auswirkungen wohl am geringsten sind. In allen drei Fällen würde durch die Verringerung des Qatanbaus der Druck auf die Wasserressourcen verringert. In allen drei Fällen ist der Staat aufgefordert, Veränderungen in seiner Politik gegenüber Qat vorzunehmen.

Erhöhung der Faktorpreise

Die Landwirtschaft profitiert heute stark von tiefen Faktorpreisen. Hauptsächlich sind dies die subventionierten Dieselpreise, subventionierte Agrarkredite sowie fehlende Steuern und Importzölle für Pumpen. Dies führt dazu, daß der Anreiz für das Bohren von Brunnen und das Fördern von Wasser groß ist. Eine Erhöhung der Dieselpreise würde die Produktionskosten erhöhen und Anreiz für Effizienzverbesserung sein. Der Wasserverbrauch dürfte in der Folge stark zurückgehen. Der bisher weit unter der Inflationsrate liegende Zinsfuß für Agrarkredite hat das Bohren von Brunnen und die Installation von Pumpen auf Kredit gefördert, weil es sich lohnte, Kredite zu beantragen, um später nur noch einen Bruchteil des Wertes zurückzahlen zu müssen. Damit wurde die ineffiziente Wasserförderung indirekt subventioniert. Werden die Zinsen dem Marktniveau angepaßt, dürften derartige Formen des „Geldverdienens" wegfallen und die Anzahl ineffizienter Bewässerungsanlagen in Zukunft zurückgehen. Auch hier wäre ein positiver Einfluß auf den Wasserverbrauch spürbar. Ebenso würde die Besteuerung von Pumpen die Kosten für die Wasserförderung erhöhen und den Wasserverbrauch senken.

Einführung eines Wassermarktes

Das Wasser hat für die verschiedenen Nutzungen einen unterschiedlichen Wert. In der Landwirtschaft liegt dieser tiefer als in der Industrie oder bei den Dienstleistungen, weil hier wesentlich mehr Wasser für die Produktion aufgewendet werden muß als in der Erzeugung eines Industrieproduktes mit gleichem Wert. Die Haushalte wären ebenfalls bereit, mehr Geld für eine bestimmte Wassermenge auszugeben als die Landwirtschaft. Für eine Verbesserung der Wassereffizienz wäre ein Handel von Wasserrechten aus der Landwirtschaft hin zu anderen Bereichen günstig. Es würden ineffiziente Nutzungen aufgegeben, dafür könnten die Wasserrechte für andere Nutzungen verkauft werden. Das Wasser hätte einen Preis, der seinem tatsächlichen Wert näher käme. Auch innerhalb der Landwirtschaft wäre eine Verlagerung von ineffizienten zu effizienten Nutzungen die Folge. Wenn Wasser dort, wo es am meisten bringt, genutzt werden kann, ist ein sparsamer Umgang eher gewährleistet. Negative wirtschaftliche Auswirkungen für die Landwirtschaft könnten durch die Einnahmen aus dem Verkauf der Wasserrechte vermindert werden. Durch den Erlös, der aus dem Verkauf ihrer Wasserrechte erzielt wird, können die Bauern Investitionen zur Verbesserung der Wassereffizienz tätigen.

Im Jemen findet der Handel mit Wasser bereits teilweise statt, vor allem in Form von Transfers vom Land in die Städte. Er wird aber durch das traditionelle Rechtsempfinden behindert, und es fehlen die Strukturen für einen solchen Markt. Wichtig wäre hier, daß die Bauern freiwillig ihre Wasserrechte verkaufen und nicht durch eine staatliche Behörde dazu gezwungen werden, wie dies in Taʿizz zur Zeit geschieht.

Stärkerer Bezug zur islamischen Wirtschaftsordnung

Die islamische Wirtschaftsordnung enthält Elemente, aus denen ein schonender Umgang mit der Umwelt und damit ein Verbot der Übernutzung von natürlichen Ressourcen abzuleiten ist. Deshalb könnte ein stärkerer Einbezug des Islam in die Wirtschaftsordnung durchaus ein Instrument für das Erreichen einer nachhaltigen Wassernutzung darstellen. Konkrete ethisch-moralische Grundlagen lassen sich aus folgenden Grundsätzen ableiten:

„• Der absolute Eigentümer aller Dinge ist Allah; der Mensch hat als Stellvertreter Gottes nur Nutzungsrechte. Er darf Gottes Schöpfung nicht zerstören und muß bei seinen Handlungen berechtigte Ansprüche künftiger Generationen berücksichtigen. Konkret werden aus diesem Grundsatz z. B. ein Kollektiveigentum an nicht vermehrbaren Ressourcen (Bodenschätzen, aber auch Wasser) und neuerdings die Forderung nach Umweltschutz abgeleitet. ...

- Das islamische Recht anerkennt Privateigentum an Produktionsmitteln, was eine wichtige Voraussetzung für eine effiziente Wettbewerbswirtschaft ist: Nationalisierungen und staatliche Wirtschaftslenkung sind nur in Ausnahmesituationen zulässig. ...
- Praktiken und Handlungsweisen mit unsozialen (d.h. anderen schädigenden) Konsequenzen sind verboten. ... “ (NIENHAUS 1996: 370)

Aus dem ersten und dem dritten Punkt läßt sich die Forderung nach einer nachhaltigen Wassernutzung ableiten. Weil die naturräumliche und soziale Ordnung bestehen bleiben muß und dabei die zukünftigen Generationen zu berücksichtigen sind, darf eine Übernutzung von Wasser eigentlich nicht stattfinden, vor allem angesichts der großen Bedeutung des Wassers in der islamischen Gesellschaft. Im zweiten Punkt wird die Schwierigkeit Wasser zu verstaatlichen, auch aus der Sicht des allgemein formulierten islamischen Rechts, nochmals betont.

Ein stärkerer Bezug zur islamischen Wirtschaftsordnung müßte in diesem Fall sehr zielgerichtet sein. Das Ziel müßte eine nachhaltige Wassernutzung sein, und die erwähnten Grundsätze müßten deutlich auf dieses Ziel hin interpretiert werden. Zwei Tatsachen schränken den Spielraum für einen stärkeren Einbezug des islamischen Rechts jedoch ein: Erstens ist der Islam zumindest formell bereits stark in der jemenitischen Rechtsstruktur vorhanden, und zweitens ließen sich aus den islamischen Quellen auch gegenteilige Grundsätze ableiten. Zum Beispiel kann das Streben nach maximalem Wohlergehen für die bestehende Generation als Tugend betrachtet werden und damit Anreiz zur Übernutzung von fossilem Grundwasser sein. Deshalb hätte ein stärkerer Bezug zum Islam keine besonders große Wirkung auf den Wasserhaushalt.

6.2.3 Technologische Maßnahmen

Auch die technologischen Maßnahmen haben innerhalb der weltweit geführten Umweltdebatte eine große Bedeutung, wenn Lösungen für bestehende ökologische Probleme im Zusammenhang mit der Bewässerung diskutiert werden.

> „Die Landwirtschaft könnte ihren Wasserbedarf mit heute verfügbaren Techniken und Verfahren um 10 bis 50 Prozent verringern, die Industrie um 40 bis 90 Prozent, und der Bedarf der Städte ließe sich um ein Drittel kürzen.“ (POSTEL 1993a: 2).

Die konsequente Einführung von Technologie stelle damit die noch „letzte Oase“ dar, um weiteres Land für die Bewässerung zu erschließen (POSTEL 1993a: 79). Neue Technologien verändern aber weit mehr als nur die ursprünglich beabsichtigte Effizienzverbesserung. Sie haben Auswirkungen auf das sozio-ökonomische System, zum Beispiel wegen ihres hohen Kapitalbedarfs. Zudem können sie neue ökologische Probleme, zum Beispiel Versalzung, verursachen.

Im Jemen haben gerade die technologischen Veränderungen dazu geführt, daß wesentlich mehr Wasser aus dem Boden und den Wadis geschöpft werden konnte. Ohne diese Veränderungen wären die bestehenden Probleme der Übernutzung nicht aufgetreten. Positive Auswirkungen für die Landwirtschaft wären jedoch ebenfalls ausgeblieben, die Kulturlandschaft sähe ohne die vergangenen Veränderungen im technologischen Bereich heute ganz anders aus. Vor allem wäre die wirtschaftliche Bedeutung des ländlichen Raumes viel geringer ohne den technologischen Fortschritt.

Technologische Maßnahmen können in Zukunft einen wichtigen Beitrag zur Verringerung der Übernutzung leisten. Angesichts der noch weit verbreiteten traditionellen Bewässerungsmethoden liegt hier tatsächlich eine „ungenutzte Oase“ brach, so daß bei gleichbleibenden Erträgen in der Landwirtschaft viel Wasser eingespart werden könnte. Möglichkeiten von neuen Technologien werden hier nach Wasserfassung, Wasserverteilung, Wasser-Wiederverwertung und Wassertransfers gegliedert.

<u>Wasserfassung</u>

Wasserverluste treten bei der Wasserfassung auf, wenn Wasser zu lange der Verdunstung ausgesetzt ist oder wenn es ungenutzt abfließt. Für die nationale Wasserbilanz ist nur der erste Punkt tatsächlich ein Wasserverlust, weil das abfließende Wasser wieder genutzt werden kann. Wenn es versickert, kann es als Grundwasser wieder genutzt werden, falls es im Wadi verbleibt. Wird die Wasserfassung modernisiert, wird damit vor allem die regionale Effizienz verbessert. Mit dem Bau von Staudämmen wird das Wasser gespeichert, um das Wasser oberhalb der früheren Nutzung zur Verfügung zu haben und um Trockenzeiten zu überbrücken. Wasserverluste infolge der Evaporation im Staubecken und im Kanalsystem reduzieren dann die Effizienz, sie werden aber durch den Vorteil des permanent zur Verfügung stehenden Wasserangebotes wieder wettgemacht. Während Staudämme die Wassereffizienz auf regionaler Ebene verbessern, verschlechtern sie diese auf nationaler Ebene. Deshalb sind sie als Lösung für die bestehende nationale Wasserkrise im Jemen ungeeignet. Ungeachtet dieser Tatsachen werden Dämme aber immer noch als Mittel zur Lösung der Probleme propagiert:

> „If every community leader pushed locals to build small dams by self-help initiatives, our water crisis would be resolved.“ (Saeed al-Hakeemi, ehem. Minister und Mitglied des Consultative Council (CC) in: YEMEN-TIMES 43, 1997)

Große Ablenkdämme können das Wasser zentraler fassen, sie leiten mehr Wasser pro Zeiteinheit in die Kanäle, und sie bestehen normalerweise über mehrere Jahre am gleichen Standort. Sie verbessern damit die Wassereffizienz, wobei auch hier diese Aussage nur im regionalen Kontext gilt. Unterlieger werden hier ebenfalls benachteiligt, weil die Effizienzverbesserung auf ihre Kosten geht. Durch die zentrale und rasche Weiterleitung des Wassers können jedoch die Evaporationsverluste verkleinert werden.

Bei den drei anderen Möglichkeiten der Wasserfassung ist das Potential für Effizienzverbesserungen klein. Hangmäuerchen und Qanate sind wenig verbreitet, zudem wird das Wasser effizient gefaßt. Bei Brunnen läßt sich die Wasserfassung ebenfalls nicht verbessern.

Wasserverteilung

Im Jemen werden heute noch sehr ineffiziente Formen der Wasserverteilung angewendet. Mit „ineffizient" sind hier die relativ geringen Erträge, die mit einer hohen Wassermenge erzielt werden, gemeint. Im Gegensatz zur Wasserfassung liegt hier tatsächlich ein großes Potential für Einsparungen. Unabhängig davon, wie das Wasser gefaßt worden ist, ist die Überstauung der Felder der Normalfall der Wasserverteilung, während die Verteilung in Furchen und Gräben, als Berieselung oder in Form von Tröpfchenbewässerung nur in Ausnahmefällen geschieht.

Mit der Überstauung geht viel Wasser durch Verdunstung verloren. Weil das Wasser nicht gezielt zur Anbaupflanze gelangt, werden auch Teile der Felder bewässert, wo das Wasser nicht benötigt wird. Besonders bei Baumkulturen vermindert dies die Wassereffizienz. Mit der Tröpfchenbewässerung können die Pflanzen hingegen gezielt bewässert werden. Wasserverluste werden dabei nicht nur bei der Pflanze, sondern auch beim Transport vermindert, weil das Wasser nicht mehr an der Oberfläche fließt.

Effizienzverbesserungen bei der Wasserverteilung bergen die Gefahr der Versalzung. Es ist wichtig, mehr Wasser zur Pflanze zu führen, als diese benötigt, damit die zugeführten Salze wieder weggeschwemmt werden können. Diesem Aspekt muß große Beachtung geschenkt werden. Gerade die Tatsache, daß im Jemen die Versalzung der Böden noch weitgehend unbekannt ist, zeigt, daß die ineffiziente Wasserverteilung noch vorherrschend ist.

Selbstverständlich hängt die Art der Wasserverteilung wesentlich von den Anbauprodukten ab. Bei Baumkulturen ist die Überstauung eine schlechte Form der Wasserverteilung, hier sollte das Wasser gezielt jeder Pflanze einzeln zugeführt werden, wie dies mit der Tröpfchenbewässerung gemacht werden kann. Für Getreidekulturen macht es hingegen keinen Sinn, die Überstauung durch andere Formen zu ersetzen: Die periodische Vegetationszeit und die Notwendigkeit, flächenhaft zu bewässern, führen dazu, daß die Berieselung die einzige Alternative darstellt. Die Effizienzverbesserungen wären hier aber gering. Bei Gemüsekulturen schließlich können Effizienzverbesserungen mit der Verteilung in Furchen und Gräben erzielt werden.

Während für die Wasserfassung heute moderne Technologien weit verbreitet sind, wird für die Verteilung des Wassers häufig noch mit traditionellen Methoden gearbeitet. Die Wasserverteilung durch Überstauung macht bei der Ablenkdammbewässerung durchaus auch einen Sinn, weil es hier darum geht, das nur kurze Zeit, dafür in reichlicher Menge zur Verfügung stehende Wasser schnell zu verteilen. Bei der Pumpenbewässerung besteht dieser Zwang nicht. Trotzdem wird auch hier das Wasser meist auf diese ineffiziente Weise auf den Feldern verteilt.

Ähnlich wie bei der in Kapitel 5.2 angeführten Gleichzeitigkeit von traditionellen Institutionen und modernen Technologien besteht auch hier eine Gleichzeitigkeit von modernen und traditionellen Elementen innerhalb der Technologien. Und ähnlich wie dort kann auch diese Gleichzeitigkeit von Ungleichzeitigem für die bestehende Übernutzung verantwortlich gemacht werden: Effiziente Formen der Wasserförderung bei gleichzeitig ineffizienter Wasserverteilung führen zur Übernutzung. Wesentlich mehr Wasser kann jetzt mit geringerem Aufwand gefördert werden, die ineffiziente Überstauung verteilt das Wasser aber immer noch gleich. Effizienzverbesserungen in der Wasserverteilung sind deshalb eine Schlüsselmaßnahme für die zukünftige Entwicklung.

Wasserwiederverwertung

An verschiedenen Orten der Welt hat man damit begonnen, städtisches und industrielles Abwasser wiederzuverwerten. Damit werden mit einer Maßnahme drei Ziele erreicht; erstens reduziert sich die Abwassermenge, zweitens hat man ein relativ zuverlässiges Wasserangebot, und drittens werden Nährstoffe zusammen mit dem Wasser rezykliert. Führende Staaten in dieser Technologie sind Israel, wo 70 % des Abwassers aufbereitet werden, die USA und Australien (POSTEL 1993a: 103 - 111).

Der entscheidende Punkt dieser Technologie ist die sachgemäße Wiederaufbereitung des Wassers. Abwasser ist viel zu stark mit Schadstoffen belastet, als daß es ohne Behandlung wiederverwendet werden könnte. Eine einfachere Methode besteht darin, das Wasser in Teichen und Reservoirs zu lagern und durch eine ausreichende Rückhaltezeit von Bakterien, Viren und Parasiten zu befreien. Solches Wasser darf aber nur zur Bewässerung von Pflanzen eingesetzt werden, die nicht roh verzehrt werden (POSTEL 1993a: 106f.). Diese Methode ist relativ kostengünstig, benötigt aber viel Platz und eine gute Überwachung. Probleme in Entwicklungsländern sind dort aufgetreten, wo das Wasser zu früh und unkontrolliert für die Bewässerung gebraucht worden ist. Die technisch anspruchsvollere Methode wird erst in den USA und in Israel angewendet. Sie bereitet das Wasser in einer Reihe von physikalischen, biologischen und chemischen Prozessen auf. Die Kosten für die Nutzung in der Bewässerung sind damit zu hoch.

Eine großflächige Nutzung von Abwasser für die Landwirtschaft ist im Jemen zur Zeit nicht denkbar. In Taʿizz fließt ein großer Teil des Abwassers in große Auffangbecken sechs Kilometer nördlich der Stadt. Einige Bauern haben begonnen, Wasser aus diesem Becken zu nutzen und ihre Felder damit zu bewässern. Das ursprüngliche Wasserangebot der Bauern ist stark zurückgegangen, weil im Oberlauf ihres Wadis immer mehr Wasser entnommen wird (vgl. Kap. 5.1.5). Deshalb sehen sie sich gezwungen, Wasser aus dem Becken abzuleiten. Auf den mit Abwasser gespiesenen Feldern sind aber bereits nach zwei Jahren keine Erträge mehr zu erzielen. Auch in Rauḍah, etwa acht Kilometer nördlich von Ṣanʿāʾ, gibt es große Abwasserbecken, die für eine Wiederverwendung diskutiert werden. Die Wasserqualität ist dort aber derart schlecht, daß eine Aufbereitung des Wassers sehr teuer wäre.

Wassertransfers

Wassertransfers von einer Region mit ausreichendem Wasserangebot in eine Region mit Wasserknappheit können bestehende Probleme überbrücken. Im Jemen gibt es im Nordosten des Landes umfangreiche Wasservorkommen im Mukallaʾ-Aquifer, mit denen das bestehende landesweite Wasserdefizit theoretisch noch während Jahrhunderten, wenn nicht Jahrtausenden gedeckt werden könnte. Einem Wasservorkommen von 10‘000‘000 Mio. m^3 steht ein jährliches Defizit von 1000 bis 1300 Mio. m^3 gegenüber (vgl. Kap. 5.1.1). Ein Transfer dieses Wassers vom Nordosten des Landes in die großen defizitären Bewässerungsregionen im Hochland ist aber aus folgenden Gründen unrealistisch:

Erstens wären die Kosten für den Bau der Förderungs- und Transporteinrichtungen enorm hoch: Der „Große Fluß von Menschenhand“, der zu Beginn der 90er Jahre in Libyen gebaut worden ist und der 750 Mio. m^3 Wasser pro Jahr aus der Sahara an die Mittelmeerküste bringt, hat 25 Mia. US-$ gekostet (NZZ vom 12./13. Oktober 1991: 5). Mit ähnlich hohen Kosten müßte man auch im Jemen rechnen. Zweitens wären die Energiekosten für den Transport des Wassers sehr hoch: Vom Standort des

Wassers bis ins Hochland wären über 2'000 Höhenmeter zu überwinden, was für die Verwendung des Wassers für Bewässerungszwecke nicht zu rechtfertigen wäre. Drittens bestehen rechtliche Probleme für derart gigantische Wassertransfers. Bereits bei kleineren Projekten mußten in der Vergangenheit große Schwierigkeiten überwunden werden, um Wasser aus einer Region in eine andere wegzuführen (ERYANI al- et al. 1995: 76). Beispielsweise konnte Wasser aus dem Umland von Radāʿ erst in die Stadt transferiert werden, nachdem die Landbesitzer des Einzugsgebietes und des zu durchquerenden Landes Kompensationszahlungen erhalten hatten. Zudem mußten für diesen Handel sowohl der niederländische Botschafter als auch ein Vertreter der NWSA vermitteln.

Für große Wassertransfers wären entsprechende Probleme in einer weit größeren Dimension zu erwarten. Wassertransfers dürften deshalb in Zukunft im lokalen Rahmen verstärkt werden, sie leisten zur Lösung der nationalen Wasserkrise aber keinen Beitrag. Entsalzungsanlagen sind ebensowenig eine realistische Maßnahme zur Erhöhung des Wasserangebotes. Die Kosten für eine Einheit Süßwasser sind viel zu hoch, als daß sich damit Bewässerung lohnen würde.

6.2.4 Diskussion der aufgeführten Maßnahmen

In der Vergangenheit sind mit den erwähnten Maßnahmen schlechte Erfahrungen gemacht worden und haben teilweise vom Ziel einer nachhaltigen Wassernutzung weggeführt. In Zukunft müssen deshalb Maßnahmen auf allfällige Nebenwirkungen geprüft und vor allem mit begleitenden Maßnahmen in anderen Bereichen ergänzt werden. Folgende Lehren lassen sich ziehen:

Weil im Jemen die klimatischen und hydrologischen Rahmenbedingungen für die Wassernutzung sehr unterschiedlich sind, müssen dezentrale Maßnahmen auf jeden Fall einer zentralen Lösung vorgezogen werden. Politische Maßnahmen brauchen sehr viel Zeit und sind mit Veränderungen von bestehenden politischen Strukturen verbunden, selbst wenn die angesprochene Dezentralisation berücksichtigt wird. Die Stammesgrenzen und die politischen Grenzen stimmen zudem oft nicht mit den hydrologischen Grenzen überein. Deshalb müssen Lösungen gefunden werden, bei denen kleinräumige politische Einheiten eine wichtige Rolle spielen. Weil diese zum Teil erst noch geschaffen werden müssen, muß hier der Zentralstaat als Vermittler wirken.

In den bisherigen staatlichen Bewässerungsprojekten hat der Staat auch seine eigenen politischen Interessen verfolgt. Die Diskussion um die zentrale Wasserbehörde und die Ausarbeitung des neuen Wassergesetzes waren von innenpolitischen Machtspielen geprägt (vgl. Kap. 5.3). Damit wurden sachbezogene Lösungsvorschläge verhindert, mit der Folge, daß nach 16-jähriger Diskussion 1997 immer noch kein Wassergesetz in Kraft getreten ist.

Der Bau von großen Dämmen hat zu Änderungen der Kontrolle über das Wasser geführt. Während mit kleinen Dämmen die Wasserverteilung dezentral organisiert ist, kontrolliert bei großen Dämmen meist der Staat, wer wann wieviel Wasser erhält. Selbst Änderungen in der Nutzung sind möglich, wie das Beispiel Maʾrib gezeigt hat. Der Staudamm wurde ursprünglich zu Bewässerungszwecken gebaut. Nachdem die geplante Wasserverteilung durch das oberirdische Kanalsystem nicht realisiert werden konnte, wurde seine Funktion allmählich uminterpretiert, so daß er heute vorwiegend der „Grundwasseranreicherung" dient. Schließlich hat man den See auch als Trinkwasser-Speicher für die Versorgung von Ṣanʿāʾ in Erwägung gezogen.

Damit soll deutlich gemacht werden, daß die Einführung dieser Technologie die bestehenden Machtverhältnisse verändert. Während über Grundwasser und dezentral genutztes Oberflächenwasser eine Kontrolle des Zentralstaates nicht möglich ist, wird mit großen Dämmen eine solche Kontrolle vereinfacht. Damit erhält der Staat ein Instrument, um die in der modernen Gesetzgebung vorgesehene Verstaatlichung des Wasserbesitzes zu vollziehen:

> „For the Marib [dam], the State has the diversion right not only on constitutional basis but also because it owns the dam.“ (ERYANI al- et al. 1995: 69)

Dieses Zitat stammt aus einer vom Staat in Auftrag gegebenen Studie für die Erschließung von Wasser für die Stadt Ṣanʿāʾ. Es ist klar, daß mit solchen nachträglichen Zweckentfremdungen von ursprünglich für die Bewässerung geplanten Projekten das Vertrauen in weitere staatliche Maßnahmen leidet.

Die erwähnten wirtschaftlichen Maßnahmen sind mit sehr hohen sozialen Kosten verbunden. Alle Maßnahmen zur Einschränkung des Wasserverbrauchs in der Landwirtschaft führen zunächst zur Schwächung dieses Sektors. Ziel müßte deshalb sein, mit weniger Wasser die gleichen Erträge zu erzielen und damit die wirtschaftliche Bedeutung zu erhalten. Dazu müßten technologische Maßnahmen in der Wasserverteilung gefördert werden.

Die in den letzten drei Kapiteln diskutierten Optionen für eine Verbesserung der Wassersituation stellen jeweils für sich alleine betrachtet noch keine ausreichende Maßnahme dar. Erst in der Kombination von politischen, wirtschaftlichen und technologischen Maßnahmen können langfristige Verbesserungen zum Tragen kommen. Im folgenden werden anhand eines regionalen Beispiels solche Maßnahmen skizziert:

Ziel ist es, die Wasserbilanz der bereits einige Male erwähnten Region Ḥarīb / al-ʿAin ins Gleichgewicht zu bringen. Ein nationales Wassergesetz müßte dafür den Rahmen geben, indem es fur die einzelnen hydrologisch definierten Regionen Ziele vorgibt. Für die Region Harīb / al-ʿAin müßte innerhalb eines bestimmten Zeitraumes der Wasserverbrauch um eine bestimmte Menge gesenkt werden. Die Region wäre weiter zu unterteilen, wobei hier auf die bestehende Sozialstruktur Rücksicht genommen werden muß. Gleichzeitig muß der Staat das Know-how zur Verfügung stellen, um dieses Ziel zu erreichen, und ein Komitee aus regionalen Vertretern für die lokale Umsetzung unterstützen. Aus diesem Komitee müssen dann die konkreten Schritte hervorgehen, wie das vorgegebene Ziel erreicht werden soll.

Diese politischen Maßnahmen müssen auf jeden Fall folgende wirtschaftliche und technologische Maßnahmen miteinbeziehen: Auf nationaler Ebene müßte der Staat (als wichtigste wirtschaftliche Maßnahme) die drei erwähnten Schritte der Liberalisierung durchführen, nämlich Freigabe von Importen, Erhöhung der Dieselpreise und Anpassung der Kreditzinsen auf Marktniveau. Auf regionaler Ebene müßte ein Wassermarkt entstehen können. Damit könnten Bauern, die ihren Wasserverbrauch drosseln, ihr überschüssiges Wasser verkaufen und damit Investitionen für effizientere Anlagen der Wasserverteilung tätigen. Eine Nachfrage nach diesem Wasser besteht von seiten der Siedlungen (Wasserverkauf aus dem Umland nach Ḥarīb findet bereits im kleinen Stil statt), von unterliegenden Bauern und von Agrarfirmen. Letztere produzieren bereits heute mit effizienter Bewässerung Zitrusfrüchte für den Markt von Ṣanʿāʾ.

Zwei Faktoren sind dabei besonders zu beachten: Erstens muß das Know-how für eine effizientere Wasserverteilung jedem Bauern zur Verfügung stehen. Hier ist wieder der Staat gefordert, indem er einen Beratungsdienst anbietet, der über das Landwirtschaftsministerium organisiert ist. Internationale Organisationen müßten diese Verbreitung von Wissen unterstützen. Zweitens müßten genügend Anreize für die Installation solcher Anlagen vorhanden sein. Die bisherige ineffiziente Wasserverteilung liegt gerade darin begründet, daß das Grundwasser „open-access"-Charakter hat. Die Bauern spüren die Konsequenz ihrer Übernutzung nicht. Jeder Bauer sieht sich einer sehr großen Anzahl von meist anonymen Mitspielern gegenüber, die aus dem gleichen Topf schöpfen. Durch die Schaffung von dezentralen Einheiten, die in eigener Verantwortung die vorgegebenen Ziele anstreben (z.B. Reduzierung des jährlich genutzten Wassers auf eine bestimmte Menge), kann aus der „open-access"- eine „common-property"-Ressource gemacht werden. Der Topf, aus dem die Bauern schöpfen, muß verkleinert werden. Zudem muß die Möglichkeit bestehen, genügend Informationen über die anderen Nutzer des Topfes zu erhalten.

Eine wichtige Maßnahme ist damit die Schaffung von neuen Institutionen. Diese dezentralen, nichtstaatlichen Organisationen hätten die Verantwortung dafür, daß in der Region eine ausgeglichene Wasserbilanz erreicht wird. Mit welchen Mitteln und mit welchen Agrarprodukten sie das machen würden, kann man getrost den Fachleuten in den Regionen überlassen. Ob die Bauern nun der Tröpfchen-Bewässerung oder dezentralen Ablenkdämmen den Vorzug geben, ob sie Qat anbauen oder Obst, dafür ist genügend Wissen in der Region vorhanden. Die staatlichen Rahmenbedingungen haben im Interesse der nationalen Wasserbilanz aber dafür zu sorgen, daß Tröpfchen-Bewässerung der Überstauung und Obstanbau dem Qat vorgezogen wird. Die Bauern sind für Anpassungen an einen veränderten Rahmen jedenfalls offen. Die Bereitschaft für die Einführung von einschränkenden Maßnahmen ist vorhanden. Man versteht die Probleme in der eigenen Region sehr gut, weil man selbst am stärksten davon betroffen ist. Aber wenn der Beigeschmack von zentralstaatlichen Maßnahmen zu stark wird, werden die Bauern mißtrauisch.

6.3 Szenarien

Obwohl der Staat seit Jahren immer wieder Anläufe genommen hat, ein Wassergesetz einzuführen und die dazu nötigen vollziehenden Behörden zu schaffen, ist im Wassersektor bisher ein eigentliches „Laisser-faire" zu beobachten gewesen. Die Übernutzung der vorhandenen Wasserressourcen ist die wichtigste Folge davon. Im folgenden werden zwei Szenarien diskutiert, wie die Bewässerungs-Landwirtschaft sich weiterentwickeln wird. Die beiden Szenarien zeigen bewußt zwei pointierte Möglichkeiten auf, und es ist anzunehmen, daß der Weg in die Zukunft zwischen den beiden Extremen liegen wird. Dies soll in Kapitel 6.3.3 zur Sprache kommen.

6.3.1 Szenario 1: Mißerfolg der geplanten Maßnahmen

Eine mögliche Option für die Zukunft des Bewässerungs-Sektors ist die Fortführung der passiven staatlichen Politik beziehungsweise „Nicht-Politik". Die bisherige Entwicklung der Landwirtschaft ist hauptsächlich der Initiative des privaten Sektors zu verdanken. Staatliche Projekte wurden entweder auf einer bereits erfolgten privaten Organisation aufgebaut (z.B. Bewässerungsprojekte in der Tihāmah), haben aufgrund ihrer mangelhaften Konzeption für den Landwirtschaftssektor keine wesentlichen Verbesserungen gebracht (z.B. Staudamm von Maʾrib) oder wurden von einer ausländischen Entwicklungsorganisation finanziert und logistisch unterstützt (z.B. die Etablierung des HWC oder der NWRA).

Werden die staatlichen Maßnahmen im Wassersektor weiterhin nicht eingeführt, bleibt auch in Zukunft der private Sektor wegweisend für die Bewässerungs-Landwirtschaft. Dann ist zu erwarten, daß die Entwicklung weitergehen wird wie bisher. Die wasserintensive Landwirtschaft wird das Grundwasser weiterhin übernutzen, so daß die bestehenden Vorräte weiter abnehmen werden und der Grundwasserspiegel sinken wird. In vielen Regionen wird die Landwirtschaft aufgrund des fehlenden Wasserangebotes aufgegeben werden müssen. Dies kann in 10, in 40 oder in 100 Jahren geschehen und hängt im wesentlichen von der Region ab. Durch die in Kapitel 6.1 diskutierten Rahmenbedingungen kann dieser Prozeß beschleunigt oder verlangsamt werden. Ein weiterhin starkes Bevölkerungswachstum wird den Prozeß zum Beispiel beschleunigen.

In Gebieten, wo mit Hilfe von Grundwasser intensiv Cash-crops produziert werden, wird die Ausrichtung auf die Marktproduktion aus zwei Gründen weiterhin zunehmen. Erstens erfordert der sinkende Grundwasserspiegel immer leistungsfähigere Pumpen. Diese sind wesentlich teurer in der Anschaffung, und das Pumpen aus großen Tiefen benötigt mehr Energie. Zweitens wird die Verknappung des Wassers zur Einführung von effizienteren Bewässerungsanlagen führen. Es ist daher zu erwarten, daß an Orten, wo das Kapital vorhanden ist, weitere Investitionen getätigt werden. Diese werden durch die intensivere und spezialisiertere Produktion wieder amortisiert werden müssen. Ein Beispiel, wo eine solche Kapitalisierung der landwirtschaftlichen Produktion bereits stattgefunden hat, sind die Agrumen-Plantagen in Maʾrib oder die Qat-Regionen im Becken von Ḏamār. Flächenmäßig werden diese bewässerten Gebiete weiterhin zunehmen, infolge des Wassermangels aber an eine Grenze stoßen. Regionen, die von einer solchen intensivierten Landwirtschaft betroffen wären, befinden sich im Hochland und in den Bewässerungsebenen.

Das Hochland ist der bevorzugte Standort für den Anbau von Qat. Mit Qat werden wertmäßig die höchsten Erträge pro Hektare und pro m^3 Wasser erzielt. Wenn das Wasser knapp wird, werden diese Qatanbau-Gebiete sogar noch an Bedeutung gewinnen. Hier lohnt sich der zunehmende Aufwand für die Förderung des Wassers aus großen Tiefen oder für den Transport aus benachbarten Gebieten wegen der hohen Erträge immer. Zudem steht im Hochland relativ viel Kapital zur Verfügung, um effizientere Bewässerungsanlagen zu installieren. In den Bewässerungsebenen stehen genügend regenerierbare Wasservorkommen zur Verfügung, die bei effizienter Nutzung die bestehende Bedeutung der Landwirtschaft noch erhöhen. Hier gibt es bereits das Know-how für eine bessere Anpassung an den Markt, so daß diese Regionen qualitativ hochstehende Früchte und Gemüse in die städtischen Märkte liefern werden. Die Ebenen, die an die innere Wüste grenzen, werden zudem noch von den reichen fossilen Wasservorkommen der Rubʿ al-Ḫālī profitieren können.

Gebiete mit Regenfeldbau oder traditionellen Bewässerungsmethoden werden bestehen bleiben, ihre Bedeutung wird aber weiter abnehmen. Die Bewässerungs-Landwirtschaft wird in den Regionen, wo Getreide und andere Produkte mit tiefem Marktwert angebaut werden, stark zurückgehen, weil der Aufwand für das Fördern von Wasser die damit erzielten Erträge übersteigt. Dies werden hauptsächlich die Regionen im Hochland, im inneren und äußeren Vorland sowie die mit den städtischen Märkten schlecht verbundenen Bewässerungsebenen sein.

Angesichts der gegenwärtigen Prozesse im institutionellen Sektor ist die Wahrscheinlichkeit eher klein, daß das beschriebene Szenario tatsächlich eintritt. Sowohl der jemenitische Staat als auch die internationalen Organisationen verstärken ihren Druck nach Maßnahmen, um die weitere Übernutzung abzuschwächen. Zudem würde auch bei einem Scheitern der staatlichen Maßnahmen der Schutz der Wasserressourcen vorangetrieben, weil sich zunehmend nicht-staatliche Institutionen bilden werden, um die Probleme zu lösen. Der vermehrte Einbezug von bestehenden Stammesstrukturen wäre hier denkbar. Verschiedene Stämme, die gemeinsam einen Aquifer nutzen, könnten sich zur Einschränkung ihrer Wassernutzung verpflichten. Bis solche Schritte zum Tragen kommen werden, müssen die Probleme aber bereits derart groß geworden sein, daß sie für alle Betroffenen deutlich spürbar geworden sind.

6.3.2 Szenario 2: Erfolg der restriktiven staatlichen Maßnahmen

Werden die staatlichen restriktiven Maßnahmen zum Schutz der Wasserressourcen eingeführt, wird es zu einem Strukturwandel kommen, der sich vom soeben beschriebenen Szenario ohne Maßnahmen zunächst wenig unterscheidet. Die Einführung von Lizenzen für das Bohren von Brunnen und das Fördern von Wasser wird die Verknappung des Wassers vorwegnehmen. Es wird dort, wo genügend Kapital und Know-how zur Verfügung steht, zu einer Intensivierung der Produktion kommen. Obst, Gemüse und Qat werden im Hochland und in den Bewässerungsebenen vermehrt angebaut werden, während Getreide, Baumwolle und Sesam an Bedeutung verlieren werden. Der Wasserkonsum wird sich von der Landwirtschaft in andere Sektoren verlagern, der Staat als Wasserbesitzer wird diese Entwicklung fördern.

Die erwähnten wirtschaftlichen Maßnahmen werden den Strukturwandel in der Landwirtschaft begünstigen. Werden der Qatkonsum eingeschränkt oder vermehrt Importe von Qat aus den afrikanischen Nachbarländern zugelassen, wird das Einkommen der Bauern stark zurückgehen. Qat ist eine derart wichtige Einnahmequelle für den ländlichen Raum des Jemens, daß bei einer Halbierung der Produktion viele Regionen des Hochlandes und des äußeren Vorlandes ihre wirtschaftliche Lebensgrundlage verlieren werden. Die hohen Erträge aus dem Qatanbau lassen sich nicht mit einem anderen Produkt erzielen. Maßnahmen gegen den Qat werden also eine Verarmung der ländlichen Bevölkerung und eine mögliche Verstärkung der Abwanderung in die Städte zur Folge haben. Solche Folgen müßten mit Gegenmaßnahmen abgefedert werden, beispielsweise durch eine Verbesserung und Unterstützung der Produktions- und Vermarktungsbedingungen anderer Cash-crops. Ähnliche Wirkungen, allerdings in kleinerem Ausmaß, dürften die Erhöhung des Dieselpreises und die Reduzierung von Subventionen für andere Produktionsfaktoren haben.

Der Wasserverbrauch der Landwirtschaft wird bei beiden Szenarien zurückgehen. Im Unterschied zum Szenario 1 wird bei diesem die Redimensionierung der Landwirtschaft jedoch besser kontrolliert werden können. Der Staat hat die Möglichkeit, die negativen wirtschaftlichen und sozialen Folgen, die durch die notwendige Verringerung des Wasserverbrauchs entstehen, erträglicher zu machen. Es ist besser, Maßnahmen gegen die Übernutzung zu ergreifen, bevor der sinkende Grundwasserspiegel ohnehin

Veränderungen erzwingt. Solange man noch genügend Grundwasserreserven besitzt, hat man eine Art „Kapital", um Engpässe zu überbrücken.

Dazu folgendes Beispiel: Angenommen für die Region Ḥarīb / al-ʿAin wird ein Wasserplan erstellt, der die zukünftige Wassernutzung auf zwei Drittel der bestehenden Nutzung reduziert, so würde im oberen Teil des Tales die Reduktion höher ausfallen als im unteren Teil. Weil die Maßnahme frühzeitig ergriffen würde, könnte in einer Übergangszeit der Verbrauch schrittweise zurückgehen, so daß die Maßnahmen weniger einschränkend wirken. Wenn hingegen der Verbrauch mangels Wasserangebot zurückgehen muß, hat die Region keine Möglichkeit zur allmählichen Anpassung. Deshalb ist es besser, man beginnt, sich dem beschränkten Ressourcenangebot anzupassen, solange man noch Zeit hat.

6.3.3 Aussichten und Einschätzung der zukünftigen Entwicklung

Die zur Diskussion stehenden staatlichen Vorschläge zur Reduzierung des Wasserverbrauchs werden sich nicht durchsetzen können. Es ist zu erwarten, daß die Probleme zunächst noch weiter zunehmen werden und dann ein Mittelweg zwischen den beiden Szenarien eingeschlagen wird. Die wirtschaftlichen Auswirkungen der Übernutzung werden dabei die größte Triebkraft für die allmähliche Akzeptanz von staatlichen Maßnahmen sein, weil in erster Linie ökonomische Probleme zu institutionellem Wandel führen. Bisher haben die mangelhaften Institutionen die Wirtschaft begünstigt. Solange dieser Zustand anhält, werden es die Wasserbehörden und ihre Gesetze schwer haben, von der betroffenen Bevölkerung akzeptiert zu werden.

Erste wirtschaftliche Auswirkungen der Übernutzung werden für die Bauern spürbar, wenn der Aufwand zur Wasserbeschaffung größer sein wird als die Erträge aus den Betrieben. Dann werden die Bauern dazu gezwungen sein, ihre Betriebe zu verlassen oder um Unterstützung zu bitten, um allenfalls Veränderungen in ihrer Produktionsweise zu erreichen. Wenn für eine Region diese Situation eintreffen wird, werden die Bauern für eine Zusammenarbeit mit dem Staat bereit sein. In dieser Situation müssen staatliche Institutionen vorhanden sein, um von den Bauern notwendige Effizienzverbesserungen zu fordern. Gleichzeitig muß der Staat aber auch das Know-how zur Verfügung stellen und die Einführung von neuer Technologie unterstützen. Falls die erwähnten wirtschaftlichen Maßnahmen bald eingeführt werden, kann dieser Prozeß früher beginnen.

Es ist unrealistisch zu glauben, daß einschränkende Maßnahmen zur Reduzierung des Wasserverbrauchs ohne wirtschaftlichen Druck eingeführt werden können. Zuerst werden die wirtschaftlichen Nachteile der Übernutzung spürbar werden müssen, bevor die Bauern mit der Regierung zusammenarbeiten. Mit wirtschaftlichen Maßnahmen kann der Druck erhöht werden. Nicht-staatliche Institutionen werden dabei eine wichtige Rolle spielen, um Maßnahmen in eigener Initiative durchzuführen und um den Staat zu unterstützen. Ansätze dazu gibt es in einzelnen Regionen bereits. Die in Kapitel 6.2.1 beschriebene Selbsthilfegruppe von Bauern in Ṣaʿdah hat ihren Entschluß, den Wasserverbrauch einzuschränken, erst fassen können, nachdem der Grundwasserspiegel innerhalb von 12 Jahren um 40 bis 100 m gesunken ist.

Die Übernutzung des Wassers ist ein schleichender Prozeß, der lange Zeit anhalten kann, ohne daß die Betroffenen reagieren müssen. Die Vorstellung, die landesweiten Wasservorräte würden bis zur totalen

Austrocknung des Untergrundes allmählich versiegen, ist jedoch falsch. Die räumliche Heterogenität der Grundwasserverhältnisse ist groß. Während in einzelnen Regionen bereits heute kein Wasser mehr vorhanden ist, um dort Landwirtschaft zu betreiben, hat man in anderen Regionen mit sehr reichen Grundwasservorkommen noch gar nicht damit begonnen, das landwirtschaftliche Potential zu nutzen. Zudem sind die Ansprüche an das Grundwasser unterschiedlich und hängen von der wirtschaftlichen Verflechtung der jeweiligen Region ab. Deshalb wird der bereits begonnene Prozeß weitergehen, so daß einzelne Regionen ihre Produktion einschränken müssen, weil ihre Grundwasserspiegel zu tief liegen. Die damit einhergehende Versalzung der Wasservorräte verschärft die Problematik zusätzlich. Gewisse landwirtschaftliche Tätigkeiten können dabei durchaus weitergeführt werden, entweder mit spezialisierten Pflanzen oder mit Produkten mit einer hohen Wertschöpfung. In jedem Fall wird die bewässerte Nutzfläche stark zurückgehen.

Der Wasserhandel zwischen den verschiedenen Regionen wird zunehmen. Damit wird sich die Bewässerungs-Landwirtschaft auf weniger Regionen konzentrieren. Bereits heute bestehende Regionen mit intensivem Anbau von Cash-crops werden sich zusätzliche Wasserrechte in den heute extensiv genutzten Regionen aneignen. Besonders die Regionen im Hochland, die heute gute Verbindungen zu den städtischen Märkten haben, werden in Zukunft Wasser aus Nachbarregionen beziehen. Dieser Prozeß dürfte aber erst im Verlauf der nächsten Jahrzehnte zum Tragen kommen, weil das traditionelle Rechtsempfinden einem solchen Handel stark widerstrebt.

Wie in den beiden ersten beschriebenen Szenarien wird auch hier die Bedeutung der Bewässerungs-Landwirtschaft zurückgehen. Wie stark und wie schnell die Bauern Einkommensverluste werden hinnehmen müssen, hängt kurz- bis mittelfristig von den Maßnahmen gegen den Qatanbau ab. Mittel– bis langfristig wird die Zukunft der Bewässerungs-Landwirtschaft aber davon geprägt sein, wie die Bauern mit der zunehmenden Knappheit ihrer Lebensgrundlage umgehen können. Effizientere Formen der Wasserverteilung und besser an die Trockenheit angepaßte Anbauprodukte sind Voraussetzungen für eine nachhaltige Landwirtschaft im Jemen.

Im Jemen wird seit Jahrtausenden erfolgreich Ackerbau betrieben. Dabei hat sich gezeigt, daß das Land grundsätzlich fruchtbar ist und ein günstiges Klima hat. Die Bauern haben in den vergangenen Jahrzehnten politische Umwälzungen und wirtschaftliche Veränderungen mitgetragen, und sie haben sich den neuen Verhältnissen schnell anpassen können. Dies läßt die Hoffnung zu, daß den zunehmenden Problemen als Folge der Wasserknappheit erfolgreich begegnet werden kann. Damit kann auch in Zukunft eine lebendige, bäuerliche Gesellschaft ihre wichtige Rolle im sozialen, wirtschaftlichen und ökologischen Bereich wahrnehmen.

7. SCHLUSSFOLGERUNGEN

7.1 Folgerungen aus der „commons“-Diskussion

Mangelhafte institutionelle Rahmenbedingungen fördern die Übernutzung von natürlichen Ressourcen. Im Theorieteil wurden diese Mängel umschrieben, die theoretischen Schlüsse haben in dieser Arbeit die Analyse der Probleme im Jemen beeinflußt. Ebenso konnte festgestellt werden, daß die vorgeschlagenen staatlichen Maßnahmen von dieser Theorie beeinflußt sind. Aus den Thesen von HARDIN (1968) geht hervor, daß Ressourcen mit „commons“-Charakter verstaatlicht oder privatisiert werden sollen, um die Übernutzung einzudämmen. Damit entsteht eine bessere Kontrolle über die Ressourcen oder ein Anreiz, sie zu schonen. In den drei Gesetzesentwürfen ist die Verstaatlichung des Wassers der zentrale Punkt. Eine neugeschaffene staatliche Organisation möchte zudem die Verantwortung für sämtliche Wasserprojekte des Landes übernehmen.

Diese Maßnahmen sind jedoch nicht durchführbar. Die Verstaatlichung stößt auf große Schwierigkeiten, weil sie den bestehenden dezentralen Strukturen und der traditionellen Rechtsauffassung widerspricht und technisch nur mit großem Aufwand durchzusetzen wäre. Zudem ist diese Maßnahme derart delikat, daß die zu erwartende Diskussion über die politische Bedeutung der Verstaatlichung vom eigentlichen Kern des Problems, nämlich der Übernutzung des Wassers, ablenken würde.

Mit der Verstaatlichung des Wassers würde die Tendenz verstärkt, die Wasserressourcen als „open-access“ zu betrachten. Ein staatlicher Wasserbesitz bewirkt, daß man sich von der Übernutzung nicht direkt betroffen fühlt, besonders im ländlichen Jemen, wo der Staat als etwas Fremdes empfunden wird. Demgegenüber verstärkt eine dezentrale Struktur der Entscheidungsabläufe das Gefühl für die gemeinsame Verantwortung und damit den „common-property“-Charakter des Wassers. Für ungefaßtes Wasser stellt dies die bestmögliche Option dar.

Privater Wasserbesitz ist im traditionellen Recht weit verbreitet und gilt immer für gefaßtes Wasser. Für ungefaßtes Wasser ist der Bodenbesitz eine Bedingung für die Nutzung von Grundwasser, private Besitzverhältnisse bestehen damit bereits. Daß der „open-access“-Charakter des Grundwassers nicht durch Privatbesitz ersetzt werden kann, liegt an der Natur der Ressource selbst. Unterirdische Fließbewegungen verunmöglichen den Ausschluß einzelner Brunnenbesitzer von der Nutzung. Daß man weder Menge noch Qualität der Vorräte kennt, erschwert eine mögliche Privatisierung zusätzlich.

Für Oberflächenwasser wäre eine Verstaatlichung und Privatisierung eher möglich. Ähnliche Schwierigkeiten, die aus der bestehenden dezentralen Sozialstruktur, dem traditionellen Recht und der Hydrologie hervorgehen, erschweren eine solche Maßnahme aber auch hier. Wie das Beispiel des neuen Staudamms von Maʾrib zudem zeigt, birgt die Verstaatlichung von Oberflächenwasser die Gefahr der Zweckentfremdung: Aus einem Projekt, das ursprünglich für die Bewässerung geplant worden war, ist mittlerweile ein Bauwerk zur Förderung von Macht und Prestige für die Staatsführung geworden.

Ein zweiter Anhaltspunkt aus der „commons“-Diskussion läßt Folgerungen für die Situation im Jemen eher zu. Gemeint sind die drei Punkte, welche die Kooperation unter den Mitspielern der gemeinsamen Ressourcennutzung hemmen. Die fehlende Kooperation verhindert Absprachen zur nachhaltigen Nutzung und erschwert deshalb Maßnahmen gegen die bestehende Übernutzung. Sie entsteht durch folgende drei Bedingungen: *Sehr viele* Konkurrenten mit *wenig gegenseitiger Information* nutzen eine Ressource *endgültig*. Umgekehrt vereinfacht die Berücksichtigung dieser drei Komponenten, dem Ziel einer nachhaltigen Wassernutzung näherzukommen. Dies kann folgendermaßen verwirklicht werden:

- Die Anzahl der Konkurrenten muß verkleinert werden. Dazu braucht es die Etablierung von kleinen dezentralen Einheiten, die in ihrer Region zuständig sind für das Management der Wasserressourcen und für die Schaffung und Umsetzung von Plänen zur nachhaltigen Nutzung. Damit werden aus vielen Konkurrenten wenige Konkurrenten. Gemeinsame Einsparungen des Wasserverbrauchs kommen den gleichen Einheiten wieder zugute. Die in Ṣaʿdah getroffenen Vereinbarungen (vgl. Kap. 6.2.1) entsprechen diesem Ansatz.
- Gegenseitige Informationen müssen gefördert werden. Erst wenn die Bauern wissen, was andere vorhaben, kann auch das notwendige Vertrauen entstehen. Dazu müßte ein regionales Diskussionsforum etabliert werden, wo über Themen zum Wasser dabattiert wird. Diese Maßnahme bedingt ebenfalls eine dezentral organisierte Verantwortung für das Wasser.
- Die Übernutzung des Grundwassers tritt das erste Mal auf und besteht seit einer Generation. Deshalb ist es für die heute lebenden Menschen ein einmaliges Ereignis und kann Fatalismus auslösen. Dieser kann eingedämmt werden, indem über die hydrologischen Zusammenhänge aufgeklärt wird und die Förderung von erneuerbarem Grundwasser gegenüber fossilem propagiert wird. Diese Maßnahme ist gegenüber den beiden erstgenannten jedoch weniger wichtig.

Ein dritter Anhaltspunkt bezieht sich direkt auf die mangelhaften Institutionen. Zwischen der Technologie, die für die Wassernutzung verwendet wird, und den Institutionen, die dafür zur Geltung kommen, fehlt die Übereinstimmung. Dies entspricht dem von GOODLAND (1989) identifizierten Mißbrauch von traditionellen „*common property management systems*". Konsequenterweise müßten deshalb die Institutionen der bestehenden Technologie wieder angepaßt werden. Ein institutioneller Wandel wäre deshalb Voraussetzung für eine nachhaltige Ressourcennutzung. Dieser Vorstellung entsprechend wird im Jemen seit mehr als zehn Jahren über neue Gesetze und Behörden diskutiert. Ein wirklicher institutioneller Wandel hat aber nicht stattgefunden.

Die Erklärung dafür, weshalb der notwendige Wandel bisher gescheitert ist, findet sich in der Theorie der „New Institutional Economics": Institutionen wandeln sich erst, wenn der ökonomische Druck dafür groß genug ist. Die günstige wirtschaftliche Entwicklung im Agrarbereich hat unter anderem dank der mangelhaften Institutionen stattfinden können. Deshalb ist kein wirtschaftlicher Druck für eine Änderung der Wasserpolitik vorhanden gewesen. Die bisherigen Vorschläge für ein neues Wassergesetz und die dazu notwendigen Behörden haben keine Wirkung gehabt, weil sie der wirtschaftlichen Entwicklung im Wege gestanden wären. Die zukünftigen Generationen haben gegenüber den heutigen Bedürfnissen verständlicherweise kein Gewicht. Zudem hatten die bisher als Folge der Übernutzung aufgetretenen Probleme noch keine Auswirkungen auf die landesweite wirtschaftliche Entwicklung.

Für zukünftige Lösungsstrategien muß dieser Aspekt besonders berücksichtigt werden. Erst durch die bewußte Veränderung der ökonomischen Rahmenbedingungen werden Anreize für den sparsamen Umgang mit Wasser geschaffen. Die in Kapitel 6.2 beschriebenen Strategien entsprechen dieser Idee: Der Preis des Wassers muß erhöht werden, indem die Kosten für das Pumpen erhöht werden. Erst dann besteht der ökonomische Anreiz für die Schaffung einer Wasserbehörde, die den Bauern effiziente Bewässerungsmethoden vermitteln kann. Solange aber neue Institutionen den Bauern nur ökonomische Nachteile bringen, werden sie sich dagegen wehren. Damit wird eine Verbesserung der Situation nicht möglich sein.

7.2 Veränderungen und Kontinuität als Ursache für Umweltprobleme

1977 erschien der erste 5-Jahres-Plan des Nordjemens. Darin wurde eine vermehrte Nutzung von Grundwasser angestrebt, weil es gegenüber dem Oberflächenwasser eine zuverlässigere Wasserquelle darstellt und damit den vermehrten Anbau von Cash-crops ermöglicht. Tatsächlich wurden diese Ziele erreicht, schätzungsweise 45'000 pumpenbetriebene Brunnen existierten Anfang der 90er Jahre im Jemen. Die Landwirtschaft ist dort, wo sie für den nationalen Markt produzieren kann, ein erfolgreicher Wirtschaftszweig. Verantwortlich für die rasche Erschließung des Grundwassers ist aber trotz staatlicher Planung nicht der Staat, sondern der private Sektor gewesen. Die zurückliegende Entwicklung ist vom Staat zwar erwünscht und teilweise vorausgesehen worden, die neue Technologie wurde aber weitgehend ohne Hilfe des Staates eingeführt.

Man kann sogar noch weiter gehen: Der Staat hat die rasche Entwicklung des Bewässerungssektors durch seine Passivität begünstigt. Ein wesentlicher Punkt ist bei den Wünschen und Zielsetzungen der Planer nämlich vergessen worden. Während die Technologie für die Bewässerung wesentlich verändert wurde, hat man nicht davon gesprochen, auch die institutionellen Rahmenbedingungen dazu zu verändern. Der Staat versucht zwar seit Jahren, dieses Versäumen wieder gutzumachen, indem er Behörden und Gesetze zu etablieren versucht, er ist in seinen Bemühungen bisher aber erfolglos geblieben.

Zwei Ereignisse haben also gleichzeitig stattgefunden. Die Technologie hat sich rasch verändert, während die Institutionen eine hohe Kontinuität aufweisen. Dadurch ist eine zeitliche Lücke zwischen dem technologischen Fortschritt und den gesetzlichen Rahmenbedingungen für diese Technologie entstanden, welche die Hauptursache für die hohe Übernutzung der Wasserressourcen bildet. Das gleichzeitige Festhalten an alten Regelungen trotz Einführung von modernen Technologien hat dazu geführt, daß der Verbrauch von Grundwasser bisher ohne Rücksicht auf die sich abzeichnende Verknappung den individuellen Bedürfnissen angepaßt wurde, solange die Vorräte einfach zu erreichen gewesen sind.

Wird der Einfluß der traditionellen Institutionen auf die ökonomische Entwicklung betrachtet, so fällt auf, daß gerade diejenigen Regelungen, welche die Wirtschaft begünstigen, fest verankert sind. Durch die Verknüpfung von Land- und Wasserrechten wird die Kultivierung von Land gefördert, Bestimmungen zum Schutz des Wadibetts verkleinern die Gefahr von Überschwemmungen, um nur zwei Beispiele zu nennen. Regelungen, welche die wirtschaftlichen Aktivititäten jedoch hemmen, werden teilweise nicht mehr beachtet. Beispielsweise sind Regelungen für den Mindestabstand zwischen zwei Brunnen zwar bekannt, werden jedoch ignoriert. Das Verbot von Wasserhandel ist bereits erheblich aufgeweicht, obwohl es im Bewußtsein der Bauern noch verankert ist. Deshalb besteht durchaus die notwendige Flexibilität, um sich wirtschaftlichen Veränderungen anpassen zu können.

Die Modernisierung der Landwirtschaft ist ein Segen für die vergangene und die heutige Generation gewesen, weil die wirtschaftliche Entwicklung damit begünstigt wurde. Die moderne Technologie hat aber eine Entwicklung ausgelöst, die außer Kontrolle geraten ist. Für die zukünftigen Generationen wird diese Entwicklung eine belastende Hypothek sein, weil der übermäßige Wasserverbrauch von heute zu sozialen, wirtschaftlichen und ökologischen Problemen führen wird. Dies haben staatliche Organisationen auch eingesehen, und deshalb wird versucht, den Boom wieder etwas einzudämmen. Die neue Wasserbehörde und das neue restriktive Wassergesetz würden die Lücke zwischen moderner Technologie und traditionellen Institutionen tatsächlich schließen, wenn sie Erfolg hätten. Gleichzeitig würde aber eine neue Lücke aufgerissen. Moderne Institutionen stünden in einem Widerspruch zu den bestehenden sozialen und politischen Verhältnissen. Dieser Widerspruch ist auch der Hauptgrund für das bisherige Scheitern der Vorschläge.

Aus diesem Grund wird es für die Zukunft der Bewässerungs-Landwirtschaft von Bedeutung sein, ob die Gesellschaft des Jemens fähig sein wird, für die moderne Technologie adäquate institutionelle Rahmenbedingungen zu schaffen, die auch sozial und politisch tragbar sind. In diesem Sinn wird die Zukunft der Bewässerungs-Landwirtschaft nicht mehr von technologischen und weniger von wirtschaftlichen, sondern vielmehr von institutionellen Veränderungen beeinflußt werden. Daß für die notwendigen Veränderungen der Institutionen jedoch zuerst schwerwiegende Probleme auftreten müssen, mit Auswirkungen auf die sozialen, wirtschaftlichen und ökologischen Verhältnisse, ist ein gesellschaftliches Phänomen, mit dem nicht nur die Menschen im Jemen leben müssen. Ebenso sind Menschen in den humiden Tropen davon betroffen, wenn ihr Lebensraum zunächst durch Abholzung massiv eingeschränkt wird, bevor institutionelle Maßnahmen dagegen ergriffen werden können. Und ebenso sind die Menschen in den Großstädten Europas davon betroffen, wenn die Konzentration von Luftschadstoffen zuerst bedrohlich stark zunehmen muß, bevor einschränkende Gesetze dagegen eingeführt werden. Und schließlich begann man über die Einführung von Institutionen gegen die Zerstörung der Ozonschicht auf internationaler Ebene auch erst zu verhandeln, nachdem die gesundheitsschädigenden Wirkungen nachgewiesen worden waren.

7.3 Einige Bemerkungen zur Nachhaltigkeits-Debatte

Wie die weitere wirtschaftliche Entwicklung möglich sein kann, ohne gleichzeitig die Lebensbedingungen zukünftiger Generationen zu gefährden, war eine der zentralen Fragen dieser Arbeit. Dabei wurde den institutionellen Rahmenbedingungen die Schlüsselfunktion zugewiesen. In den Worten der neuen Wasserbehörde heißt es zur Rechtfertigung des neuen Wassergesetzes entsprechend:

> „It is clear, therefore, that unless the country controls its water resources within the coming few years, then the potential for further development will greatly diminish." (NWRA 1996a: 41)

Die Frage nach der wirtschaftlichen Entwicklung und den Lebensbedingungen zukünftiger Generationen ist auch Inhalt der weltweiten Diskussion um *Nachhaltige Entwicklung*. Die Aussage der NWRA erinnert an die berühmte Definition von *Nachhaltiger Entwicklung* aus dem Brundtland-Bericht von 1987:

> „Sustainable development is development that meets the needs of the present without compromising the ability of future generations to meet their own needs." (WCED 1987: 43)

Nachhaltige Entwicklung hat sich seither zu einem politischen Programm entwickelt, das geeignet ist, gemeinsame Interessen zu manifestieren, ohne sich festlegen zu müssen. Ein konkretes Programm für die Umsetzung von *Nachhaltiger Entwicklung* ist bisher nicht gefunden worden. Daß das Ziel der *Nachhaltigen Entwicklung* auf der globalen Ebene notwendig ist, scheint niemand zu bestreiten. Daß es aber mehr braucht, als im Sinne des Brundtland-Berichtes gefordert worden ist, ist in der Folge in verschiedenen Studien aufgezeigt worden (vgl. dazu z.B.: GOODLAND 1992; DALY 1992; FOY et al. 1989). Die „Entwicklung", die von BRUNDTLAND gefordert wurde, rechnet mit einem jährlichen Wirtschaftswachstum pro Kopf von 3 % und eine fünf- bis zehnfache Zunahme der weltweiten Industrieerzeugnisse, um die Grundbedürfnisse der Menschheit zu befriedigen (WCED 1987: 50f). Dies würde aber die Grenzen der Belastbarkeit der Erde in vielen Bereichen übersteigen und von den Vorstellungen, was Nachhaltigkeit sein soll, weit enfernt sein.

Ähnliches gilt für die Zukunft der Bewässerungs-Landwirtschaft des Jemens. Die beiden Komponenten von *Nachhaltiger Entwicklung* haben einen direkten Zusammenhang, sie stehen aber auch in einem Widerspruch zueinander. Die Übernutzung ist eine Folge der wirtschaftlichen Entwicklung, und die fehlende Nachhaltigkeit hat die wirtschaftliche Entwicklung dank des Wachstums im Agrarsektor erst ermöglicht. Das weitere Wirtschaftswachstum wird wiederum durch die Übernutzung gefährdet. Es ist am Beispiel des Wadi Marḫa bereits an anderer Stelle aufgezeigt worden, daß es für einzelne periphere Regionen unmöglich ist, sich nachhaltig zu entwickeln, wenn die Kriterien der Nachhaltigkeit ernst genommen werden (KOHLER 1995a). Wenn sich einzelne Regionen aus der heutigen Unterentwicklung lösen wollen, dann nur durch eine Intensivierung der Landwirtschaft. Alternativen dazu sind nicht vorhanden. Für Industrie und Dienstleistungen, insbesondere den Tourismus, sind die Perspektiven zu schlecht. Für eine intensive Landwirtschaft muß aber eine ganzjährige Bewässerung zur Verfügung stehen, was eine vermehrte Nutzung von Grundwasser bedingt. Diese Bedingungen gelten grundsätzlich für den gesamten Jemen.

Die wirtschaftliche Entwicklung des ländlichen Raums konnte zu einem bedeutenden Teil nur dank der Übernutzung der Wasserressourcen stattfinden. Die Verlagerung von traditioneller Flutbewässerung zur großen Verbreitung von Dieselpumpen illustriert dies deutlich. Eine langfristige Perspektive, welche den zukünftigen Generationen gerecht wird, wurde aufgegeben, um ein kurzfristiges Wachstum anzustreben. Entwicklung wurde zum Preis der Nachhaltigkeit gekauft. Aus der Sicht der Bauern heißt dies, daß ihnen ihr Bedürfnis nach ausreichender Ernährung näher liegt als die Anliegen der nächsten Generation. Soll in Zukunft die Nachhaltigkeit das Ziel der jemenitischen Agrarstrategie sein, müssen bedeutende wirtschaftliche Veränderungen stattfinden. Kurz- und mittelfristig wird die Wirtschaft darunter zu leiden haben. Konkret müßte der Wasserverbrauch auf die Hälfte reduziert werden. Einbußen in der Agrarproduktion und damit Hunger und Abwanderung aus dem ländlichen Raum wären die unmittelbare Folge.

Trotzdem ist es möglich, daß Entwicklung „nachhaltig" ist, wenn nämlich der Begriff der Nachhaltigkeit erweitert wird (vgl. dazu FOY et al. 1989 2f.). Sich nicht erneuernde Ressourcen können genutzt und sich erneuernde Ressourcen sogar übernutzt werden, wenn die Erträge aus dieser Nutzung für die folgenden beiden Zwecke verwendet werden: die allmähliche Substitution der Ressourcen und die Einführung von Technologie zur Reduktion des Ressourcenverbrauchs. Für die Wassernutzung des Jemens kommt eine Substitution nicht in Frage, denn Wasser läßt sich durch keine andere Ressource ersetzen. Im zweiten Fall wäre eine *Nachhaltige Entwicklung* der Bewässerungs-Landwirtschaft möglich. Wenn die Mehrerträge, die dank der Übernutzung des Grundwassers anfallen, in wassersparende Technologien der Wasserverteilung investiert würden, dann könnte man von einer *Nachhaltigen Entwicklung* im weiteren Sinn sprechen. Gerade weil in der Bewässerungs-Landwirtschaft bisher vorwiegend auf verbesserte Systeme der Wasser*förderung* und weniger der Wasser*verteilung* gesetzt worden ist, ist die bisherige Entwicklung aber weit von jeglicher „Nachhaltigkeit" entfernt gewesen. Es besteht hier jedoch noch ein großes Potential für Verbesserungen. Für die Zukunft werden auch in diesem Sinne günstige Rahmenbedingungen geschaffen werden müssen, um die weitere Entwicklung der Bewässerungs-Landwirtschaft „nachhaltiger" zu gestalten. Dies müßte mit den in Kap. 6.2 erwähnten Instrumenten angestrebt werden.

7.4 Hinweise zum weiteren Forschungsbedarf

In der vorliegenden Arbeit sind in verschiedenen Bereichen neue Fragen aufgetaucht, die für weitere Forschungsarbeiten zu überprüfen wären. Es lassen sich drei Bereiche unterscheiden: Die Erweiterung und Anwendung der Theoriediskussion, die Frage nach der Anwendung der hier erzielten Ergebnisse für andere Staaten mit ähnlichen Problemen und die Frage nach der konkreten Umsetzung der Ergebnisse im Jemen. Die ersten beiden Bereiche werden im folgenden zusammengefaßt.

Erweiterung der Theoriediskussion und Umsetzung der Ergebnisse über den regionalen Bezug

Die vorliegende Arbeit hat einen regionalen Bezug. Die Schlüsse, die aus der Analyse der Wasserübernutzung im Jemen gezogen wurden, ließen sich mit der Situation in verschiedenen Regionen der Erde vergleichen. Mit einem solchen Vergleich von unterschiedlichen Strategien könnten wichtige Folgerungen für die zentralen Elemente von Institutionen in der Wassernutzung gezogen werden. Wenn trotz unterschiedlichem ökonomischem, kulturellem und auch klimatischem Umfeld allgemeine Schlüsse für eine nachhaltige Wassernutzung herzuleiten wären, wäre dies eine äußerst fruchtbare Erweiterung der Diskussion um die „commons"-Ressourcen.

Damit ließe sich auch die Diskussion zur *Nachhaltigen Entwicklung* wesentlich bereichern, weil die Ressource Wasser im ariden Raum der Schlüsselfaktor für die zukünftige Entwicklung ist. Mit einem Vergleich von unterschiedlichen Strategien erfolgreicher und nicht erfolgreicher Institutionen zur Wassernutzung können allgemeine Regeln für ein nachhaltiges Umwelt-Management abgeleitet werden. Laufende Veränderungen wie Technologietransfers, ökonomischer Wandel oder die Auswirkungen des „Global Change" müßten als zentrale Themen mitberücksichtigt werden, weil eine Strategie für eine nachhaltige Ressourcennutzung nur dann erfolgreich ist, wenn sie auch bei sich verändernden Rahmenbedingungen Bestand haben kann.

Umsetzung der Ergebnisse im Jemen

In Kapitel 6 wurden Maßnahmen zur Eindämmung der hohen Wasserübernutzung vorgeschlagen. Diese sind aus den theoretischen Überlegungen und den punktuellen Gesprächen mit Betroffenen und Fachleuten im Jemen entstanden. Deshalb müßten sie genauer überprüft, weiter ausgearbeitet und für die einzelnen Regionen konkret ausformuliert werden. Weil die möglichen Wirkungen auf Wirtschaft und

Umwelt sehr komplex sind, müßten die Maßnahmen beobachtet und laufend angepaßt werden. Dies wäre eine Aufgabe, die mit einer konkreten Forschungsaufgabe verbunden sein könnte.

Angesichts der starken Präsenz von Entwicklungs-Agenturen im Wasserbereich müßte eine erweiterte Analyse von deren Zielen, Arbeiten und Wirkungen gemacht werden. Die ausländische Entwicklungshilfe hat die Nutzung der Wasserressourcen des Jemens bisher stark beeinflußt, indem sie Wasserprojekte initiiert oder unterstützt hat. Nicht immer haben die Projekte zu einer Verbesserung der Situation geführt. Ebenso haben die FAO, das UNDP und die Weltbank entscheidende Einflüsse auf die weitere Zukunft der Bewässerungs-Landwirtschaft. Deshalb ist es wichtig, daß deren bisherige Arbeit und ihre weiteren Ziele von außenstehenden Beobachtern auf ihre vielfältigen Auswirkungen überprüft werden.

ZUSAMMENFASSUNG

Im Jemen ist der landesweite Wasserverbrauch zur Zeit etwa doppelt so hoch wie die jährliche natürliche Erneuerung aus dem Niederschlag. In einigen Regionen des Landes ist es bereits zum Versiegen des Grundwassers gekommen. In vielen anderen Regionen sinkt der Grundwasserspiegel derart stark, daß eine Verknappung des Wassers in absehbarer Zeit bevorsteht. Die zentralen Themen der vorliegenden Arbeit sind, eine Erklärung für die hohe Übernutzung der Wasserressourcen im Jemen zu finden, einen Zusammenhang zwischen institutionellen Regelungen und der Ressourcen-Übernutzung nachzuweisen und daraus allgemeine Folgerungen über die Ressourcendegradation abzuleiten. Um die Übernutzung des Wassers erklären zu können, werden Bezüge zu Theorien geschaffen, die bestehende Fachliteratur ausgewertet, und es wurden während dreier Feldaufenthalte mit Behörden, Bauern und weiteren Fachleuten Interviews zum Thema geführt.

Institutionelle Rahmenbedingungen haben einen großen Einfluß auf die Nutzung von natürlichen Ressourcen, insbesondere der sogenannten „common-property“-Ressourcen. Gemäß der Spieltheorie werden natürliche Ressourcen dann übernutzt, wenn gemeinschaftliche Eigentumsverhältnisse bestehen. Weil der Gewinn der Ressourcennutzung einzelnen Individuen zukommt, der Schaden einer Übernutzung aber von der Gemeinschaft getragen werden muß, ist eine übermäßige Beanspruchung die Regel. Als Lösung dieses Konflikts wurde lange Zeit die Privatisierung oder Verstaatlichung des Gemeinschaftseigentums vorgeschlagen, damit entweder ein individuelles Interesse oder eine starke Kontrolle die nachhaltige Nutzung gewährleistet. Diese Theorie vereinfacht aber zu stark. In verschiedenen Gesellschaften gibt es etablierte Regelungen, welche die Nutzung von Ressourcen trotz ihres „common-property“-Charakters nachhaltig zu gestalten vermögen. Ebenso können individueller oder staatlicher Besitz die Übernutzung nicht immer verhindern.

Um eine Übernutzung von Ressourcen zu erklären, ist es sinnvoll, diese Theorie zu erweitern. Anstatt die Eigentumsverhältnisse alleine zu betrachten, werden die gesamten institutionellen Rahmenbedingungen miteinbezogen. Die These lautet dann: Stimmen die institutionellen Rahmenbedingungen nicht mit der bestehenden Technologie überein, sind Probleme zu erwarten. Eine Übernutzung findet insbesondere dann statt, wenn in relativ kurzer Zeit moderne Technologien zur Wasserförderung eingeführt worden sind, gleichzeitig aber die traditionellen Rechte und Organisationen dafür weiterbestehen.

Im Jemen hat sich die Technologie in der Bewässerungs-Landwirtschaft in den letzten 30 Jahren stark gewandelt. In den 70er und 80er Jahren kam es zu einem massiven Geldzufluß als Folge der Überweisungen jemenitischer Gastarbeiter aus Saudi-Arabien und den Golfstaaten. Mit dem reichlich vorhandenen Kapital wurden unter anderem im ländlichen Raum Investitionen getätigt und damit neue Technologien in der Bewässerung eingeführt. Die Erschließung von Grundwasser durch die Installation von Dieselpumpen machte die Bauern unabhängig vom bisher nur saisonal verfügbaren Oberflächenwasser, was die Landwirtschaft zeitlich und räumlich eingeschränkt hatte. Verstärkt wurden diese Innovationen durch den Zwang zur Rationalisierung der Produktion, weil als Folge der Emigration Arbeitskräfte in der Landwirtschaft fehlten.

1994 war die mit Grundwasser bewässerte Fläche 8.5 mal größer als 1977. Diese Umstellung in der Wassernutzung führte in den dicht bevölkerten und landwirtschaftlich intensiv genutzten Regionen des

Hochlandes zu einem rapiden Sinken des Grundwasserspiegels. Die Bewässerungs-Landwirtschaft hat dagegen von den veränderten wirtschaftlichen und politischen Rahmenbedingungen profitiert. Beispielsweise fördert die Agrarpolitik des Landes seit 1983 die einheimische Landwirtschaft. Insgesamt wurden etwa 45'000 motorbetriebene Brunnen neu installiert und deren Betrieb subventioniert.

Die neue Technologie im Bewässerungssektor besteht hauptsächlich aus Einrichtungen zur Wasserförderung und nur selten aus Anlagen zur Wasserverteilung. Eine effizientere Wasserförderung hat damit das Wasserangebot erhöht, während gleichzeitig die bestehende ineffiziente Wasserverteilung weitergeführt wurde. Während der Zugang zum Wasser wesentlich vereinfacht wurde, blieben die Regelungen über dessen Nutzung dieselben. Traditionelle Wasserrechte, die auf die *Šarīʿah* und das *ʿUrf* zurückgehen, sind nach wie vor maßgebend. Die *Šarīʿah* wiederum basiert auf Verhältnissen, wie sie zur Zeit des Propheten Muḥammads bestanden, ihr Spielraum für Interpretationen ist gering. Das *ʿUrf* steht für ein überliefertes, ungeschriebenes Gewohnheitsrecht mit Quellen, die ebenfalls weit zurückgehen.

Für die Nutzung von Oberflächenwasser gibt es etablierte Regelungen, die den Bau von Ablenkdämmen und die Priorität der Nutzung betreffen. Für die Entnahmemengen gibt es keine Beschränkungen; nach der Regenzeit sind die Fluten in der Regel aber derart stark, daß eine Mengenbeschränkung ohnehin keinen Sinn machen würde. Für die Nutzung von Grundwasser gibt es ebenfalls keine Mengenbeschränkungen, die über kommunale Abmachungen hinausgehen. Auch hier ist der Erklärungsansatz einfach. Traditionelle Schöpfmethoden limitierten die Wasserentnahme auf natürliche Weise, da der Arbeitsaufwand für das Heben des Wassers groß und die Förderleistung relativ klein war. Deshalb konnte es gar keine Übernutzung geben.

Dieselpumpen vermögen jedoch im Vergleich zur traditionellen Schöpfmethode ein Vielfaches zu fördern, eine Übernutzung war damit vorprogrammiert. Die rechtlichen Rahmenbedingungen sehen weder mengenmäßige Einschränkungen der Wasserentnahme noch eine Beschränkung der Anzahl Brunnen vor. Zudem hat die persönliche Wasserentnahme keinen spürbaren Einfluß auf den noch vorhandenen Vorrat. Die Nutzer passen den Wasserverbrauch so lange ihren individuellen Bedürfnissen an, wie die Vorräte für sie erreichbar sind, ohne Rücksicht auf die sich abzeichnende Verknappung. Damit hat sich die mit den institutionellen Mängeln erweiterte Theorie zur Übernutzung der „commons“-Ressourcen bestätigt. Weil die traditionellen Rechte und Organisationen keine Regelungen enthalten, die der bestehenden Technologie angepaßt sind, übernutzen die Bauern ihre eigene Lebensgrundlage.

Die Reaktion des Staates auf diese Entwicklung erfolgt ganz im Sinne des einfachen „common-property“-Ansatzes. Um die hohe Übernutzung zu stoppen, versucht er seit einigen Jahren, die Wasserressourcen zu verstaatlichen und die traditionellen Wassermanagement-Organisationen durch eine zentrale staatliche Behörde zu ersetzen. Damit sollten die institutionellen Rahmenbedingungen den modernen Technologien der Wassernutzung angepaßt werden. Die Verstaatlichung des Wasserbesitzes steht jedoch im Widerspruch zum Rechtsempfinden der Bevölkerung: Gestützt auf die *Šarīʿah* wird Wasser als eigentumslose Ressource (*„res nullius“*) betrachtet, solange es ungefaßt ist. Mit der Fassung wird es zu Privateigentum.

Alle Versuche des Staates, die Übernutzung einzuschränken, sind bisher gescheitert. Drei Vorschläge für ein neues Wassergesetz wurden formuliert, aber nie eingeführt. Die seit 1995 bestehende neue Wasserbehörde muß sich erst noch etablieren, bevor Maßnahmen greifen werden. Gründe für das Scheitern liegen in den großen Widersprüchen zum traditionellen Recht. Für die Bauern ist es zwar verständlich, daß der Staat etwas verändern will, die Akzeptanz für zentralistisch anmutende Gesetze ist aber gering. Angesichts der dezentralen sozialen Organisationsformen und der fehlenden Durchsetzungskraft des Staates in den ländlichen Gebieten sind zentralistische Lösungen gegenwärtig aussichtslos.

Um der Gefahr der weiteren Übernutzung erfolgreich zu begegnen, werden in Zukunft politische, wirtschaftliche und technologische Maßnahmen nötig sein. Die Lösungsvorschläge müssen zudem dem dezentralen Charakter des Landes entsprechen. Auch müssen die drei Bereiche der Maßnahmen aufeinander abgestimmt sein, um sich gegenseitig positiv zu beeinflussen. Im Idealfall würden politische Maßnahmen die lokalen Machtstrukturen miteinbeziehen. Für die einzelnen Becken und Regionen müssen individuelle Lösungsvorschläge ausgearbeitet werden, die den jeweiligen spezifischen Verhältnissen und Bedürfnissen entsprechen. Derartige Lösungen müssen von wirtschaftlichen Maßnahmen getragen sein, unter anderem dem gezielten Einsatz von Subventionen bzw. der Nichtgewährung bisheriger Subventionen. Dies wiederum würde Anreize für technologische Verbesserungen schaffen. In Zukunft müßten zudem Investitionen vermehrt für verbesserte Systeme der Wasserverteilung und nicht mehr vorwiegend für Systeme der Wasserfassung eingesetzt werden.

Bei Erfolg der vorgeschlagenen Maßnahmen würde das bisherige quantitative Wachstum der Landwirtschaft gestoppt, es könnte aber durch ein qualitatives abgelöst werden. Durch eine vermehrte Ausrichtung auf Marktprodukte hat der Jemen durchaus Chancen, von der Globalisierung zu profitieren. Dafür müßte sein landwirtschaftliches Potential vermehrt für den Anbau von tropischen und subtropischen Marktprodukten genutzt werden. Gleichzeitig könnten traditionelle Bewässerungsmethoden weiterhin einen Beitrag zur Nahrungsmittelversorgung des Landes leisten. Die physischen, sozialen und wirtschaftlichen Rahmenbedingungen sind günstig für eine nachhaltige und wirtschaftlich bedeutende Landwirtschaft.

Ein Mißerfolg der Maßnahmen würde heißen, daß die bestehenden Wasserressourcen weiterhin übernutzt werden. Durch die Erschließung zusätzlicher vorwiegend fossiler Grundwasservorräte im Nordosten des Landes könnte die Bewässerungs-Landwirtschaft in einzelnen Regionen sogar noch ausgedehnt werden. Diese Entwicklung wäre aber nicht nachhaltig. Regionale Wassertransfers würden sich auch nur bei einer hohen Wertschöpfung des Wasserverbrauchs lohnen und kommen nur für die Nutzung in den Städten in Frage. Im Hochland würde die gegenwärtige Nutzung hingegen zurückgehen, was große Auswirkungen auf die Ökonomie der Region hätte. Zudem würden dort vermehrt Konflikte auftreten, weil die Verstädterung und die hohe Bevölkerungsdichte die bestehende landwirtschaftliche Wassernutzung zunehmend bedrängen.

Es kann also gefolgert werden, daß die fehlende Übereinstimmung von Technologien und Institutionen zur Übernutzung der Ressourcen führt. Deshalb müßten die institutionellen Rahmenbedingungen den neuen Verhältnissen angepaßt werden, um wieder zu einem Gleichgewicht zwischen der bestehenden Nutzung und der jährlichen Erneuerung des Wassers zu kommen. Weil die institutionellen Rahmenbedingungen in das wirtschaftliche, soziale und politische Umfeld eingebettet und daher nur langsam veränderbar sind, wird diese Anpassung jedoch nicht einfach sein. Will man langfristig aber Erfolg haben und wieder einen Zustand erreichen, der als „nachhaltig" bezeichnet werden kann, müssen die Veränderungen innerhalb der Institutionen diesem Umfeld angepaßt sein.

Die weitere Entwicklung des Landes ist nur dann wirklich nachhaltig, wenn wassersparende Technologien dazu führen, daß der Wasserverbrauch allmählich auf die erneuerbare Menge zurückgeht. Dies wird kurz- und mittelfristig nicht zu erreichen sein. Damit aber auf lange Frist trotzdem eine *Nachhaltige Entwicklung* angestrebt werden kann, müssen zumindest die Mehrerträge, die aus der Übernutzung des Wassers erzielt werden können, in verbesserte Technologien investiert werden. Damit hat die zukünftige Bevölkerung zwar immer noch weniger Grundwasser zur Verfügung, eine effizientere Technologie könnte diesen Mangel aber kompensieren. Um in Zukunft eine solche Entwicklung zu erreichen, sind moderne und glaubwürdige Institutionen eine Notwendigkeit.

SUMMARY

The main goals of this thesis are to: explore explanations for the high rates of overuse of water resources in Yemen, to establish a correlation between the institutional framework of resource management and the overuse or misuse of these resources, and to derive general conclusions about resource degradation. The Yemeni nationwide water use at present is about 200 % of the yearly natural renewal from precipitation. In some areas of the country, the exhaustion of groundwater has already started to occur. To explain this water overuse, the following three sources of inquiry have been utilized: investigation of current theories, a grounding on existing water-rights / water-usage literature, and personal research conducted in Yemen, including interviews with authorities, farmers and experts.

The institutional framework has a big influence on the use of natural resources, especially on „common property" resources. According to the „game theory", if property rights are communal, then natural resources will be overused. This overuse is, in fact, often the rule because a single individual profits from the use of the resource while the entire community bears the cost. A solution has been proposed which makes the resources private or state controlled in order to guarantee a personal or state interest for creating sustainable use. That theory simplifies too much. In different societies, there are established rules which help to create sustainable use of the resources in spite of their common-property characteristics.

To explain overuse of these resources, it makes sense to extend these theories. Instead of looking at property-rights only, the whole institutional framework is taken into consideration. The proposed thesis is thus: if the institutional framework does not correspond with existing technology, then problems are almost certainly to be expected. Water overuse will occur, in particular, when in a relatively short time, modern technologies are introduced while the rights and organizations that govern use have not kept up to reflect these changes.

In Yemen, the technology in the irrigated agriculture has changed very much in the last 30 years. During the 1970s and 80s, there was a massive capital-inflow from the remittances of Yemeni foreign workers in Saudi-Arabia and other rich Gulf States. Hence, a lot of capital was available and it was, among other things, invested in irrigation technology. The drilling of new wells and the installation of new pumps made the farmers independent of the scant seasonal availability of surface water. These innovations were intensified by the fact that emigration reduced the available manpower in agriculture.

Between 1977 and 1994, the area irrigated by groundwater increased by a factor of 8.5. This change of water use, conducted in the densely populated and intensively cultivated areas of the highlands, led to a drastic decrease of the water table. On the other hand, the irrigated areas profited by the changing economic and political framework. The economic policy of the country, for example, promoted the domestic agriculture starting in 1983. About 45,000 engine-driven pumps were installed and their operation was subsidized.

The new technology in the irrigated sector consisted mainly of equipment to extract the water and seldom to distribute the water. This led to an increase of water supply while the existing water distribution inefficiency continued. The access to water was increased, but the original rules for use still remained. Traditional water rights going back to the *Šarīʿah* and *ʿUrf* are still being followed. The *Šarīʿah* itself goes back to the era of the prophet Mohammed and room for alternative interpretations is small. *ʿUrf* refers to traditional, unwritten common law which also originates from ages past.

For the use of surface water, there are established rules concerning the building of dams and the priority for use. There are hardly any rules restricting quantity – after the rainy season the floods are normally so strong that a quantitative limitation wouldn't make much sense. For groundwater use, there are no limitations either, except with ones that concern communal arrangements. The explanation here is simple, too. Traditional methods to distribute the water limited the use of water to a natural way, as the amount of work to extract the water from the ground was high and the distribution capacity small. Thus an overexploiting the groundwater was hardly possible.

Diesel pumps are able to extract much more water compared to traditional methods, so an overuse seems predetermined. The legal framework assigns neither quantitative limitations for water use nor restrictions on wells. Moreover, personal water use doesn't have a marked influence on the available supply. The users will adjust their water use along personal needs as long as the supply is easily available without regard to looming scarcity. This coincides with the theory of overuse of the commons and extended by institutional deficiencies. Because the traditional rights and organizations don't contain any rules that are linked to existing technology, the farmers misuse their own foundation for living.

The reaction of the government follows completely according to the simple theory of common properties. To stop the high overuse, the state has tried for a few years to make the water resources a state property and to replace the traditional organizations for water management with a central bureaucratic agency. Following this, the institutional framework should be adapted to the modern technologies of water use. But the nationalizing of water ownership is in contradiction to the legal will of the people: according to the *Šarīʿah*, water is an open-access resource *„res nullius“* and cannot be owned as long as it is not contained. Only after containment can water become private property.

All efforts of the state to reduce the overuse have failed up to now. Three propositions for a new water law have been formulated but never introduced. New water management organizations were created in 1995, but first must establish themselves before they can implement new measures. Reasons for this failure are the big contradictions to traditional rights. For the farmers, it is understandable that the state has to change something but their acceptance for laws appearing centralized like the proposed ones is small. Considering the decentralized social organizations and the limited power of the state in rural areas, the centralized solutions are hopeless anyway.

To successfully overcome the dangers of further overuse there must be new and accepted political, economic and technical measures. Moreover the solutions must correspond to the decentralized character of the country and these three scopes of measures must be harmonized to influence each other positively. Ideally, political measures would compromise the local structures of power. For particular basins and regions, individual solutions must be found and they must correspond to the specific conditions and needs. Such solutions must be based, among others, on economic measures through the systematic stake of subsidies or by withholding existing subsidies. This would be an incentive for technological improvements. Furthermore, it is necessary that in the future, investments are carried out for improvements in water allocation and not solely on water extraction.

Upon success of the proposed measures, the existing quantitative growth of the agricultural sector would be limited, but it could be replaced by qualitative growth. Through an increasing orientation on market products, Yemen even has a chance to profit from globalization. For this, it would have to use its agricultural potential more on the production of tropical and sub-tropical products. At the same time, the traditional irrigation-methods could make an important contribution to the domestic food supply. The physical, social, and economic frameworks are favorable for a sustainable and economically successful agriculture.

A failure of these measures would mean that the existing water resources would be misused further. Through the development of additional, mostly fossil groundwater in the northeast, the irrigated agriculture could even expand in some areas. But this development would not be sustainable. Regional water transfers would only be profitable with high revenues of water use and only come into play with urban water use. In the highlands, the existing use would diminish resulting in large effects for the regional economy. Moreover, there would be increased conflicts because the urban areas will compete with rural ones for water use.

It can be concluded that the lacking correspondence of technologies and institutions does contribute to the overuse of resources. Therefore, the institutional framework must be adjusted to the new circumstances to achieve a balance between the existing use and the yearly renewal of water. Because the institutional framework is embedded in the economic, social, and political system and only slowly changeable, adjustments will not be easy. But, if a long term solution is desired and a sustainable condition again reached, then changes to the institutions must be adjusted to that system.

The further development of the country is really sustainable only if water saving technologies are introduced so that water use will return to a renewable amount. This won't be possible in the short nor medium term. But for long term sustainable development, at the very least, the surplus that is achieved out of overuse, must be invested in technological improvements. Then, future generations still would have less groundwater at their disposal, but a more efficient technology could compensate for that deficiency. To achieve such development in the near future, modern and credible institutions are a necessity.

LITERATUR

Abdulsattar K.
1994 Die Bilharziose in der Republik Jemen. Diss. Universität Halle-Wittenberg.

Arighi al- A.M.
1995 Sustainable Water Resources Development. *Yemen Times vom 2. Januar 1995:* 15.

Arnell N.W.
1995 Socio-economic impacts in water resources due to global warming. *Oliver H.R. Oliver S.A. (eds.): The Role of Water and the Hydrological Cycle in Global Change:* 429 - 457.

Barth H.K., Dachner B., Reineke U., Schäfer K.H., Straub R.
1990 Geographie der Bewässerung: Annotierte Bibliographie zur Bewässerungslandwirtschaft der Erde in 6 Teilbänden, *Paderborner Geographische Studien Band 2.*

Becker H., Höhfeld V. und Kopp H.
1979 Kaffee aus Arabien, Wiesbaden.

Berkes F. and Taghi Farvar M.
1989 Introduction and overview. *Berkes F. (ed.): Common Property Resources: Ecology and Community-Based Sustainable Development, London:* 1 - 17.

Betzler E.
1987 Sozialer Umbruch und Kulturlandschaftswandel in Südarabien. Diss. Wiesbaden.

BLW, Bundesamt für Landwirtschaft
1992 Siebter Landwirtschaftsbericht, Bern.

Bolle H.-J.
1995 Globaler Wandel und Wasserverfügbarkeit. *Jänicke M., Bolle H.-J., Carius A. (Hrsg.): Umwelt Global: Veränderungen, Probleme, Lösungsansätze:* 11 - 30.

Bonnenfant P.
1997 La maîtrise de l'eau dans le Wadi Zabid (Yémen). *Bulletin de l'Association de Géographes français, 74.1:* 12 - 24.

Brunner U.
1983 Die Erforschung der antiken Oase von Marib mit Hilfe geomorphologischer Untersuchungsmethoden. *Archäologische Berichte aus dem Yemen, Bd. V,* Mainz.

Brunner U.
1997 Les débuts de l'irrigation. *Insitut du monde arabe (éd.): Yémen au pays de la reine de Saba:* 53 - 54.

Brunner U. und Haefner H.
1990 Altsüdarabische Bewässerungsoasen. *Die Erde, 121:* 135 - 153.

Brunner U. und Kohler St.
1997 Bewässerung im Jemen. *Mare Erithraeum 1,* 171 - 191.

Burdick B.
1994 Klimaänderung und Landbau: Die Agrarwirtschaft als Täter und Opfer, Heidelberg.

Bulloch J. and Darwish A.
1993 Water Wars: Coming Conflicts in the Middle East, London.

BUWAL (Bundesamt für Umwelt, Wald und Landschaft)
1994 Die globale Erwärmung und die Schweiz: Grundlagen einer nationalen Strategie, Bern.

Caponera D.A.
1973 Water Laws in Moslem Countries, Rome.

Caponera D.A.
1986 Ein Vergleich des Wasserrechts in verschiedenen Kulturkreisen und Ländern. *Wasser und Boden 1 / 86:* 14 - 16.

Cedzich R.
1989 Bericht über meine Untersuchungen zum Bewässerungsrecht im Nordjemen im Zeitraum von November 1985 bis Dezember 1987, mimeo, Bayreuth.

Daly H.
1992 Vom Wirtschaften in einer leeren Welt zum Wirtschaften in einer vollen Welt. *R. Goodland, H. Daly, S. El Serafy und B. von Droste (Hrsg.): Nach dem Brundtland-Bericht: Umweltverträgliche Wirtschaftliche Entwicklung*, Bonn.

Daum W.
1985 Ursemitische Religion, Stuttgart.

Daum W. (Hrsg.)
1987 Jemen: 3000 Jahre Kunst und Kultur des Glücklichen Arabien, Innsbruck.

Diamond J.
1998 Arm und Reich: Die Schicksale menschlicher Gesellschaften, Frankfurt a. M.

Doe B.
1970 Südarabien: Antike Reiche am Indischen Ozean, Bergisch Gladbach.

Eger H.
1987 Runoff Agriculture: A Case Study About the Yemeni Highlands. *Jemen-Studien, Band 7*, Wiesbaden.

Electrowatt, Electrowatt Engineering Services Ltd
1978 Marib Dam and Irrigation Project. *Main Report and Annexes I - XII*, Zürich.

Electrowatt, Electrowatt Engineering Services Ltd
1981 Marib Dam and Irrigation Project. *Engineer Report, Volume 6, Project Description*, Zürich.

Eryani al- M.L., Bamatraf A., Saqaf al- G. and Hadash S.
1996 Water Right Aspects of the Proposed Sources of Additional Water Supply for the City of Sana'a, mimeo, Sana'a.

FAO, Food and Agriculture Organization of the United Nations
1993 Republic of Yemen: National Action Plan for Environment and Development (NAPED), Programme for NAPED, Rome.

FAO, Food and Agriculture Organization of the United Nations
1997 Irrigation in the near east region in figures. Internet-Adresse zur Desertifikation, Country profiles Yemen, Rome. *(http://www.fao.org:80/desertification/DOCS/ 372135/3721350z.htm#Yemen)*

Feeny D., Berkes F., McCay B.J. and Acheson J.M.
1990 The Tragedy of the Commons: Twenty-Two Years Later. *Human Ecology, Vol. 18, No. 1:* 1 - 19.

Fischer, Fischer Weltalmanach
1991 Der Fischer Weltalmanach 1992, Frankfurt a.M.

Fox I.K.
1976 Institutions for Water Management in a Changing World. *Natural Resources Journal, Vol. 16:* 743 - 758.

Foy G. und Daly H.
1989 Allocation, Distribution and Scale as Determinants of Environmental Degradation, Washington.

Gebhardt H. und Schweizer G.
1992 Märkte in einem Entwicklungsland im wirtschaftsräumlichen Umbruch. Das Beispiel der Republik Jemen. *Die Erde 124:* 95 - 112.

Gingrich A.
1994 Südwestarabische Sternenkalender. Eine ethnologische Studie zu Struktur, Kontext und regionalem Vergleich des tribalen Agrarkalenders der Munebbih im Jemen, Wien.

Gleick P.H. (ed.)
1993 Water in Crisis: A Guide to the World's Fresh Water Resources, Oxford.

Global 2000
1980 The Global 2000 Report to the President, deutsch: Global 2000, Der Bericht an den Präsidenten, Frankfurt a.M.

Goldfarb W.
1984 Water Law, Boston.

Goodland R., Ledec G. and Webb M.
1989 Meeting Environmental Concerns Caused by Common-Property Mismanagement in Economic Development Projects. *Berkes F., (ed.): Common Property Resources: Ecology and community-based sustainable development*, London: 148 - 163.

Goodland R.
1992 Die These: Die Welt stößt an Grenzen. *R. Goodland, H. Daly, S. El Serafy und B. von Droste (Hrsg.): Nach dem Brundtland-Bericht: Umweltverträgliche Wirtschaftliche Entwicklung:* 15 – 28.

Golubev G.N.
1993 Sustainable Water Development: Implications for the Future. *Water Resources Development 9/2:* 127 - 154.

GPC, General People's Congress
1997 Constitution; Internet-Adresse der Regierungspartei, Sana'a. *(http://www.gpc.org.ye/const.htm)*,

Haddash S.
1996 Water Legislation in the Republic of Yemen. *K. Mahdi (ed.), Water and Arab Gulf Development: Problems and Policies,* Exeter.

Hagen T.
1988 Wege und Irrwege der Entwicklungshilfe: Das Experimentieren an der Dritten Welt, Zürich.

Hamed J.
1996 The Requirements of the Economic Policy in the Republic of Yemen after Unification with Special View to Liberalization and Privatization. *H. Hopfinger (ed.): Economic Liberalization and Privatization in Socialist Arab Countries, Nahost und Nordafrika, Bd. 1:* 229 - 236.

Handley Ch.
1996a Baseline Socio-Economic Survey in Ta'iz Governorate (Excluding Tihaama). *UNDP/DDSAS Project YEM/93/010*, o.O.

Handley Ch.
1996b Water Use Patterns in the Amran Valley, Yemen. *Yemen Water Strategy Decentralised Management Study Amran Component, World Bank Mission*, Ta'iz.

Hardin G.
1968 The Tragedy of the Commons. *Science 162:* 1243 - 1248.

Hauser J.A.
1974 Bevölkerungsprobleme der Dritten Welt, Bern.

Hehmeyer I.
1991 Der Bewässerungslandbau auf der antiken Oase von Mārib. *I. Hehmeyer und J. Schmidt: Antike Technologie - Die sabäische Wasserwirtschaft von Mārib, Archäologische Berichte aus dem Yemen, Bd. V,* Mainz: 9 - 112.

Hehmeyer I.
1995 Physical evidence of engineered water systems in mediaeval Zabīd. *Proceedings of the Seminar for Arabian Studies, Vol. 25:* 45 - 54.

Hofmann M.
1982 Entwicklungspotential und Entwicklungsstrategien der südarabischen Staaten, Köln.

Hubaishi al-, A. und Müller-Hohenstein K.
1984 An introduction to the vegetation of Yemen, Eschborn.

Ibrahim al- A.A.
1991 Excessive Use of Groundwater Resources in Saudi Arabia: Impacts and Policy Options. *Ambio 20/1:* 34 - 37.

IPCC, Intergovernmental Panel of Climate Change WMO / UNEP, IPCC
1996 Zweiter umfassender IPCC-Bericht: Zusammenfassungen für politische Entscheidungsträger und Synthesebericht. *Hrsg.: Pro Clim – Forum für Klima und Global Change SANW*, Bern.

Jemen Report
div. Jahrgänge, Mitteilungen der Deutsch-Jemenitischen Gesellschaft e. V., Freiburg.

Jungfer E.V.
1987 Zur Frage der Grundwasserneubildung in Trockenräumen*: Fallstudie aus der Arabischen Republik Jemen und dem Königreich Marokko. Erlanger Geographische Arbeiten, Sonderband 18*, Erlangen.

Kennedy J.G.
1987 The Flower of Paradise, The Institutionalized Use of the Drug Qat in North Yemen, Dordrecht, NL.

Klohn W.
1994 Bedeutung, Formen und Strukturen der Bewässerungslandwirtschaft in den USA. *Vechtaer Studien zur Angewandten Geographie und Regionalwissenschaft, Band 12/94:* 49 - 74.

Kohler St.
1994a Die Bewässerungssysteme im ariden Osten. *Jemen-Report, 25/2:* 17 - 22.

Kohler St.
1994b Der neue Staudamm von Marib (Republik Jemen). *Geographica Helvetica, 49/4:* 143 - 149.

Kohler St.
1995a Die Diskussion um ‚nachhaltige Entwicklung' dargestellt am Beispiel Wadi Marcha (Republik Jemen). *Die Erde 126/2:* 127 - 137.

Kohler St.
1995b Vielfältige Nutzung des ‚Ilb-Baumes. *Jemen-Report 26/2:* 12 - 14.

Kohler St.
1996 How the Basic Needs of the Camel Lead to the Rental Fees in the Mashriq. *Yemen Update No. 38*: 8 - 9.

Kopp H.
1981 Agrargeographie der Arabischen Republik Jemen. *Erlanger Geographische Arbeiten, Sonderband 11*, Erlangen.

Kress H.J.
1968 Die islamische Kulturepoche auf der iberischen Halbinsel: Eine historisch - kulturgeographische Studie. *Marburger Geographische Schriften, Heft 43,* Marburg.

Kreutzmann H.
1996 Wasser als Entwicklungsfaktor in semiariden montanen Siedlungsräumen. *Zeitschrift für Wirtschaftsgeographie, 40/3,* 129 - 143.

Lang W., Opschoor J.B. and Perrings C.
1992 Chapter 16: Institutional Arrangements. *An Agenda of Science for Environment and Development into the 21st Century*, Cambridge: 283 - 295.

Lichtenthaler G.
1996 Tribes and trends: changing perceptions of the value of water in Yemen. *Perceptions of the values of water and water environments; Proceedings of the 1996 European seminar on water geography*, London, 121 - 125.

Linde C. van der
1991 Dynamic International Oil Markets: Oil Market Developments and Structure 1860 - 1990, Dordrecht NL.

Magrath W.
1989 The Challenge of the Commons: The Allocation of Nonexclusive Resources. *World Bank Environmental Department Working Paper No. 14,* Washington D.C.

Mahmood A.
1996 Sustainable Water Policies in the Arab Region. *K. Mahdi (ed.), Water and Arab Gulf Development: Problems and Policies,* Exeter.

Maktari A.M.A.
1971 Water Rights and Irrigation Practices in Lahj, Cambridge.

Meyer G.
1986 Arbeitsemigration, Binnenwanderung und Wirtschaftsentwicklung in der Arabischen Republik Jemen, Wiesbaden.

Meyer G.
1988 Von der Arbeitsmigration zum Erdölboom - Die Wirtschaftsentwicklung in der Arabischen Republik Jemen 1970 - 1987. *H. Kopp et al. (Hrsg.): Jemen (Nord) im Aufbruch:* 63 - 98.

Meyer G.
1991 Arbeitsemigration in die Golfregion und die Folgen des irakischen Überfalls auf Kuwait. *Die Erde, 122/2:* 81 - 96.

Müller W.W.
1987 Skizze der Geschichte Altsüdarabiens. *W. Daum (Hrsg.): Jemen: 3000 Jahre Kunst und Kultur des Glücklichen Arabien, Innsbruck:* 50 - 56.

Mumford L.
1956 The Natural History of Urbanisation. *W. L. Thomas (ed.): Man's Role in Changing the Face of the Earth:* 382 - 398.

Mundy M.
1989 Irrigation and society in a yemeni valley. *Peuples méditerranéens: Yemen Sanaa, n° 46, janv.-mars ,89:* 97 - 128.

National Academy of Sciences
1974 More Water for Arid Lands; Promising Technologies and Research Opportunities, Washington D.C.

Neumann-Redlin Ch.
1991 Die Quellen Ayoun Surdud: Die Erforschung eines der größten Quellvorkommen im Jemen. *Jemen-Report 22/1:* 5 - 11.

Newson M.
1992 Land, Water and Development: River Basin Systems and their Sustainable Management, London.

Nienhaus V.
1996 Wirtschaftsordnungen im Islam. *Geographische Rundschau 48, Heft 6:* 366 - 371.

Nohlen D. und Nuscheler F. (Hrsg.)
1983 Handbuch der Dritten Welt. Band 6: Nordafrika und Naher Osten, Hamburg.

North D.
1992 Institutionen, institutioneller Wandel und Wirtschaftsleistung, Tübingen.

NWRA, National Water Resources Authority
1996a Draft Water Policy and Water Resources Law, Final Report, Sana'a.

NWRA, National Water Resources Authority
1996b Draft Decree of the National Water Resources Authority (NWRA), Sana'a.

NZZ, Neue Zürcher Zeitung
verschiedene Ausgaben

OECD, Organisation for Economic Co-operation and Development
verschiedene Jahrgänge, Geographical Distribution of Financial Flows to Developing Countries, Paris.

Olson M.
1965 The Logic of Collective Action: Public Goods and the Theory of Groups, Cambridge.

Ostrom E.
1990 Governing the Commons: The evolution of institutions for collective action, Cambridge.

PDRY, People's Democratic Republic of Yemen, Ministry of Agriculture and Agrarian Reform
1987 Wadi Hadramaut Agricultural Development Project (Phase II). Feasibility study for long-term wadi rehabilitation, Vol. IV, Ann. A, Tuban Delta, o.O.

Petit-Maire N.
1994 Natural variability of the Asian, Indian and African monsoons over the Last 130 KA. *M. Desbois, F. Désalmand (ed.): Global Precipitations and Climate Change:* 3 - 26.

Postel S.
1993a The last Oasis, dt. Die letzte Oase, München.

Postel S.
1993b Water and agriculture. *Gleick P. S.: Water in Crisis; A Guide to the World's Fresh Water Resources, Oxford:* 56 - 66.

Remmele G.
1989 Die Niederschlagsverhältnisse im Südwesten der Arabischen Halbinsel: Ein Beitrag zum Klima des Nordjemen. *Erdkunde 1/43:* 27 - 36.

Revri R.
1983 Catha edulis Forsk. Geographical Dispersal, Botanical, Ecological and Agronomical Aspects with Special Reference to Yemen Arab Republic. *Göttinger Beiträge zur Land- und Forstwirtschaft in den Tropen und Subtropen, Heft 1.*

Rex Smith G.
1987 Politische Geschichte des islamischen Jemen bis zur ersten türkischen Invasion (1 – 945 Hidschra = 622 – 1538 n. Chr.). *W. Daum (Hrsg.): Jemen: 3000 Jahre Kunst und Kultur des Glücklichen Arabien, Innsbruck:* 136 - 154.

Rieder P.
1983 Grundlagen der Agrarmarktpolitik, Zürich.

RoY, Republic of Yemen, Ministry of Planning & Development and UNDP / DTCD
1991a Aide Memoire. Water Sector Overview, Sana'a.

RoY, Republic of Yemen, Ministry of Planning & Development
1991b Statistical Year Book 1990, Sana'a.

RoY, Republic of Yemen, Ministry of Planning & Development
1991c First National Population Policy Conference, Summaries from the Technical Papers Presented at the Conference, Sana'a.

RoY, Republic of Yemen, The Government of and High Water Council
1992a National Water Legislation and Institutional Issues, Final Report, Sana'a.

RoY, Republic of Yemen, The Government of and High Water Council
1992b Surface Water Resources, Final Report, Sana'a.

RoY, Republic of Yemen, Ministry of Planning and Development
1992c National Population Strategy 1990 - 2000 and Population Action Plan, Sana'a.

RoY, Republic of Yemen, Ministry of Oil and Mineral Resources
1993 General Department of Hydrogeology, Sana'a.

Rushby K.
1995 The High Life: The Growth of Qat in Yemen and East Africa. *Geographical Magazine Vol. LXVII, 1:* 14 - 17.

Ruthenberg H.
1976 Farming Systems in the Tropics, Oxford.

Safadi al- M.Ch.
1992 Customary Water Rights and Associated Practice in Yemen, Sana'a.

Saqqaf A.Y.
1985 Fiscal and Budgetary Policies in the Yemen Arab Republic. *B.R. Pridham (ed.): Economy, Society & Culture in Contemporary Yemen,* Exeter: 83 - 95.

Schaloske M.
1995 Untersuchungen der sabäischen Bewässerungsanlagen in Mārib. *J. Schmidt (Hrsg.): Antike Technologie - Die sabäische Wasserwirtschaft von Mārib, Archäologische Berichte aus dem Yemen, Bd. VII,* Mainz.

Schliephake K.
1993 Libyens Bewässerung und der „Große künstliche Fluß". *H. Popp, K. Rother (Hrsg.): Die Bewässerungsgebiete im Mittelmeerraum,* Passau: 185 - 192.

Schoch R.
1978 Die antike Kulturlandschaft des Stadtbezirkes Saba' und die heutige Oase von Marib in der Arabischen Republik Jemen. *Geographica Helvetica, 33/3*: 121 - 129.

Schoch R.
1982 Wasserbauten auf der Nordoase. *Archäologische Berichte aus dem Yemen, Bd. 1:* 25 - 33.

Schulze R.
1994 Geschichte der Islamischen Welt im 20. Jahrhundert, München.

Serjeant R.B., Costa P. and Lewcock R.
1983a The Ghayls of Ṣanʿāʾ. *R. B. Serjeant and R. Lewcock (eds.): Ṣanʿāʾ – An Arabian Islamic City, London:* 19 - 31.

Serjeant R.B. and al-ʿAmri Ḫ.
1983b Administrative Organisation. *R. B. Serjeant and R. Lewcock (eds.): Ṣanʿāʾ – An Arabian Islamic City, London:* 142 - 158.

Shiklomanov I.A.
1993 World fresh water resources. *P. Gleick (ed.): Water in Crisis: A Guide to the World's Fresh Water Resources:* 13 - 24.

Singh K.
1994 Managing Common Pool Resources: Principles and Case Studies, Oxford.

Smil V.
1993 Global Ecology: Environmental change and social flexibility, London / New York.

Smith N.
1978 Mensch und Wasser: Bewässerung, Wasserversorgung; von den Pharaonen bis Assuan, München.

Spaans S. and van Haren I.
1994 Environment, Mankind and Trees. *Speech prepared for the second environmental session,* Rada, Republic of Yemen.

Spencer J.E. and Thomas W.L.
1969 Cultural Geography: An Evolutionary Introduction to Our Humanized Earth, New York.

Stephan G.
1992 Ökonomie und Ökologie sind keine Gegensätze oder Lösen Märkte Umweltprobleme? Thesenpapier zu Vortrag am 20.11.92, Luzern, mimeo.

Stiens G.
1996 Prognostik in der Geographie, Braunschweig.

Swiss Technical Co-operation Service
1978 Final Report on the Airphoto Interpretation Project, Zürich.

TA Tages-Anzeiger
verschiedene Ausgaben, Schweizer Tageszeitung, Zürich.

Teclaff L.A.
1985 Water Law in Historical Perspective, Buffalo.

Thabet A.-K.
1994 Ländliche Entwicklungsinstitutionen und -projekte im Jemen. Mit besonderer Berücksichtigung des Distriktes al-Mawāsiṭ der Provinz Taʿizz. Diss. Erlangen-Nürnberg.

Tivy J.
1993 Agricultural Ecology, dt.: Landwirtschaft und Umwelt, Heidelberg.

Varisco D.
1982 The Adaptive Dynamics of Water Allocation in Al Ahjur, Yemen Arab Republic, Diss., Philadelphia.

Varisco D.
1983 Sayl and Ghayl: The ecology of Water Allocation in Yemen. *Human Ecology, Vol. 11, No. 4:* 365 - 383.

Vinck F.
1962 Wassernutzung im Jemen. *Intertechnik, Archiv für Entwicklungshilfe, Bd. 6:* 21 - 31.

Vogler J.
1995 The Global Commons: A Regime Analysis, New York.

Wachter D.
1995 Landbesitzunsicherheit – Bedeutung für die Bodendegradation in Entwicklungsländern. *Geographica Helvetica Nr. 1, 50:* 29 - 34.

Wald P.
1989 Der Jemen. *DuMont Kunst-Reiseführer,* Köln.

WCED, The World Commission of Environment and Development (= „Brundtland-Report")
1987 Our Common Future, Oxford.

Weir S.
1985 Economic Aspects ot the Qat Industry in North-West Yemen. *B.R. Pridham (ed.): Economy, Society & Culture in Contemporary Yemen,* Exeter: 64 - 82.

Weiter M.
1987 Entwicklung und Entwicklungshilfe im Jemen. *W. Daum (Hrsg.): Jemen: 3000 Jahre Kunst und Kultur des Glücklichen Arabien, Innsbruck:* 308 - 324.

Wenner M.W.
1987 Kleine Wirtschaftsgeschichte des Jemen in der Neuzeit: (1500 - 1948). *W. Daum (Hrsg.): Jemen: 3000 Jahre Kunst und Kultur des Glücklichen Arabien, Innsbruck*, 435 - 440.

Wenner M.W.
1991 The Yemen Arab Republic: Development and Change in an Ancient Land, Boulder.

White G.F.
1988 The Environmental Effects of the High Dam at Aswan. *Environment, Vol. 30, No. 7:* 5 - 11 / 34 - 40.

Windhorst H.W. und Klohn W.
1996 Bewässerungslandwirtschaft in Kalifornien und den Great Plains. *Erdkunde Band 50*, 252 - 265.

Wittfogel K.A.
1962 Die Orientalische Despotie; Eine vergleichende Untersuchung totaler Macht, Köln, (Orig.: Oriental Despotism, Ort, 1957).

Wolff P.
1995 Zum Problem der Nachhaltigkeit von Bewässerungssystemen. *Der Tropenlandwirt, Beiheft Nr. 52:* 57 - 67.

World Bank
1988 Staff Appraisal Report: Yemen Arab Republic / Eastern Region Agricultural Development Project, mimeo, ohne Ort.

World Bank
1996 Yemen: Towards a Water Strategy: An Agenda for Action, mimeo, ohne Ort.

WRAY, Water Resources Assessment Yemen
1985 Water Resources of the Sadah Area: Main Report. *J.A.M. van der Gun, compiled for Ministry of Oil and Mineral Resources (GDH) and TNO Institut of Applied Geoscience*, Sana'a / Delft NL.

WRAY, Water Resources Assessment Yemen
1990 Water Resources: Wadi Adhanah and Marib Area, Main Report. *H. Uil and F.C. Dufour, for General Department of Water Resources Studies and TNO Institut of Applied Geoscience*, Sana'a / Delft NL.

WRAY, Water Resources Assessment Yemen
1993 Water Resources Wadi Adhanah and Marib area: Water resources mangement study. *A.S.A. Saif, T.H.M. Al.Selwi, J.M.J. Gieske, G.K. Brouwer, A.J.H. Negenman, compiled for Ministry of Oil and Mineral Resources (GDH) and TNO Institut of Applied Geoscience*, Sana'a / Delft NL.

WRAY, Water Resources Assessment Yemen
1995 The Water Resources of Yemen, a summary and digest of available information. *J.A.M. van der Gun and A. Abdul Aziz, compiled for Ministry of Oil and Mineral Resources (GDH) and TNO Institut of Applied Geoscience*, Sana'a / Delft NL.

WRI, World Resources Institute
Verschiedene Jahrgänge World Resources; A Guide to the Global Environment, New York.

YAR, Yemen Arab Republic
1977 First Five-Year Plan 1976/77 - 1980/81, Sana'a.

Yemen Times, An Independent Economic & Political Weekly
verschiedene Ausgaben Jemenitische Wochenzeitung. *(http://195.94.0.34:80/yementimes/)*

Zubari W.K., Mubarak M.A. and Madany I.M.
1993 Development Impacts on Groundwater Resources in Bahrain. *Water Resources Development, Vol. 9, No. 3,* 263 - 279.

ANHANG

Vorbemerkung:

Der vorliegende Fragekatalog diente während der beiden Feldaufenthalten vom Dezember / Januar 1994 / 95 und März 1997 als *Leitfaden* für die Gespräche mit den Bauern. Er wurde nicht im Sinne eines Fragebogens verwendet, sondern diente als Orientierung während den halbstrukturierten Interviews. Mit den einzelnen Bauern wurden jeweils bestimmte Fragekomplexe eingehender diskutiert. Da mit dem Übersetzer in Englisch kommuniziert wurde, ist der Fragekatalog in dieser Sprache verfaßt.

QUESTIONNAIRE ABOUT CUSTOMARY WATER-RIGHTS

Introduction:

1. Introduction of me, as the interviewer, of the work I am doing, and of the expectations of that interview.
2. Time-frame and telling him that he is welcome not only answering the questions, but also telling things that come to his mind. E. g. special regulations about water-use or special stories he knows about it.
3. Asking, if he is bothered when I am writing down some notes, while he is answering the questions.
4. Farmers name, date and place of interview.

First Group of Questions:

Topic: Work and water-use of the farmer

1. Can you tell something of your seasonal calendar and the crops you produce.

2. a) Does the land you work on belong to you, do you rent it, or do you share it with somebody else?
   - If rented: How do you pay the rent? (by share-cropping or by cash?)
   - If owned: How did you get into possession of your land? (from your family or bought?)

3. a) How long have you been operating on that land?
   b) Do you see any changes in your yield?

4. What kind of water do you use?
   I) Permanent spring water?
   II) Permanent surface water?
   III) Periodical surface water?
   IV) Shallow groundwater?
   V) Deep groundwater?

5. For IV) and V)
   a) How often do you irrigate your fields?
   b) How do you finance - pumping costs (if well-owner)
   - water costs? (if not owner)

6. Question for share-croppers: How is your yield shared with the land-owner?

Second Group of Question

Topic: Water-ownership and relationship to land-ownership

1. Concerning regulations for the possessions of water:
   a) For spate-irrigating farmers: How do you share the water from the sayl with the other water-users?
   b) For groundwater-user: Do you buy or sell ground-water from and to other people? Is it than contained or bought by the hour? How much do you pay or get for it?

2. Concerning regulations for the use of water:
   a) Is there a certain limit for the amount of water you can irrigate? (quantity / time)
   b) Can you irrigate fields of any crops you like, or are there limits for certain types of crops, e.g. qat?

3. Is it allowed to drill wells as much and as deep as you want?

4. How (cash or share-crop) and how much do you pay for your water when you buy it from another person‘s well than yours?

5. a) Would it be allowed to sell your water, if you don't use it? And is there a distinction between the different types of water?
   b) What happens with your water-right when you don't use it for a certain time?

6. Is the right to use water for irrigation separable from the ownership of land, i.e. could you buy groundwater-rights without possessing the land it underlies.

Third Group of Questions
Topic: Social organisation and conflict resolution mechanisms

1. a) How are you organised with other farmers to build up the dams?
   b) If you are co-owner of a well: How did you share these costs?

2. How do you share the right to use water, either of the sayl or of the groundwater?

3. a) What is the role of the local government in relationship with water-use regulations?
   b) What arabic names exist for it?

4. Do you have special arrangements, when something happens with the water allocation system physically, e.g. an unforeseen breaking of the dam?

5. a) How is the relationship with upstream people concerning the water-use?
   b) Do you have special regulations with them?

6. a) What kind of jurisdiction-system do you have, if conflicts occur in– and outside your area?
   b) What are the specific terms for it, in Arabic?

Fourth Group of Questions
Topic: Awareness of environmental changes and economic impacts concerning water use and water overuse

1. a) Do you notice something about changes of the level of the water-table?
   b) Did you have to drill deeper wells in the last couple of years? (Shallow and deep wells)

2. What do you think should be done to protect the limited ground-water to stop the declining water-table?
   a) by the state with new laws?
   b) by technical improvements by yourselves?

3. Do you see any possibility for resolving over-use of water in your own social or tribal or legal system?

4. Would you accept a water-law by the state containing
   a) Licencing or even banning for new wells?
   b) Water-pricing or taxing for the water you use?

5. If water will become even more sparse, would you have other sources of income, inside and outside the agricultural sector?

6. What are your expectations for the future?
   a) concerning water availability
   b) concerning economic standard
   c) concerning drilling new wells

Tübinger Atlas des Vorderen Orients (TAVO), Beiheft B 74

Nomad Tent Types in the Middle East

By Peter Alford Andrews
1997. 2 Volumes. Volume I: Texts. XVI, 561 pages, 1 map; Volume II: Illustrations. XXIV, 178 pages, 90 illustrations, 144 drawings, paperback, DM 258,- (3-88226-890-5)

This is the first book to attempt a comprehensive treatment of the wide variety of nomad tents still in use in the Middle East: it is both architectural and ethnographical. It draws primarily on the author´s own extensive fieldwork since 1967, providing largely first-hand information on a fascinating but badly-neglected area of architecture. He began the task of recording these traditions with a sense of urgency, as they seemed threatened with imminent extinction. The survey was therefore made in sufficient detail to allow the tents to be reconstructed. Changes over the last thirty years have in fact led to reductions in the number of nomads, severe weakening of their economy, the intrusion of new materials, and the adoption of mechanised transport; some, but not all, of the types studied have indeed disappeared. Information on areas not visited by the author has been contributed by ethnologist colleagues, who share his admiration for a closeness of fit between the rigorous constraints of nomadic life and a response arrived at through more than a millennium of experience and craftmanship.

Throughout, the work emphasises the ethnological context in which these dwellings are used. Each type is first located as exactly as possible, named, and given a short historical background; its general characteristics are summarised, and it is considered in relation to other, comparable types. Its structure and covering are then described in full detail, together with the processes of manufacture, maintenance, operation, transport, and the procedures followed for pitching and striking. Variations in the plan and internal arrangements are discussed in relation to ownership and residence, and the principal moments in the life cycle of the inhabitants, at marriage, the inauguration of the household, the birth of a son, and inheritance. Local terms are given for the parts and processes. Camping patterns, migrations and camp planning are explained, and details of the climate of the areas concerned. Each tent is represented in measured drawings or sketches with photographs.

The classification in the book relates to the map of nomadic tent types already published by the author (TAVO A IX 5, Reichert 1990), grouping the tents according to structural type and ethnic group; 56 types are described, together with some related hut types. These two volumes, on tents with rigid, self-supporting frames, are the first part of the work. The second part, also in two volumes, and now being prepared, will deal with the black tension-tents.

Hayoths Dzor – Xavasor

Ethnische, ökonomische und kulturelle Transformation eines ländlichen Siedlungsgebiets in der östlichen Türkei seit dem 19. Jahrhundert

Von Gunnar Wießner

1997. 24 x 17 cm, 260 Seiten, 30 s/w-Abb., 36 Zeichn., und Tabellen, DM 88,- (3-89500-042-6)

Die Vertreibung der armenischen Bevölkerung aus Ostanatolien während des Ersten Weltkriegs markiert gleichzeitig das Ende einer der ältesten Kulturen des Vorderen Orients in ihrem ursprünglichen Siedlungsraum. Trotz dieser einschneidenden historischen Wende ist bis heute nahezu unbekannt, welche Prozesse sich anschließend in den zahllosen ehemals armenischen Siedlungen vollzogen. So ist es nach wie vor weitestgehend unerforscht, nach welchen Gesichtspunkten die kurdische Einwanderung verlief und welche kulturellen Veränderungen sich hierdurch vor Ort ergaben, aber auch in welchem Ausmaß Traditionen der Vorkriegszeit in der Region weiterhin fortbestehen.

In diesem Buch wird erstmalig ein ehemals armenisches und heute kurdisches Siedlungsgebiet in Ostanatolien eingehend unter kulturhistorischen Aspekten betrachtet. Am Beispiel von etwa 40 Dörfern in der Provinz Van zeichnet der Autor zunächst Ort für Ort den jeweiligen Ablauf der armenischen Vertreibung nach und untersucht anschließend, nach welchen sozialen Kriterien sich die kurdische Ansiedlung vollzog, welche bodenrechtlichen Fragen die Inbesitznahme des zuvor armenischen Grundeigentums bestimmten und inwieweit sich Veränderungen von Siedlungsgrundrissen, Hausarchitektur und lokaler Infrastruktur auf diesen ethnischen Wandel zurückführen lassen. Am Beispiel des Ortes Yedikilise rekonstruiert der Autor die Transformation des ehemaligen Klosters Varagavank in ein kurdisches Dorf. Breiten Raum wird den Fragen nach möglichen Veränderungen der Landnutzung, nach einem Wandel von Anbauprodukten und der Neuordnung der örtlichen Hochalmwirtschaft gewidmet.Eine intensive Bearbeitung der Vorkriegsliteratur ermöglicht zudem Aussagen über den Umfang einer kontinuierlichen Verehrung von Sakralstätten sowie die Weiterverwendung armenischer Orts- und Geländebezeichnungen. In einem abschließenden Kapitel betrachtet der Autor die geistige Auseinandersetzung der heutigen Bewohner mit der armenischen Vergangenheit ihrer Region und stellt die Frage nach der Einschätzung der damaligen Vorfälle durch die kurdische Lokalbevölkerung.

Der Autor verbindet in seinem Werk eine umfangreiche Auswertung bisher weitgehend unbekannten Quellenmaterials, darunter auch hier erstmalig publizierter Materialien aus der russischen Besatzungszeit der Provinz Van, mit mehrmonatigen Feldforschungsaufenthalten vor Ort.

DR. LUDWIG REICHERT VERLAG · 65199 WIESBADEN